科技之巅

《麻省理工科技评论》
50大全球突破性技术深度剖析

麻省理工科技评论 ◎ 著
阿里云研究中心 ◎ 特约评论

Breakthrough Technologies

人民邮电出版社

北 京

图书在版编目（ＣＩＰ）数据

科技之巅：《麻省理工科技评论》50大全球突破性
技术深度剖析 / 麻省理工科技评论著. -- 北京：人民
邮电出版社，2016.11（2018.12重印）
ISBN 978-7-115-43768-6

Ⅰ. ①科… Ⅱ. ①麻… Ⅲ. ①科学技术－技术发展－
研究－世界 Ⅳ. ①N11

中国版本图书馆CIP数据核字(2016)第236271号

感谢行距-赞赏平台支持本书众筹出版。

内 容 提 要

《麻省理工科技评论》从2001年开始，每年都会公布"10大突破技术"，即TR10（Technology Review 10），并预测其大规模商业化的潜力，以及对人类生活和社会的重大影响。

这些技术代表了当前世界科技的发展前沿和未来发展方向，集中反映了近年来世界科技发展的新特点和新趋势，将引领面向未来的研究方向。其中许多技术已经走向市场，主导着产业技术的发展，极大地推动了经济社会发展和科技创新。

本书收集了2012年~2016年的50大突破技术。这些技术是为解决问题而生，将会极大地扩展人类的潜能，也最有可能改变世界的面貌，值得在未来十年内给予特别关注。

◆ 著　　　麻省理工科技评论
　　责任编辑　恭竟平
　　责任印制　周昇亮

◆ 人民邮电出版社出版发行　　北京市丰台区成寿寺路 11 号
　　邮编　100164　电子邮件　315@ptpress.com.cn
　　网址　http://www.ptpress.com.cn
　　北京市雅迪彩色印刷有限公司印刷

◆ 开本：787×1092　1/16
　　印张：19.5　　　　　　2016 年 11 月第 1 版
　　字数：435 千字　　　2018 年 12 月北京第 13 次印刷

定价：98.00 元

读者服务热线：**(010)81055296**　印装质量热线：**(010)81055316**
反盗版热线：**(010)81055315**
广告经营许可证：京东工商广登字 20170147 号

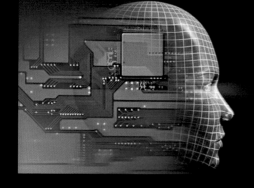

回顾往昔，我们很容易发现科学技术改变世界的巨大力量。在短短几代人的光阴中，我们通过"阿波罗计划"见证了人类在月球上的第一步，遵循"摩尔定律"实现了计算机运算性能指数般的飞跃，利用互联网达成了互联互通沟通你我的梦想。再看今朝，新一轮科技革命的浪潮在人工智能技术的引领下愈发蓬勃，可以预见，我们的生活又将经历革命性的变化。古人说"以史为镜，可以知兴替；以人为镜，可以明得失"，在科技发展越来越超乎大众想象的年代，我们迫切地需要一本书来总结过去，指引未来。作为历史最悠久、影响最大的技术商业类杂志，《MIT Technology Review》每年遴选十项技术创新，"《麻省理工科技评论》50 大突破性技术"由此而生。

我们可以预见，下一个新的时代是万物互联时代，而语音作为人与外界最自然的交互方式，也必将成为人工智能中人机交互的主要手段。在此新时代到来之时，我作为多年深耕语音及人工智能行业的专业人士在此著序发声，深感荣幸；其次，也为人工智能和语音产业的蓬勃发展感到由衷的高兴。

纵观近 5 年的《MIT Technology Review》年度 10 大突破性技术，人工智能的相关内容连续出现——2013 年"深度学习"位居 10 大技术突破的榜首；2014 年以高通 pioneer 系列机器人为代表的"神经形态芯片"榜上有名；2015 年，脑科学研究再次名列其中。技术的突破指引着未来的方向，这一切正如科大讯飞董事长刘庆峰所说，"人工智能时代已经汹涌而来，未来 5 ～ 10 年人工智能会像水和电一样成为我们生活的标配"。不仅如此，人工智能作为一项具有战略和前瞻意义的领域，伴随近年来大数据、云计算等新一代信息技术的发展和智能化应用需求的激增，也受到了全球的广泛关注。

智能语音是打开人工智能大门的钥匙。2016 年，智能语音技术首次入选"MIT10 大突破性技术"名单，而在我们手握智能语音这把钥匙的背后，是 17 年前一群专注于智能语音及人工智能研究的中科大在校大学生。他们一品开发。我们的使命就是"让机器从能听会说到能理解会思考"，并不断向更远大的目标迈进。我们可以预见，在万物互联的 IT 产业趋势下，以语音为主，键盘、触摸等为辅的人机交互智能时代正在汹涌到来。在浪潮之下，我们也要清醒地认识到新技术的产业化需要一个过程。以此前入选的"Baxter 工业机器人"为例，首批上市的 Baxter 机器人售价高达 22 000 美元，价格之高令人咋舌，使用者更是凤毛麟角。但新技术进入生活就像水滴滴入水面，最初起伏的涟漪如同新技术与实际应用之间的差距，其影响范围较小；而随着波纹的不断展开，涟漪也在不断变小，如同新技术在扩大受众的同时也在不断改进，最终，新的技术融合到我们的生活中，水面也再一次平静，等待着下一滴水滴的到来。

技术突破代表着未来，通过不断的突破和不断的改进，我们的未来也在不断地发生着变化，而人工智能将在智能硬件、车联网、机器人、自动客服、教育等生活的方方面面都为我们的生活带来翻天覆地的变化。

五年内 50 大技术突破，"《麻省理工科技评论》50 大突破性技术"不仅仅涵盖了物理、化学、生物、电子和信息等方面的技术突破，而且随着其甄选出的一项一项新技术从实验室走向生活，也在用另外一种方式向我们昭示着即将到来的新生活。科大讯飞也将伴随着"《麻省理工科技评论》50 大突破性技术"见证人工智能给我们带来的新生活、新未来，在人类文明进步史上写下浓墨重彩的一笔。

科大讯飞轮值总裁、研究院院长 胡郁

科技引爆未来

习近平主席在杭州 G20 峰会开幕式的演讲中明确指出："以互联网为核心的新一轮科技和产业革命蓄势待发，人工智能、虚拟现实等新技术日新月异，虚拟经济与实体经济的结合，将给人们的生产方式和生活方式带来革命性变化。" 上一轮科技和产业革命提供的经济动能面临消退，以人工智能、虚拟现实为主的新一代互联网科技增长动能正在孕育；全球互联网公司不再是自娱自乐，而是带动各个实体行业"跨界重混"，物联网、工业互联网、增强现实技术正在加速虚拟经济与实体经济的碰撞与融合。当互联网进入实体经济，试错成本、创新周期将明显增加，跨界创新不能急于求成，未来的成功企业同时具有互联网能力与传统产业资源，把虚拟经济做实，把实体经济做虚。

目前全球正处于新一轮科技作为人类世界发展的原动力，由单点技术突破、网络普及效应共同激发。在过去几千年中涌现的蒸汽机与铁路网、发电机与输电网、燃油发动机与公路网、计算机与互联网、人工智能与物联网，都在不断印证着节点与网络之间的协同变革，每一次都极大提升了整个人类社会的人均生产力，释放出全人类的体力、脑力投入到全球产业升级中。

50 大突破性技术集中在 8 个核心领域：互联网（18 项）、健康（11 项）、能源（7 项）、工业（5 项）、计算机（4 项）、材料（2 项）、农业（2 项）、航空航天（1 项）。DT 和 IT 技术群占比达到 44%，并且正在改变其他行业技术研发的协同网络、创新速度，所以"互联网 +""健康大数据""能源互联网""工业互联网"等跨界重度混合趋势愈演愈烈。互联网是产业赋能器和科技加速器，各行各业逐步与互联网技术深度融合后快速突变，云计算打造 DT 新经济基础设施，物联网构筑 C2B 服务大市场，大数据培育人工智能商业平台。前 20 年是"互联网产业化""原子比特化"，互联网产业从 0 到 1，互联网平台海纳社会资源，其他行业销售前端上网；后 20 年是"产业互联网化""比特原子化"，互联网成为社会公共基础设施，各产业后端平台网络化重构，形成类似互联网的垂直行业智能平台。另一方面，新能源、生命科学是第二大科技创新领域，近五年突破性技术占比达 36%，可持续、低成本的新能源引发新一轮能源革命，带来诸多产业升级，而基因研究正在提升人类的生活质量与寿命。互联网、生命科学、新能源成为推动人类科技发展的"三驾马车"，相辅相成，组合创新，例如自动驾驶电动汽车、医疗智能机器人等跨领域创新产品不断涌现，促进创新产业带汇聚、生产力提升。

全球科技是"一极多强"格局，由美国政企大笔投资科研定义未来，中国、以色列、印度等国战略性跟随竞合。从全球创业创新趋势来分析，科技创新集群中，高校研究群体、大型科技公司、小型创业公司、风险投资网络四个关键要素缺一不可。高校培养的高素质人才，毕业前后进入大型科技公司实践成长，而后带着产品研发经验的科技人员从大企业"溢出"，创立公司或加入创业公司，越来越多的创业公司吸引国内外风险投资的关注与支持，这样的"人才流水线"是国家科技创新的土壤。而同时汇聚教育、科技、创业、风投丰富资源的地区会在新一波科技浪潮中迅速崛起，获得远超其他地区的时代发展机遇。以硅谷为代表的科技创新产业带具有人才资源先发优势，而每个国家的高等学府、大型互联网科技公司承担着"人才训练营"的战略使命，推动"创新飞轮"正向循环发展。

科技兴则国兴，科技弱则国弱。美国创业群体在利用互联网时代赚的大笔资金投资人工智能、机器人、量子计算、航空航天、生命科学、新能源，而中国创客则热衷于 O2O、游戏、直播、社交网络、广告营销等商业应用。中国在科技创新上仍明显落后于美国，如不能客观认识差距并加速投入未来科技领域，则将错过宝贵的时间窗口。本书是未来科技启蒙的最好读物，开放的思想格局、大胆开拓的恒心、世界级的创新孵化平台，正是中国创客所渴望的孕育环境。迫切期待更多年轻人、企业、投资人加入到科技强国的浪潮中，早日看到中国自己定义未来的"50 大突破性技术"！

阿里云研究中心主任　田丰

From the Stone Age to the Digital Age
从石器时代到数字时代

人类发展经历了漫长时期。最重要的进化，是学会使用工具，有了"技术"。

没有工具，人类就是一个脆弱的物种，没有任何人可以手无寸铁地面对自然。技术伴随人类成长，从野蛮走向文明。人类历史就是一部技术史。

几十万年前，地球上有多种猿人，都是非洲丛林中的普通种群，以啃食野果为生。但是，其中一种猿人，也许是基因突变，也许是偶尔使然，学会了以锋利的石块采割果实，捕猎动物，剥制兽皮。这一"技术"的获得，让它从其他猿人和动物中分离出来，人类学家称它为"智人"(Homo Sapiens)。人类历史由此开始，史称"旧石器时代"。

石器之外，智人还学会了取火。火对于古人类犹如电对于现代人。火能煮熟食物，以前无法吃的块茎、种子、皮肉可以成为熟食。食物的改善让人类大脑进一步发育，加快了进化。火提供温暖，让人类在冰河时期未遭灭绝。火提供照明，夜幕降临也能活动，并能进入洞穴等黑暗场所。火能击退野兽，还能将茂密的丛林烧成食物满地的原野。

语言是取火之外的又一重大技术。语言从唱鸣喊叫进化而来，最初的语言是少数惊叹词和名词，慢慢发展到表达行动和关系。语言让人得以交换、传递思想，集结同类，人类成为社会性动物，发展出社会组织（氏族、部落）。

约 12 000 年前，以制陶器技术为标志，新石器时代开始。制陶技术属于"火化技术"，后来发展出冶金技术，用天然粗铜冷加工制作了很多有用的工具。新石器时代房屋建造已经使用灰泥和砂浆，利用土料土坯和石块建造房屋。新石器时代晚期，有了专职的陶匠、编织匠、泥水匠、工具制作匠。人们观察天空，判断方向、季节和收割时间。约 10 000 年前，他们掌握了野生植物的生长规律，开始播种、耕作，人类从食物采集转至食物生产，发展出农业和牧业技术。编织技术出现，剪羊毛，种植亚麻和棉花，纺线，织布。人类开始过着定居的生活，开始了较

完备的食物生产和生活方式。

约6000年前，以青铜器（铜锡合金）的出现为标志，人类进入"青铜器时代"，直至公元初年。较之石器，金属工具有更大的优点。金属制造涉及采矿、冶炼、锻造和铸造等复杂技术，需要熔炉风箱。金银加工、面包酿酒技术也随后出现。动物被用来牵引和运输，出现了车、船。依靠新的灌溉技术和农业技术，生产力提高，人口增加，国家开始出现。

为了分配剩余产品，需要把口头的和定量的信息记录下来，出现了书写和计算。由"结绳记事"进化到文字，出现楔形文字、象形文字、拼音文字。书写替代了身传口授，其后渐渐产生出有文学价值的成分。计算是随同书写一起发展起来的技术，用于计数、交换、记账。天文学、占星术、气象学和法术伴随历法出现，历法不仅用于农业，也用于仪式活动和经济活动，如确定签约和履约的日期。天文学、占星术、巫术用于预测庄稼收成、军事行动或皇帝的未来。医术也发展起来，皇家有专职御医，

他们积累解剖学和草药的经验和知识。

青铜器时代后期，出现了埃及、华夏、印度、希腊、罗马等古文明。强盛的罗马帝国横跨地中海、欧洲和近东。

古罗马人是古代最伟大的工程师和技师。罗马文明就是技术的文明。技术铸就了所向无敌的罗马军团和四通八达的道路网、供水系统。罗马政体民主、法律完备，是保证帝国机器运转的极重要的社会技术。公元前100年罗马人发明了水泥。这是创造世界的一项关键技术。它改变了建筑工程，成为构筑罗马文明的砌块。可以说，水泥支撑了罗马帝国的扩张。到处都有技术和工程活动。工程师得到社会的认可，有的人还得到过国家工程领域的最高地位，如罗马的维特鲁维（Vitruvius）曾担任罗马皇帝奥古斯都的建筑师。

约公元前600—前300年，史称古希腊时代。希腊人的心智中萌生了一种奇特的崭新的精神力量，开始了

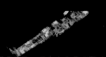

发现世界和认识自然的抽象思索和观察、辩论，对象包括天体、地震、雷电、疾病、死亡、人类知识的本性等。科学，又称为自然哲学，由此滥觞发源。

希腊海岸曲折，山岳嶙峋，寒风凛冽，生存条件并非优越，却孕育了一个活力充溢的种族，建造起先进的文明。没有哪个古代社会像古希腊一样涌现过那么多的贤哲，在远古建立过那么良好的政体。完善的民主制度释放出自由空气，赋予希腊人思索的闲暇和乐趣。能理性地探讨社会制度，也就能理性地探究自然原理。科学在希腊诞生，绝非偶然。

希腊米利都的泰勒斯（Thales of Mliletus，公元前625—前545年）也许是世界上第一位科学家。他发现了静电，用三角形原理测量海上船只的距离，提出尼罗河水每年的泛滥是地中海季风引起，大地像船浮在水上，地震是浮托大地的水在做某种运动引起，水是孕育生命的万物之源。他的观点也许是幼稚的，方法却是"科学"的：采用理性思考的方式，没有涉及神或超自然的东西。别忘了当时是巫术和迷信盛行的蒙昧时代。泰勒斯及其追随者都是有神论者，他告诫人们"神无处不在"，例如，磁石就有"灵魂"。泰勒斯却让自然界脱离神性，把自然当作研究目标，理性思考，提出解释。

希腊不断涌现科学家。毕达哥拉斯（Pythagoras，公元前580—前500年），证明了毕达哥拉斯定理（勾股定理）。恩培多克勒（Empedocles，公元前495—前435年），提出月亮由反射而发光，日食由月亮的位置居间所引起。德谟克利特（Democritus，公元前460—前370年），提出万物由原子构成。欧几里得（Euclid，公元前330—前275年），总结了平面几何五大公理，编著流传千古的《几何原本》。阿基米德（Archimedes，公元前287—前212年），静力学和流体静力学的奠基人，提出浮力定律，用逼近法（微积分的雏形）算出球面积、球体积、抛物线、椭圆面积，研究出螺旋形曲线（"阿基米德螺线"）的性质。发明了"阿基米德螺旋提水器"，

成为后来的螺旋推进器的先祖。他研究螺丝、滑车、杠杆、齿轮等机械原理，提出"杠杆原理"和"力矩"的观念，曾说"给我一个支点，我就能撬起整个地球"。设计、制造了举重滑轮、灌地机、扬水机等多种器械。为抗击罗马军队的入侵，他制造抛石机、发射机等武器，最后死于罗马士兵的剑下。

这些科学开拓者要么自己拥有资产，要么以担任私人教师、医师为主，并不存在"科学家"这一职业（"科学家"这一名词直到两千多年后的1840年才出现）。苹果掉落在地上，星星为什么悬在空中？古希腊人探索科学完全发自对自然奥秘的兴趣或精神追求，形成了亚里士多德的纯科学传统。

亚里士多德（Aristotle，公元前384—前322年）与柏拉图（Plato，公元前428—前347年）、苏格拉底（Socrates，公元前469—前399年）并称为西方哲学奠基人。苏格拉底年轻时喜欢自然哲学，但哲学的偏好使他放弃了自然研究，专注于思考人的体验和美好生活。苏格拉底后来被雅典法庭以侮辱雅典神和腐蚀青年思想之罪名判处死刑，他本可以逃亡，却认为逃亡会破坏法律的权威，自愿饮毒汁而死。他的衣钵传给柏拉图。柏拉图建立了一所私人学校（柏拉图学园，存在800年之久），传授和研究哲学、科学。学园大门上方有一条箴言："不懂几何学者莫入。"亚里士多德、欧几里得是其中的学生。

柏拉图死后，亚里士多德在爱琴海各地游历，被召为王子的家庭教师，王子就是后来的亚历山大大帝。如同所有的希腊科学家一样，亚里士多德不接受国家当局的监督，与当权者无任何从属关系。他的讲书院设在雅典郊区的一处园林里。他的纯科学研究涉及逻辑学、物理学、宇宙学、心理学、博物学、解剖学、形而上学、伦理学、美学，既是希腊启蒙的巅峰，也是其后两千年学问的源头。他塑造了中世纪的学术思想，影响力延及文艺复兴时期。他观察自由落体运动，提出"物体下落的快慢与重量成正比"。他研究力学问题，认为"凡运动的事物必

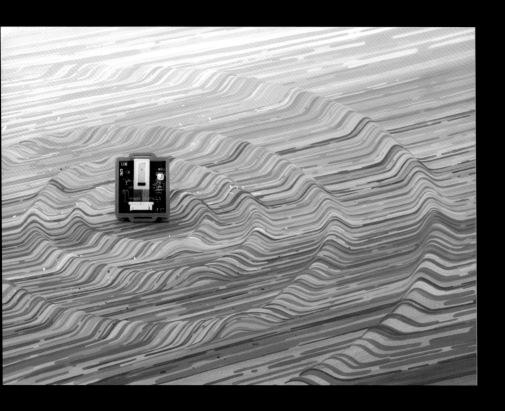

然都有推动者在推着它运动"，因而"必然存在第一推动者"，即存在超自然的神力。地上世界由土、水、气、火四大元素组成。白色是一种纯净光，其他颜色是因为某种原因而发生变化的不纯净光。他对五百多种不同的植物动物进行了分类，对五十多种动物进行了解剖研究，是生物学分门别类第一人，也是著述多种动物生活史的第一人。他的显著特点是寻根问底：为什么有机体从一个受精卵发育成完整的成体？为什么生物界中目的导向的活动和行为如此之多？他认为仅仅构成躯体的原材料并不具备发展成复杂有机体的能力，必然有某种额外的东西存在，他称之为 eidos，这个词的意思和现代生物学家的"遗传程序"颇为相近。亚里士多德坚信世界基本完美无缺而排除了进化的观点。

他专注于科学，却远离技术，认为科学活动不应考虑功利、应用。在追随亚里士多德的历代科学家看来，他代表了科学的本质和纯粹——对自然界以及人类在其中地位的一种非功利的、理性的探索，纯粹为真理而思考。

亚里斯多德的科学方法论，被奉为经典影响了两千年。科学清高脱俗，不触及实际问题，更不用说去解决实际问题。不仅如此，从柏拉图开始就形成了一种轻视体力劳动的风气，排斥科学的任何实际的或经济上的应用，使理论与实践分离。

罗马与希腊相反，工程技术欣欣向荣，科学却不景气。罗马人不重视——实际是蔑视——科学理论和

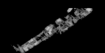

希腊学问。他们全力以赴地解决衣食住行、军事征战的技术问题，不需要对日月星辰这些司空见惯的现象寻求解释。

公元 476 年，罗马帝国灭亡，被蛮族文化取代，大部分罗马文明被破坏，欧洲进入黑暗的"中世纪"（公元 476—公元 1453 年）。罗马先进的知识和技术，包括水泥制造技术，都失传了。在其后的 1 200 年里，欧洲人不得不依赖落后的沙土黏合材料建造房屋，直至 1568 年法国工程师德洛尔姆（Philibert del'Orme，1514—1570 年）重新发现罗马的水泥配方。

在此后的一千多年里，中国成为技术输出的中心，向欧亚大陆输送了众多发明，如雕版印刷术、活字印刷术、金属活字印刷术、造纸术、火药、磁罗盘、磁针罗盘、航海磁罗盘、船尾舵、铸铁、瓷器、方

板链、轮式研磨机、水力研磨机、冶金鼓风机、叶片式旋转风选机、风箱、拉式纺机、手摇纺丝机械、独轮车、航海运输、车式研磨机、胸带挽具、轭、石弓、风筝、螺旋桨、画转筒（靠蜡烛的热气流转动）、深钻孔法、悬架、平面拱桥、铁索桥、运河船闸闸门、航海制图法，等等。英国哲学家法兰西斯·培根（Francis Bacon，1561—1626 年）写道："我们应该注意到这些发明的力量、功效和结果。印刷术、火药、指南针这三大发明在文学、战争、航海方面改变了整个世界的许多事物的面貌和状态，并由此引起了无数变化，以致似乎没有任何帝国、任何派别、任何星球，能比这些技术发明对人类事务产生更大的动力和影响。"

所谓物极必反，中世纪的"黑暗"促成了欧洲的一系列技术创新，包括农业技术、军事技术及风力水力技术，一跃成为一种生机勃勃的具有侵略性的高度文明。

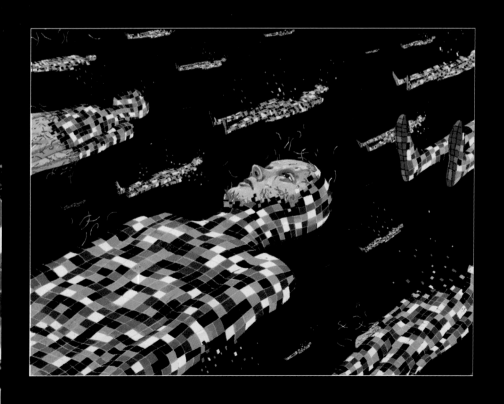

欧洲水源丰沛，农田不需要灌溉，但土壤板实，必须深耕。欧洲农业革命的两大技术创新，一是采用重犁深耕。重犁配有铁铧，安装在轮子上，由8头犍牛牵引，从深处翻起土壤；二是用马代替牛作为挽畜，马拉得更快，更有耐力。欧洲传统用牛，其颈上挽具只适合牛的短颈，不适合马。中国人的胸带挽具传入欧洲，这种像项圈一样的挽具将着力点移到马的肩部，不会压迫气管，使马的牵引力增加了四五倍。欧洲从此改用马作畜力，重犁获得普遍推广，由二田轮作改进为三田轮作，提高了生产力。马替代牛，降低了运输成本，扩大了人的活动范围，使社会更加丰富多彩。

技术促成中世纪欧洲崛起的不止是农业。马镫改变了欧洲的军事技术。骑士是欧洲封建制度的代表形象，全身披挂甲胄，威风凛凛跨骑在用盔甲防护的战马上。但欧洲没有马镫，骑士双脚悬空骑在高头大马上，无法坐稳，一旦临敌，往往得滚身下马，步行迎战。马镫由中国传入，它没有运动部件，虽然简单，却可以让骑手稳坐马背，作战不会摔下来。一位骑手配备了马镫，就构成一个稳固的整体，可快速驰骋，产生强大的冲力，形成所谓的"骑兵冲刺"，欧洲的骑兵简直就是中世纪的"坦克"。骑兵冲刺这种新型战争技术使骑士成为职业军人，由贵族领主供养，由此产生了封建关系。这种区域性封建关系自由分散，不需要专制社会那样的中央政府管理。

在发生这些变化的同时，欧洲的工程师们发明了新机械，找到了新能源，最突出的是改进和完善了水车、风车和其他机械，利用风力驱动风车，利用潮汐驱动水轮。欧洲各地都有丰满的小河，到处都能看到水车运转。水车推动着各种各样的机器，如锯木机、磨面机和锻打机等。机械的使用节省了劳力，奴隶制度随之消失。

中国人在9世纪发明了火药，13世纪传到欧洲，14世纪初欧洲人造出大炮。到1500年，欧洲制造枪炮成为十分普遍的技术。16世纪滑膛枪出现。在大炮、滑膛枪面前，弓箭、大刀、骑兵、长枪退出战场。"火药革命"削弱了骑士和封建领主的军事作用，取而代之的是用火药装备起来的陆军、海军。葡萄牙人发明了风力驱动的多桅帆船，取代老式的有桨划船。装上大炮，成为炮舰，最终产生了全球性影响，为重商主义和殖民主义开辟了道路。

技术的发展在欧洲产生如此巨大的影响，科学在其中并没起什么作用。重大的发明如火药和罗盘在中国发明。当时在自然哲学中无任何知识可用于研制兵器。航海属于技艺，不属于科学。炮兵、铸造匠、铁匠、造船工程师和航海家在进行发明创造的时候，靠的是代代相传的经验、技艺。以造船为例，船帆和索具不好用，就改进；炮舷窗不灵活，就尝试安装灵活机动的炮车。技术是逐步改进完善的，经验是实践积累的。技术和工业仍同古罗马时代一样，与科学没有联系，既没向科学贡献什么，也没从科学得到什么。

欧洲人认识到自然界有取之不尽的资源，应开发利用，于是独创了一种研究学问的机构——大学，成为科学和知识走向组织规范化的一个转折点。但早期的大学不是研究机构，既没有把科学也没把技术作为追求目标，主要培养牧师、医生、律师。自然科学设在文学院，主要课程是逻辑学。亚里士多德的逻辑和分析方法成为研究任何问题的唯一概念工具，学者们按照神学观点来解释世界，地球是宇宙的中心，太阳照亮了星星。直到哥白尼、伽利略出现。

1543年，波兰科学家哥白尼（Nikolaj Kopernik，1473—1543年）出版了他的《天体运行论》，推翻了地心说，提出日心说，开始了科学革命（至牛顿时期完成），让人类由中世纪的观点走出，从一个封闭的世界走向一个无限的宇宙。1616年宗教裁判所判定哥白尼的学术为异端邪说。

意大利科学家伽利略 (Galileo Galilei，1564—1642

年）研究了斜面、惯性和抛物线运动。在已有望远镜的基础上，制成了放大30倍的望远镜，指向天空，搜寻天上世界，发现了月球的山脉，木星的卫星，太阳的黑子，银河由星星组成，验证了哥白尼学说。1632年伽利略出版《关于托勒密和哥白尼两大世界体系的对话》，1633年被宗教裁判所判定为"最可疑的异教徒"，遭终身监禁并被迫在大庭广众下认罪。70岁的伽利略已是半盲，作为囚徒，又写出了一本科学杰作《关于两种科学的对话》，阐述了两项重要发现：受力悬臂的数学分析及自由落体运动，后者推翻了亚里士多德的"越重的物体下落得越快"的二千年定论，现代科学开始。

伽利略逝世的同年，牛顿（Isaac Newton，1642—1727年）出生。1665年，牛顿因为躲避黑死病，离开剑桥回家乡隐居18个月。这18个月是科学史上幸运的时期，牛顿酝酿了一生主要的科学成果：微积分，色彩理论，运动定律，万有引力，几个数学杂项定理。但他不喜欢撰写和公布自己的学问，直到因为与皇家学会发生龃龉，在埃德蒙·哈雷（Edmond Halley，1656—1742年）的劝说下，才于1687年出版了《自然哲学的数学原理》，阐述了万有引力和三大运动定律，展示了地面物体与天体的运动都遵循着相同的自然定律，奠定了此后三个世纪里物理学和天文学的基础。借助牛顿定律正确算出彗星回归的哈雷在牛顿的《自然哲学的数学原理》的前言里用诗句赞道："在理性光芒的照耀下，愚昧无知的乌云，终将被科学驱散。"

科学当时仍属哲学范畴。《自然哲学的数学原理》充满了哲学意蕴，读过此书的人脑海中都会浮现出一个宇宙的形象：一部神奇而完美有序的机器，行星转动如同钟表的指针一样，由一些永恒而完美的定律支配，机器后面隐约可见上帝的身影。美国开国元勋制订宪法时不忘牛顿体系，称："牛顿发现的定律，使宇宙变得有序，我们会制订一部法律，使社会变得有序。"

牛顿证明了科学原理的真实性，证明了世界是按人类能够发现的机理运行的。把科学应用于社会的舆论开始出现，人们期待科学造福人类。甚至牛顿在论述流体力学时也轻描淡写了一句"我想这个命题或许在造船时有用"。视科学为有用知识的弗朗西斯·培根对此作了理论提升，提出"知识就是力量"。

但是，也仅此而已。牛顿力学三百年后才被用于航天发射和登月飞行，当时只能作为知识储存在书本里。16和17世纪的欧洲，在科学革命的同时并未发生技术革命或工业革命。印刷机、大炮、炮舰一类的发明未借助科学。除了绘图学，没有任何一项科学的成果在近代早期的经济、医学、军事领域产生过较大的影响。即使是伽利略的抛物线研究，显然在大炮和弹道学方面会有潜在价值，可事实上，在伽利略之前，欧洲的大炮已有三百年的历史，在没有任何科学或理论的情况下，凭着实践经验，大炮技术已发展得相当完备了，炮兵学校有全套教程，包括射程表等技术指南。毋宁说是炮兵技术影响了伽利略的抛物线研究，而不是伽利略的科学影响了当时的炮兵技术。

当时航海技术中最大的"经度难题"，也不是靠科学解决。由于无法测量船只所在的经度，欧洲人的海上活动受到限制，只能傍海岸航行。包括伽利略在内的很多天文学家尝试过解决办法，未能成功。1714年，英国国会以2万英镑悬赏"确定轮船经度的方法"，要求仪器在海上航行每日误差不超过2.8秒。1716年法国政府也推出类似的巨额奖金。最后的解决，不是科学，而是技艺。英国钟表匠哈里森（John Harrison，1693—1776年）先后做出4个海上计时仪，其3号钟使用双金属条感应温度，弥补温度变化（今天依然在用），装上平衡齿轮（滚动轴承和螺旋仪的前身）防止晃动，抵消船上的颠簸和晃荡，比任何陆地上的钟表都精确，每日误差不到2秒，45天的航行结束，准确地预测了船只的位置，符合领奖条件，但英国国会拒绝履约。哈里森继续改进，4号钟用发条替代钟锤，进行了两次从英格兰到西印度群岛的航海实验，3 个多月误差不超过 5 秒，相当于将航天探测器降落在海王星上，降落点误差只有几英尺。国会还想耍赖，但航海界认定 4 号钟比皇家天文台的航海图优越得多。哈里森在 83 岁生日那天得到了奖金。

17 世纪是实验科学兴起和传播的时期。吉尔伯特（Gilbert，1544—1603 年）用磁体做实验，伽利略让不同球体在斜面滚下，托里拆利（Evangelista Torricelli，1608—1647 年）用装有水银的管子发现了空气压力原理，哈维（William Harvey，1578—1657 年）解剖过无数尸体和活体以了解心脏的作用，胡克（Robert Hooke，1635—1703 年）通过测试弹簧获得胡克定律，牛顿让光束通过透镜和棱镜研究光的组成。实验成为检验理论或猜想的一种方便且必须的工具。科学家依靠仪器，同一时代的科学更多地靠技术帮助，却很少给技术以帮助。以望远镜为例，天文学家一直在使用技术上不断改进的望远镜，得出许多惊人的发现。第一架望远镜是荷兰眼镜匠汉斯·利伯希（Hans Lippershey，1570—1619 年）发明的。高倍望远镜光束穿过透镜后会产生色散、球面像差和畸变。解决方案还是来自技术领域，依靠玻璃制造工艺解决的。用几种折射率不同的玻璃互相补偿制成复合透镜，这已经是 1 730 年以后的事情了。

18 世纪初，牛顿、伽利略等科学巨人引领的科学革命正归于沉寂，欧洲仍然是一片农业社会景象。90% 的人住在乡村，从事农业。即使城市居民，能够见到的制成品要么是农田的产物，要么是能工巧匠的制品。能源不过是动物或人类的肌肉力量，加上木材、风力、水力而已。

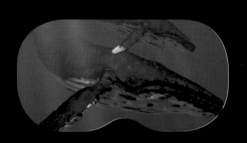

18 世纪 60 年代，瓦特（James Watt，1736—1819 年）在纽科门 (Thomas Newcomen，1663—1729 年) 发明的基础上改良蒸汽机。煤在蒸汽机中燃烧，提供动力，引发工业革命。蒸汽机加快了新能源（煤）的开采和使用（此前动力和热力来源，包括炼铁，

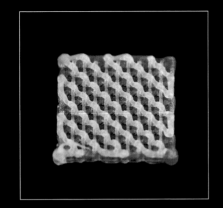

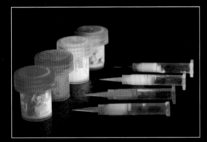

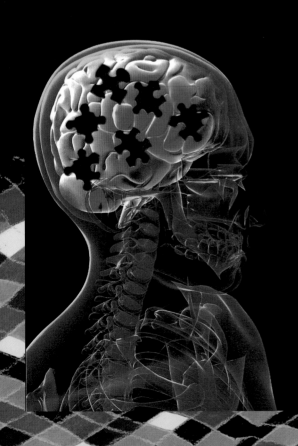

主要靠燃烧木材）。尽管中国的铁匠在 11 世纪就发明了用煤做燃料的熔炼方法，英国到 1709 年由亚伯拉罕·达比（Abraham Darby，1676—1717 年）发明了焦炭，才不再依靠森林提供燃料。炼铁局面改观，世界进入铁器和机器时代。英国发明家理查德·特里维西克（Richard Trevithick，1771—1833 年）的高压蒸汽机用于铁路，1814 年第一台蒸汽机车出现，1830 年迎来铁路时代。1886 年，德国工程师卡尔·本茨（Karl Friedrich Benz，1844—1929 年）制造出世界上第一辆汽车。这一系列技术革命引起了从手工劳动向动力机器和工厂化生产的飞跃。

18 世纪之前，人不知工厂为何物。工业革命后出现的工厂发展出高度集中的规模生产，标准化部件的制造制度（源于英国，在美国得到更广泛的应用）被亨利·福特（Henry Ford，1863—1947 年）在汽车工业中发展成生产流水线，大大提高了生产力。

构成 18 世纪工业革命基础的所有技术，仍然是工程师、技师、工匠做出来的，几乎没有或根本没有科学理论的贡献。科学家仍沿袭亚里士多德的传统，追求知识和精神上的满足，不考虑理论的应用。技术行家们也未吸取科学的营养，如同古罗马的工程师，追求实用，实践出真知，对理论不感兴趣。科学与技术各行其道，直到 19 世纪末。

在技术独步天下的时代，英国首先颁行专利法，成为技术史上的重大事件。18 世纪 80 年代，法国化学家贝托莱（C.L.Berthollet，1748—1822 年）发现漂白织物的氯化方法。因蒸汽机而富裕的瓦特，其岳父是一位漂白剂制造商，瓦特想由他们三人共同申请专利，获取厚利。贝托莱拒绝道："一个人爱科学，就不需要财富。"他以纯科学态度进行研究并发表了结果。这件事显示了 18 世纪以后技术与科学的一个区别：科学是发表、共享，寻求知识和真理；技术是垄断，寻求实用和价值。仍以瓦特为例，他并非蒸汽机的发明人，只是改良人，但他首先申请了专利，并想方设法延长专利保护期。英国当时的大政治家爱德蒙·布克（Edmund Burke，1729—1797 年）在国会上雄辩经济自由，反对制造不必要的垄断，但瓦特的合作伙伴太强大，简单的原则无法打败他。专利获批后，瓦特的主要精力就不再是蒸汽机技术的改进，而是借助法律打压和阻挡其他发明者和改良者。蒸汽机在英国的真正普遍推广和重大改进实际上是在瓦特专利期满之后。

科学史和技术史都证明了同样或类似的发现发明可以在不同区域、由不同的人做出。牛顿和莱布尼茨分别发明微积分，达尔文和华莱士分别发现进化论，就是有力的证明。自然规律、原理就在那里，它们迟早会在某处或某时被某人发现或利用。蒸汽机如果不是瓦特改进，也会有别人改进。但专利法的基础却是：某种发明或点子只能一个人想到，别人如果想到，就是窃取；最初的发明不可触动，不允许别人做出改进，否则就是侵权。这与科学背道而驰。

科学与技术的这一分野，导致了人们对科学和技术的不同观感。一个重大的科学发现，几乎全人类为之庆贺；一项重大技术的出现，人们首先想到的是又一个商业机会、盈利模式。正如美国科学家特莱菲尔（James Trefil，1938 年至今）所谓的特莱菲尔定律（Trefil Law）所说："每当有人发现自然的原理，其他人很快就会跟从研究，并找出如何从中牟利的方法。"我们看到十几岁的孩子因为下载歌曲而被追诉"音乐盗版"，看到非洲艾滋病人因为无力支付专利持有者的高价药物而死亡，也看到泰国政府宁愿侵犯知识产权也支持仿制药物，以挽救人的性命。"知识产权""专利和版权"现在已成为争论的主题。专利制度保护了发明，也阻碍了技术的改进和推广。但这是另一话题，不表。

历史进入 19 世纪。英国科学家迈克尔·法拉第（Michael Faraday，1791—1867 年）于 1821 年发现了电磁感应现象，奠定了电磁学基础。1870 年，麦克斯韦（James Clerk Maxwell，1831—1879 年）在法拉第的基础上总结出电磁理论方程（麦克斯韦方程），统一了电、磁、光学原理，与牛顿物理一起成为"经典物理学"的支柱。爱因斯坦（Albert Einstein，1879—1955 年）书房墙壁上，悬挂着牛顿、法拉第、麦克斯韦三人的相片。

除了电学理论，化学、热力学等领域也取得重大进展，形成了物理和化学的基础定律。电动力带来第二次工业革命。与历史不同的是，此次工业革命是以物理学和化学为基础。科学不再是纯理论，而是用于设计更为精良的技术和工艺。自此开始，科学引领技术，成为文明的引导力量。

此后的 20 世纪，科技可谓群星灿烂。普朗克（Max Planck，1858—1947 年）的方程式，爱因斯坦的相对论，薛定谔（Erwin Schr·dinger，1887—1961 年）和狄拉克（Paul Dirac，1902—1984 年）的量子力学，魏格纳（Alfred Lothar Wegener，1880—1930 年）的大陆漂移学说，摩尔根 （Thomas Hunt Morgan，1866—1945 年）的遗传变异理论，哈勃（Edwin P.Hubble，1889—1953 年）的宇宙膨胀说，海森堡（Werner Karl Heisenberg，1901—1976 年）的不确定性原理，克里克（Francis Harry Compton Crick，1916—2005 年） 和 沃 森（James Dewey Watson，1928 年至今）的 DNA 结构，冯·诺依曼（John von Neumann，1903—1957 年）和 图 灵（Alan Mathison Turing，1912—1954 年）的计算机理论，航天技术将人类送上太空和月球，哈勃望远镜在 600 千米的太空观察到 130 亿光年外的原始星系。人类对世界有了全新的认识，科学有了全新的工具。计算机无限地扩大了人的脑力，其意义要超过机器扩大人的体力。

20 世纪是人类的悲惨世纪，两次世界大战，伤亡人数超过 1.2 亿。参战双方都从实验室源源不断推出新式武器：战机、坦克、潜艇、毒气、原子弹。16 世纪，列昂纳多·达芬奇（Leonardo Di Serpiero DaVinci，1452—1519 年）就构思过"可以水下航行的船"，却被视为"邪恶""非绅士风度"而被摒弃。但第一次世界大战时期的 1914 年 9 月 22 日，德国 U－9 号潜艇在一个小时内就击沉 3 艘英国巡洋舰。第一次世界大战期间，各国潜艇共击沉 192 艘战舰，5 000 余艘商船。第二次世界大战更被称为物理学家的战争，图灵的密码机破解了德国"英格玛"的秘密系统，帮助盟军制服了德国潜艇，雷达帮助英国皇家空军赢得了不列颠之战，原子弹结束了第二次世界大战。

历史上，帝国的兴起都不会依靠巫术般的科技，也很少有战略家想到要制造或扩大科技的差距。19 世纪前，军事的优势主要在于人力、后勤和组织。但 20 世纪以后，特别是原子弹的威力，唤起了各国政府对科学和技术的迷恋和贪求，揭开了科技发展的新一页。强大的武器需要精确的制导技术，推动了计算机、电子技术的发展，人类步入数字时代。集成电路、微处理器和互联网普及到每个家庭和个人，科技进入了一个更广阔的空间——商业应用。

政治和商业的卷入，重新塑造了科学和技术本身。亚里斯多德开创的纯粹科学越来越稀有，科学和技术越来越受政治和资本的支配，没有明确应用前景或商业价值的科学和技术难以获得资本的支持。科学家不再是希腊先贤那样的自由个体，而是研究机构或组织的雇员，按主管者规划的"专业"方向探索。许多科学研究和技术发展，都是军事所发起。随着一个又一个难题的攻克，人们开始相信科技无所不能。

一个世纪前，人们或许还能把科学与技术区分开来，机器由工程师或技术人员制造。但在数字时代，科学和技术相互依存：没有科学就产生不出新技术，而产生不出新技术，科学研究也就失去了意义。科学和技术实际上以"流水线"模式衔接推进——基础研究发现原理、规律，打开视野和思路；应用研究探索其技术或商业的可行性；技术开发（R&D）把成果制成有用的产品。

20 世纪奠定基础的数字技术，在 21 世纪大放异彩。

移动网络、大数据妙用无穷，机器人不仅进入生产流水线，更进入以前被认为是"专业工作"的领域，顶替人的岗位。即使是最复杂的医疗领域，医院的所有检查和大部分诊断已不是由医生而是由机器承担；人工智能（AI）的诊断水平已开始超越最有经验的医生，纳米机器人做手术比外科医生更快、更完美。人工智能已具备深度学习的能力，意味着人工智能必将超越人的知识、能力，脑机接口已不遥远。

21 世纪，人类生活的各个方面，已没有科学和技术尚未进入的领域。今天的任何商品，都是科学和技术结合的产物。日常用到的器具，无不是按照最先进的科学原理工作的。以无处不在的手机为例，方寸之间，集人类数千年科学和技术成果之大成，数百位科学家、发明家薪火相传，才带来今天这种执世界于掌心的智能设备。每次打开手机，都在使用物理、化学、光学、电磁学、计算机、互联网、无线电、通信、量子力学、相对论的原理。

1945 年，被称为原子弹之父的物理学家罗伯特·奥本海默（J.Robert Oppenheimer，1904—1967 年）面对第一颗原子弹爆炸产生的蘑菇云，用《薄伽梵歌》沉吟道："我成了死神，世界的毁灭者。"对科技的这种深沉忧虑，21 世纪有了新的焦点——生命科学和生物技术的突起和变异。21 世纪注定是生命科学的世纪。生命科学过去一直落后于物理科学并非偶然。生命系统远比非生命系统复杂，一个单一的变形虫比整个银河系更复杂，数十亿相互连接的神经元组成的大脑也许是宇宙中最复杂的系统。21 世纪，生命科学的"落后"将被改变。人类基因组的全序列测定将为破译遗传信息奠定基础，与生命活动、增殖、记忆、疾病及癌症相关的基因正陆续发现，不仅可解开生命的奥秘和疾病的机理，使人类的疑难绝症获得治疗，甚至可借助基因编辑技术修改和改造生命。返老还童的试验、人类强化工程已开始，长生不老和超级人类不再是神话。这也许比奥本海默的核爆炸更可怕。什么是科学和

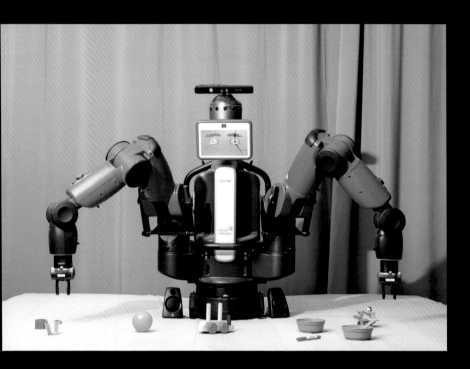

技术的终极目标？科技的过度利用，是喜是悲？以生命科学为例，最终目标就是改造生命、征服或避免死亡吗？今天，八九十岁的病人仍然插着各种管子，接受复杂的药物或手术；心脏停止跳动者仍在用机器延续"生命"；不治之症的病人甚至选择镇静剂或冷冻，等候未来的医药救生。生老病死是自然规律，科技却被用来对抗自然规律，这是科学精神吗？长生不死，超级人类，对人类是祸是福？科技这人类的利器，不受道德伦理约束，会不会如科学家霍金（Stephen William Hawking，1942 年至今）所忧虑的，成为从瓶子里放出来的恶魔？

凭借科学和技术，人类作为一个物种已经过于成功。人类本应与其他生物一样生活在自然环境中，然而现代人生活的却是技术设定的环境，人与自然世界越来越隔离。我们的后代似乎难免变成依靠电子屏幕与外部世界沟通，沉迷在虚拟现实和人工智能之间的新人类。

回顾历史，技术胼手胝足、劳苦功高地扶持人类十多万年。三千年前，科学的涓涓细流，滥觞发源。从石器时代到数字时代，人类走了十万年。从泰勒斯发现静电到法拉第发现电磁感应，科学家走了二千多年。而近半个世纪来，集成电路元器件数量每 12 个月就翻一番，性能提升一倍。科技进程不断加速，21 世纪，技术创新如同井喷。车库或地下室里的青年一夜之间就推出一项改天换地的新技术，世界丝毫不会感到惊讶。这在本书里有具体而微的展现。书中仅仅是近五年的突破，已足以显示当今科技创新的广阔图景，展示了不可阻挡的科技洪流——不管人们对它的永不知足、永无止境是欢欣还是忧虑。

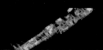

目录CONTENTS

2016

2015

2015 年 10 大突破性技术

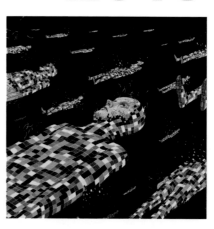

2014 年 10 大突破性技术

2014

2013

2012

10 Breakthrough Technologies

2016

2016 年 **10 大突破性技术**

Immune Engineering
免疫工程

"百度魏则西事件"在一瞬间将免疫工程这一技术带到了风口浪尖。关于这项技术本身是否已经成了替罪羊的争论甚嚣尘上。但在下结论之前，人们十分有必要冷静地看看这一技术在美国的发展情况。免疫工程被《麻省理工科技评论》评为 2016 年 10 大突破性技术之一。

撰文：安东尼奥·雷加拉多（Antonio Regalado）

突破性技术	重要意义	主要研究者
杀伤性 T 细胞可被用来消灭癌症。	癌症、多发性硬化症和艾滋病毒(HIV)都可以通过免疫系统工程进行治疗。	- 赛莱克蒂斯（Cellectis） - 朱诺治疗（Juno Therapeutics） - 诺华（Novartis）

在《社交网络》这部由大卫·芬奇执导、以 Facebook 创始人马克·扎克伯格为原型拍摄的电影中,有一位配角颇让人印象深刻,他就是好莱坞大帅哥贾斯汀·汀布莱克扮演的肖恩·帕克。在电影中,他吸食毒品,并与维多利亚秘密女郎风流约会,而且为了利益他写了一张支票给爱德华多·萨维林,并朝其脸上扔去,然后把这位 Facebook 联合创始人赶出了公司大楼。

在现实中,肖恩·帕克这位很帅气的 Napster 创始人当然否认上述电影中的场景。但不可否认的是,他对技术发展趋势的判断向来十分准确,用慧眼如炬来形容他一点也不夸张,当年入股 Facebook 已经能够说明一二。最近,这位硅谷超级富豪的一项捐赠,将一项新兴的颠覆性技术带到了人们的视野中: 癌症免疫疗法。

凭借总计 1.25 亿美元的捐款,帕克成立了以自己的名字命名的"帕克癌症免疫疗法研究所"。在组建团队上,他毫不吝啬,请来了加州大学旧金山分校的生物学家杰夫·布鲁斯通作为领头人。布鲁斯通在 20 世纪 90 年代的研究促成了其中一种癌症免疫疗法的诞生,是该领域非常著名的学者,拥有数十年的研究经验,发表了 300 多篇同行评审论文。

在运营策略上,帕克声称要将学术研究和医药行业进行连接。该研究所携手业内总计 37 家合作伙伴,几乎能找到的皆在其中。从传统医药巨头辉瑞,到热门初创企业朱诺治疗公司(Juno Therapeutics),再到非营利组织美国癌症研究协会。不开玩笑地说,帕克同学的策略是联合癌症免疫疗法行业中的几乎每个人。"帕克找了该领域的主要玩家,将最好的成员选出来,然后对他们说,我要给你钱让你玩到极致。"美国癌症协会首席医疗官奥斯·布劳利如是说。他所在的机构是为数不多的没有与帕克研究所建立合作的组织之一。

如今难以用语言形容癌症免疫疗法是多么火爆。2014 年以来,这一领域的数家初创公司陆续成功上市(如右上图表所示);2016 年年初,约翰·霍普金斯医院成立了自己的免疫疗法研究中心,总投资 1.25 亿美元,其中包括来自亿万富翁、前纽约市长迈克尔·布隆伯格 的资金;免疫疗法还是副总统拜登 10 亿美元抗癌

"登月计划"中的重点板块;同时,很多医药公司也迫不及待地将更多免疫疗法纳入自己的产品线中。

繁荣时代

通过上市,免疫工程初创公司筹集了大量资金用于开展人体试验。

公司名称	IPO 募集资金	上市时间
凯特制药	1.34 亿美元	2014.6
朱诺治疗	3.04 亿美元	2014.12
贝利卡姆制药	1.60 亿美元	2014.12
赛莱克蒂斯	2.28 亿美元	2015.3

《连线》杂志甚至指出,在受欢迎程度上能与这项技术旗鼓相当的美国流行文化包括可颂甜甜圈、菲比小精灵以及 2005 年后的 Facebook。如此火爆,那么免疫工程究竟是什么呢?

免疫工程: 已知的"杀手"

人类免疫系统被称为大自然的"大规模杀伤性武器"。它拥有十余种主要细胞类型,其中包括多种 T 细胞。它会抵御从未见过的病毒,比如抑制癌症(尽管并非总是如此),而最主要的功能是避免伤及自己的身体组织。它甚至还有记忆功能,而这也是疫苗接种的依据。

100 多年前,美国外科医生威廉·科莱注意到,有时候意外感染会让肿瘤消失。随后,科莱将链球菌培养基注入到癌症患者体内,发现在部分病例中出现了肿瘤收缩的情况。1893 年发表的这一发现表明,免疫系统是可以对抗癌症的。但当时因为太多问题无法回答,癌症免疫疗法仍只是被当作一个失败的理念。

然而,经过 40 多年的科学研究,研究者们终于开始了解肿瘤细胞和免疫系统对话的本质,并逐步绘制出了控制免疫系统与肿瘤互动方式的分子网络。在过去的

几年里，基于这些洞见，医药公司和实验室开始研究修复免疫系统的行为。

在所有的提议中，最极端的方法是改变T细胞内的基因指令。目前，通过TALENs或最新的CRISPR等基因编辑技术可以轻松做到。2015年，基因编辑初创公司爱迪塔斯医药（Editas Medicine）和英特利亚治疗（Intellia Therapeutics）均与研发T细胞疗法的公司签署了合作协议。"这是一个完美的开始。"加利福尼亚大学旧金山分校研究人员杰弗里·布鲁斯通说，"免疫细胞是运转良好的机器，但我们可以让这种运转更加顺畅。"

基于过去几十年的研究工作（以及与免疫学相关的诺贝尔奖成果），研究人员已经发现了很多重要细节，包括T细胞如何识别和杀灭入侵者等。透过显微镜，我们可以看到这些细胞会展现出类似于动物的行为：爬行，探查，然后抓住另一个细胞，向其注入中毒性颗粒。就像小机器人一样，T细胞具有四处移动的能力，能够同其他细胞对话，会释放毒物，可改变微环境，具有记忆功能，并可实现自我增殖。

2015年，研究者们制造了一些未来派的新型T细胞。在注入特定药物的情况下，这些细胞才会发起靶向搜寻和杀灭行动。也就是说，这一特征可以让这些细胞在特定的时间和地点发起进攻，

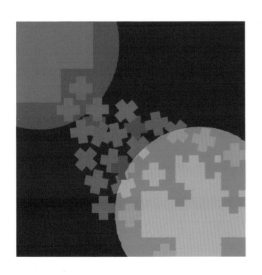

免疫工程时间线

5亿年前
颌鱼最先进化出"适应性"免疫力——通过特化细胞了解、记忆和应对威胁。

1796年
爱德华·詹纳将牛痘脓胞中的物质注射到一名男童体内，以预防更为致命的天花病毒。这被认为是我们人类的第一种疫苗。

1893年
纽约外科医生威廉·科莱认为癌症可以通过免疫反应治愈。他利用活细菌即所谓的"科莱毒素"治疗肿瘤。

1908年
德国医生保罗·埃尔利希以其提出的免疫系统理论而获得诺贝尔奖。他引入了"仙药"理念，亦称"魔弹"，可以说是当今靶向药物的前身。

1971年
美国总统理查德·尼克松宣布发起"抗癌战争"。美国国家癌症研究所的预算随之升至3.78亿美元，按当前币值计算约为21亿美元。现在，该研究所的预算为49.5亿美元。

1981年
HIV大流行拉开序幕。1987年，首个抗逆转病毒药物——叠氮胸苷（AZT）上市销售。时至今日，HIV疫苗仍在研发中。

1983—1987年
科学家发现了T细胞抗原受体。杀伤性T细胞通过这种抗原受体区分病毒感染细胞和癌细胞。

2000年
法国治愈了两名免疫缺陷儿童。这也是基因疗法在治疗"气泡男孩"病中的首次成功运用。医生将一种缺失的基因植入到他们的骨髓中。

2011年
首个免疫检查点抑制剂——易普利姆玛（ipilimumab）在美国获批用于治疗晚期黑色素瘤。该药物会释放T细胞。在很多患者身上，治疗效果显著。2011美国宾夕法尼亚大学的卡尔·朱恩宣布通过基因改造的T细胞攻克白血病。

2015年
美国前总统、90岁的吉米·卡特接受免疫疗法治疗黑色素瘤和脑癌。后期脑部扫描显示肿瘤消失。

2016年
鉴于免疫疗法的"神奇进展"，美国总统贝拉克·奥巴马和副总统约瑟夫·拜登宣布启动攻克癌症的新的"登月计划"。

具备被"遥控"功能。目前,这些细胞只在小鼠身上进行过测试。

另外一种新型T细胞被研究者们称为"谷歌高级搜索",即只有在某种癌细胞被锁定两种不同的标记后,它才会发起攻击行动——相当于对敌对细胞进行双重确认。这些工作都至关重要,因为将T细胞靶向到肝、肺或脑的肿瘤是非常危险的。有些患者在试验阶段会因为T细胞的误杀而不幸身亡。

抢滩布局

赛莱克蒂斯(Cellectis)是一家成立于法国的生物技术公司,总部现位于美国纽约曼哈顿东区,它的首个T细胞疗法在2015年年底被制药公司辉瑞(Pfizer)和施维雅(Servier)收购。该公司发明了一种名为TALENs的基因编辑方法,即通过活细胞中的DNA剪切和修复,进行癌症治疗。赛莱克蒂斯是从2011年开始研发这种疗法的。

赛莱克蒂斯开发的T细胞有着很广泛的应用。先前的疗法使用的是患者自己的细胞,但有的患者体内并没有足够的T细胞。有先见之明的赛莱克蒂斯决定利用基因编辑技术开发高度工程化细胞,最终的

目的却很简单,即实现T细胞的"普遍"供应。但T细胞一般具有巨大的杀伤潜力,并不那么容易供应。因为问题在于,你不能将X先生的T细胞注入Y先生体内,否则这些细胞会把Y先生视为"非自我",并发起全力攻击。这样一来,患者就会陷入危险境地。

但如果T细胞经过了基因编辑技术处理,这种风险基本可以消除,而这也是所有人所希望的。目前,这项技术已经在超过300名患者身上进行了测试,效果显著。10余家制药公司和生物技术公司正致力于将这种疗法推向市场。

另外值得关注的是,朱诺治疗在2016年1月以1.25亿美元的价格收购了专注于单T细胞DNA测序的波士顿公司AbVitro。现在,该公司正试图确定癌细胞中的活跃T细胞,并对其受体展开研究。朱诺治疗首席科学家海厄姆·列维茨基表示,原先需要7个月才能完成的实验现在只需要7天,而数据累积也越来越多,平均一次实验可产生100GB的信息。"很多事情都是技术驱动的。"他说,"这些问题的出现已经有一段时间了,但无法找到答案。现在通过新技术,我们可以以前所未有的方式审视它们。"

2016年3月,由百特国际(Baxter International)分

重大交易
T细胞公司纷纷与制药公司和基因编辑专家签署合作协议。

2012年8月
瑞士制药巨头诺华与美国宾夕法尼亚大学达成一项全面合作协议,而后者是工程化T细胞的早期实验成功者。

2015年1月
诺华收购英特利亚治疗公司的CRISPR基因编辑疗法。朱诺治疗和爱迪塔斯医药后来也以2 500万美元的价格达成了一项类似协议。

2015年6月
生物技术公司新基(Celgene)向总部位于西雅图的朱诺治疗支付10亿美元,用于T细胞疗法的合作开发。

2015年11月
制药公司辉瑞和施维雅以4 000万美元的价格收购赛莱克蒂斯首个"上架的"白血病T细胞疗法。

2016年1月
食品制造商雀巢(Nestlé)向初创公司赛雷斯(Seres)支付1.2亿美元,用于研发可防止感染和免疫紊乱的细菌类药品。

2016年1月
朱诺治疗以1.25亿美元的价格收购波士顿公司AbVitro;AbVitro可对单T细胞内的DNA进行测序。

拆出来的新制药公司 Baxalta 宣布，总计投资超过 17 亿美元，将与基因编辑公司 Precision Bio Sciences 进行合作，专攻新兴的免疫治疗市场。2016 年 1 月，总部设在都柏林的制药公司 Shire 医疗宣布将以 320 亿美元的高价收购 Baxalta 公司，意在打造世界最大的罕见病制药公司。Baxalta 雄心勃勃地表示将开发 6 种不同的免疫治疗药物，并预计首款药物将在明年进行临床试验。

为了应对来自同行日趋激烈的竞争，帕克研究所的策略是联合加州大学旧金山分校、加州大学洛杉矶分校、宾州大学、斯坦福大学、MD 安德森癌症中心和纪念斯隆 - 凯特琳癌症中心六家著名机构——这些机构的研究人员将一道全力研究三大问题：改造 T 细胞抗癌，寻找癌细胞的"开关"，以及发现会让癌细胞逃避免疫系统的检查点抑制剂。

不仅在研发方面，"帕克联盟"在临床试验方面的合作也十分紧密。试想，如果一家医药公司要测试一种罕见癌症的抗癌药物，在单一地点可能需要花费两年的时间才能招募到足够多的病人；但在帕克研究所里，他们可以接触到六个地点的病人，而只需同一组人员来处理就行了。无疑，医药公司会喜欢这种方法，因为省去了他们几个月的时间，不用来来回回争论。

甚至，"帕克联盟"的研究专利也是由一组律师解决。帕克研究所将尝试一种新的模式，即与研究人员所属的中心和大学共享一部分专利。这就意味着，如果这些专利日后成了畅销药，那么部分钱会用来继续资助研究所的研究工作。而且，新模式也解决了专利导致的研究问题：通常来说，免疫疗法结合使用更好，但是很难让不同的公司都签同一个试验；这家公司有这个，那家公司有那个，两者永不聚。但如果帕克研究所拥有了全部相关免疫疗法的专利，之后和医药公司签署许可协议，问题就迎刃而解了。

然而现如今，参与免疫疗法研究的硅谷科技企业也绝不止帕克一家。2015 年，谷歌在麻省理工学院举办了两场有顶级免疫肿瘤学家和生物工程师参加的峰会，旨在确定免疫疗法的哪些部分可以"谷歌化"。与会人员表示，这家搜索巨头对迅速发展的新的肿瘤活检技术的研究非常关注。这些技术方法很可能将产生关于免疫系统细胞的大数据，比如 T 细胞在肿瘤内的具体活动，以及 T 细胞如何对肿瘤产生影响等。但到目前为止，谷歌的生命科学部门 Verily 还没有正式公布其在癌症免疫疗法方面的计划。

除了创业公司、科技巨头、癌症研究院和大型制药公司，医院也是积极参与方。著名的纽约西奈山医院从今年开始也将开始从事临床试验。患者会被注入一剂异常蛋白片段，而这些片段会训练 T 细胞攻击癌细胞。

Facebook 前雇员、现担任西奈山医院及医学院下属实验室负责人的杰弗里·哈默巴赫尔对《麻省理论科技评论》（MIT Technology Review，简称 MIT TR）表示，他正在与 12 名程序员一道研究 T 细胞，开发可解释患者癌细胞中 DNA 序列以及可从中预测杀伤性 T 细胞反应的软件。"有趣的是，我们向美国食品药品管理局（FDA）提交的并不是分子而是算法。"他说，"这或许是最早将程序输出作为疗法的案例之一。"

挽救癌症患者的生命，但只是一个开始

2015 年 6 月，12 个月大的英国女孩蕾拉·理查德兹（Layla Richards）已经处于病危状态。她是一名白血病患者，虽然接受过很多次化疗以及一次骨髓移植，但癌细胞仍在不断扩散。

女孩所在的伦敦大奥蒙德街医院的一名医生给上面提到的赛莱克蒂斯公司打了电话。"我们接到了一个电话。医生说，'我们收治了一名缺乏 T 细胞的小女孩，现在已经无计可施'。"赛莱克蒂斯首席执行官安德烈·舒利卡说，"他们希望获得一瓶还在质量控制测试阶段制造的 T 细胞。"

医生希望将蕾拉作为一个"特例"，即通过未经临床试验的药物进行治疗。这是一场赌注，因为这种

疗法仅在小鼠身上试验过。如果治疗失败，赛莱克蒂斯的股价和声誉将会大跌，而即便取得成功，该公司也可能会遭到监管机构的调查。"一边是对生命的挽救，一边是对坏消息的规避。"舒利卡说。

2015 年 11 月，大奥蒙德街医院宣称蕾拉的病已经治愈。英国媒体竞相报道这则感人的故事，对这名勇敢的女童和敢于作为的医生大加赞赏。铺天盖地的头版报道让赛莱克蒂斯的股价大幅飙升。两个星期后，制药公司辉瑞和施维雅宣布它们将以 4 000 万美元的价格收购这一疗法。

虽然蕾拉案例的很多细节至今没有披露，一些癌症专家也表示工程化 T 细胞在其治疗中所发挥的作用仍不明朗，但她的康复无疑给很多人带来了希望。只是所有人都明白这只是个开始，并非意味着我们已经能够挽救癌症患者的生命。

超越癌症

在"免疫工程"以及免疫系统的控制和操作上的进步，将会给癌症治疗带来意想不到的突破。此外，这些进步还会催生用于治疗 HIV 和自身免疫疾病，如关节炎和多发性硬化症等。

2015 年 3 月，辉瑞任命林家扬担任该公司旧金山生物技术部门的负责人。该部门负责癌症药物的开发，最近又开始制造工程化 T 细胞。林家扬表示，他的公司早在媒体报道蕾拉事件之前就已同赛莱克蒂斯展开磋商，当时甚至都没有人料到她会被治愈。"这是一个巨大的惊喜。"他说。

林家扬表示，多年的科学研究工作最终结出果实，使得治疗产品成为一种可能。他认为，这种疗法将不仅仅局限于白血病，也不仅仅局限于癌症。"我们认为这个基本原理，即改造人体细胞，会有更广泛的寓意。"他说，"而免疫系统将会成为最便捷的工具，因为这些细胞可以移动和转移，并会发挥重要作用。"

研究人员早已对自身免疫紊乱展开研究，比如糖尿

病、多发性硬化症和狼疮等。传染病也已进入 T 细胞工程师的视野。美国国家卫生研究院病毒学家、揭示 HIV 感染人体细胞机制的爱德华·贝格尔认为，对病毒进行永久阻断是可能的，即所谓的"功能性治愈"。2016 年 2 月，他表示，将会把基因改造的 T 细胞注入猴子体内，寻找并摧毁任何存在的免疫缺陷病毒的细胞。

真正的流程并不像理论这么简单。贝格尔认为，未来的路还很长，而且充满曲折。此外，大多数涉及工程化 T 细胞的规程都需要患者或猴子服用可临时杀灭自身 T 细胞的药物，而在此过程中，风险不可避免。但从目前的技术发展来看，这是一种非常激进的治疗方法。

尽管在治疗 HIV 方面已经取得进展，但方法还有待改进。即便是在治疗之后，病毒也会隐藏在人的体内，所以患者需要终生服用抗逆转录病毒药物。而通过免疫工程技术，则可能不需要。这让研究者们看到了一次治疗就可永久阻断病毒的可能性。

"癌症研究工作让我深受鼓舞。"贝格尔说，"我们可以借鉴白血病的治疗理念。通过免疫系统工程治疗其他疾病将是未来的一个主攻方向。就传染病而言，我认为 HIV 是一个最佳实验对象。如果你同 HIV 群体交谈，你会发现他们急需一种疗法，一种可以一劳永逸的疗法。"

专家点评

田埂

博士，毕业于中国科学院研究生院，元码基因联合创始人，曾任清华大学基因组与合成生物学中心主管，华大基因华北区第一负责人，天津华大创始人、总经理，深圳华大基因研究院研发副主管。参与多项 863、973 项目。以通信作者和第一作者发表文章 10 余篇，拥有发明专利 10 余项

当一项科学技术有希望治愈人类最难医治的癌症时，那么无论从重要性还是商业方面它都拥有了足够的噱头。免疫工程正是这个时代科学与商业碰撞下的产物。从技术本身来讲，它的原理并不复杂，但想要完全实现它治疗肿瘤的目的，还需要很多其他技术的辅助支持。这也正好比是一项庞大的工程，有了一份壮丽的蓝图，但仍需要一砖一瓦的积累完成。

免疫治疗最大的好处就是，它来源于自身，对自身的无害性。这种无害性是生物适应了百万年进化而

来的。在很多癌症基础研究还未明的情况下，有些蛋白的功能还未确定，如 PIK3CA，这个在癌症中突变频率几乎仅次于 TP53 的蛋白，正在经历一场到底是癌基因还是抑癌基因的讨论。如果免疫工程的进步不能足够扎实的话，可能会导致一些新的问题甚至完全相反的结果发生。无论如何，正如我们前面提到的，免疫工程这份蓝图本身非常壮丽，它为人类最终战胜癌症提出了一个完美的设想，但我们希望它不要因为太多的商业干预而影响了自己的发展节奏。

突破性技术

能够便宜、精确地编辑植物基因组，不留下外源 DNA。

重要意义

提高农业生产率，以满足日益增长的人口的需要。到 2050 年世界人口预计将达到 100 亿。

基因工程作物的主要研究者

- 塞恩斯伯里实验室（Sainsbury Laboratory），
  约翰·英纳斯中心（John Innes Centre），
  诺威治，英国
- 首尔国立大学，韩国
- 明尼苏达大学，美国
- 遗传与发育生物学研究所，北京

Precise Gene Editing in Plants
精确编辑植物基因

源自细菌的基因编辑工具 CRISPR 有着能改变基因的能力，2013 年以来这项技术已相继成功运用于人类胚胎细胞、小鼠、斑马鱼、蘑菇以及拟南芥等物种中。在植物中的应用前景也应该是一片大好，我们利用精确基因编辑工具 CRISPR 改变植物的基因，使它们具有抗旱或耐寒的特性，甚至还有可能改变主要农作物的产量，解决粮食问题。中国的一个实验室已经用它来创建抗真菌的小麦；中国的几个小组还将此技术用于水稻，以努力提高产量。英国的一个小组用它来调整大麦的一种支配种子发芽的基因，它有助于产生抗干旱的变种。由于简单易行，得到的植物能省去转基因作物涉及的冗长而昂贵的法规审查过程，这种技术越来越多地被那些不愿意采用传统转基因工程的研究实验室、小公司和大众植物育种者所采用。凭借可以精确修改植物靶细胞基因的能力，精确编辑植物基因入选《麻省理工科技评论》评选的 2016 年度 10 大突破性技术。

撰文：大卫·塔尔伯特（David Talbot）、杨一鸣

2050 年世界人口预计将达到 100 亿。为了满足日益增长的人口的需要，农业生产率也必须跟上人口增长的脚步。而多产、抗寒和抗旱的农作物自然是我们最想也最需要的东西。一种名为 CRISPR 的技术提供了一种方便、精确的基因编辑方法，使植物具备上述特点，并且能够便宜、精确地编辑植物基因组，不留下外源 DNA 。

何谓 CRISPR ？

CRISPR 技术的全称是 "Clustered regularly interspaced short palindromic repeats"，最早在微生物细菌中发现。这其实是一套完整的基因编辑系统，是细菌在和病毒斗争中演化出来的免疫武器[1]。病毒在侵入细菌以后，会将自己的 DNA 片段整合到细菌中，然后利用细菌并在细菌体内大量增殖，最后得到很多病毒。而 CRISPR 正是细菌对抗病毒的基因清除系统，利用这个系统，细菌就能将病毒带来的外来基因清除，将它们从自己的染色体上切除，这是细菌特有的免疫系统。你无法想象这套系统是如何进化出现的，也无法想象这一漫长的进化过程有多长，唯一知道的是这套系统是大自然的鬼斧神工。

CRISPR 具有精确修改基因的能力，因此也入选了"《麻省理工科技评论》2014 年 10 大突破性技术"，世界上的科学家们用它来改造各式各样的基因。举个例子：云南灵长类动物生物医学研究重点实验室的研究人员利用 CRISPR "制造"出了一对双胞胎恒河猴。研究人员为这对恒河猴定向修改了三处基因，体外受精之后，由代孕的猕猴孕育出生。而不久前炒得火热的基因编辑蘑菇也是 CRISPR 成功的案例。这种蘑菇由 CRISPR-Cas9 系统编辑基因后制成，其开发者宾夕法尼亚大学的科学家杨亦农将蘑菇中的一个基因切除，使得它们不会轻易在空气中放置时变成棕色。与基因工程不同的是，这种蘑菇没有外源 DNA 残留，不会像一般的转基因产物一样受到大家的质疑。因此，它没有受到美国农业部 (US Department of Agriculture) 的管制，已经投入大批量的种植和销售。这种新型的 CRISPR–Cas9 基因编辑蘑菇成为首个得到美国政府许可的 CRISPR 编辑的有机体。这也意味着经 CRISPR 改造的产品是十分安全的，蕴藏着极大的市场价值。

植物大改造

CRISPR 在植物中的应用与 CRISPR–Cas9 基因编辑的蘑菇类似，也能精确地编辑它们的基因，并且不留下外源 DNA，不会被列入现有限制转基因作物法规的监管名册，这将大大消除消费者对这类转基因作物的疑虑。

中国的一个实验室已经用它来创建抗真菌的小麦；中国的几个小组还将此技术用于水稻，以努力提高产量。英国的一个小组用它来调整大麦的一种支配种子发芽的基因，它有助于产生抗干旱的变种。由于简单易行，得到的植物能省去转基因作物所涉及的冗长而昂贵的法规审查过程，因此这种技术越来越多地被那些不愿意采用传统转基因工程的研究实验室、小公司和大众植物育种者所采用。

索菲·卡门（Sophien Kamoun）说："基因编辑技术对于科学家们追踪破坏庄稼的不断演变的微生物至关重要"。他领导英国诺威治的塞恩斯伯里实验室（Sainsbury Lab）的一个研究小组，将此技术用于马铃薯、西红柿和其他作物，以对抗真菌疾病。"走完法规审查过程需要数百万美元和几年的工作，"卡门说，"而病原体可不会坐着等你，它们时刻在演进和变化。"

他参与开发的 CRISPR 版本为约翰·英纳斯中心（John Innes Centre）最近对大麦和花椰菜类作物的工作铺平了道路。约翰·英纳斯中心与他领导的实验室同属诺威治的植物科学研究中心。卡门和他的同事证明了某些基因编辑过的植物的第二代不包含曾用于创建第一代的外源 DNA（CRISPR 不需要插入外源基因，它通常用少量细菌遗传物质作为编辑目标）。与此同时，韩国首尔国立大学一个研究组避免了在第一代植物里遗留外源基因物质。

未来展望

如今在 CRISPR 应用领域，大大小小的公司都蜂拥而入：杜邦先锋（DuPont Pioneer）已投资 Caribou Biosciences 公司，这是 CRISPR 技术发明者之一杰妮芙·窦德娜（Jennifer Doudna）联合创办的创业公司，正将 CRISPR 用于对玉米、大豆、小麦和大米的实验。该公司希望在 5 年内就出售用 CRISPR 技术选育的种子。

最大的问题是，CRISPR 作物是否将授予转基因作物同样的法规监管。过去五年内，只有 30 种转基因生物避开了美国农业部系统的监管。美国农业部已经说过，有几例基因编辑的玉米、马铃薯和大豆不在此列，它们也采用了基因编辑手段，比如锌指核酸酶（ZFN）和转录激活子样的效应核酸酶（TALEN）系统等。有关 CRISPR 技术的产品，CRISPR–Cas9 基因编辑的蘑菇也仅仅是第一例。CRISPR 基因编辑的农作物产品也需要通过美国农业部的肯定才能真正实现其价值。但美国和限制更严的欧盟现正根据当今的法规对 CRISPR 产品进行评估，而中国当局没有说他们是否会允许作物种植。

蒙大拿州立大学生物化学家布雷克·威登贺福特（Blake Wiedenheft）是 CRISPR 技术最早的研究者之一，他表示："我还没有发现在哪个领域内，有哪种技术能够像 CRISPR 技术这样发展得如此迅猛。"如他所言，CRISPR 技术在植物基因编辑方面的发展也是十分有希望的。从 2016 年年初开始算，有数篇发表在顶级期刊上的文章报道了 CRISPR 技术在植物中的成功应用，其中同时发表在《Nature Biotechnology》上的三篇论文就报道了来自英国、澳大利亚、巴西以及美国研究团队利用 CRISPR 针对小麦秆锈病[2]、马铃薯晚疫病[3]及大豆锈菌病[4]所做出的研究成果。这分别都是对小麦、马铃薯以及大豆的产量造成极大影响的植物疾病，而这些疾病的病菌也实时在进化，之前的抗病植株往往不能抵抗新变异之后的病菌。这三篇文章分别向我们展示了经 CRISPR 基因编辑之后的新型抗病植株，它们对自己的"天敌"的抵抗率达到了新的高度，持久地提供稳定的产量。

现在越来越反常的气候以及植物疾病对粮食作物的产量已经产生了极大的影响。据估计，植物病原体导致全球作物损失大约 15%，而且一些病原体甚至能够导致全部作物绝收。尽管使用农业化学药品和抗病性作物品种能够控制作物的疾病，但是病原体群体快速适应了这些措施。而 CRISPR 技术能从植物本身出发，改变植物对这些疾病的抵抗能力，并且不残留外源 DNA，这也意味着它不会像常规基因工程技术那样，有可能改变作物周围的生态。

专家点评

姚正昌

前湖南省农业技术推广总站站长，湖南农业大学客座教授

为"保证所有人在任何时候都能得到为了生存和健康所需要的足够食品"（联合国粮农组织对粮食安全的定义），科学家们一直在努力探索提高单位面积粮食产量的方法，其中 20 世纪 50 年代、70 年代的两次绿色革命（高秆变矮秆、常规变杂交），使水稻等农作物的产量大幅度增加，基本上解决了不断增长的人口口粮问题。

进入 21 世纪以来，受人口增长、人均消费水平提高、城乡人口结构变化等因素的影响，全世界的粮食消费需求呈刚性增长态势。但随着工业化、城镇化规模的扩大，大量耕地被占用，导致耕地面积逐渐减少。如果农业技术特别是生物技术不出现大的突破，日趋减少的耕地将承载不了日益增长的人口对食物的刚性需求。这就要求我们在千方百计保护耕地数量、提高耕地质量的同时，利用现代最先进的科学技术，研究探索提高粮食产量的办法。而通过生物工程技术提高粮食作物的光合作用效益，是一个最直接、最有效的方式。

感谢造物主的伟大，赐予我们一个丰富多彩的神奇世界。在这个神奇世界里，种类繁多、差异显著的各类生物，既互相依存，又互相竞争，为各自种群的生存繁衍修练十八般武艺。经过千万年的进化，有不少植物、藻类等练出了高强的内功，在利用太阳光、水、大气等方面的本领较一般物种强大。这些物种的存在，给科学家们提供了更多的研究对象，以搞清楚它们利用太阳光、水、大气的机理，再借助现代生物技术，就有可能改造粮食作物的生物结构，提高它们的光合作用效益，从而提高粮食产量。实际上，从 20 世纪 80 年代以来，许多科学家就取得了比较突出的成绩，如湖南农业大学的科学家们在 80 年代末利用玉米基因培育的遗传工程稻，在同等条件下，产量比当时的主栽水稻品种有大幅度增长。可惜的是在基础理论还有没完全弄清、水稻的高产性能还有没完全稳定时，急于商业开，发盲目投入大田生产，又遇到极端气候，导致大面积减产或绝收，不得不中止了研究。

随着人口的不断增长和可利用资源的日趋减少，利用 C4 植物等高效光合作用植物资源改造现有的粮食作物，提高粮食作物的产量，对确保人类的粮食安全具有十分重要的意义，也应该是今后的主要发展方向，其对人类的贡献应该媲美甚至超过 20 世纪的两次绿色革命。可喜的是，无论是基础理论研究还是实际生产，科学家们的努力已经取得了明显的成果，为今后拓展研究范围和用于大面积生产奠定了良好的基础。

随着基因编辑等生物技术的不断进步，利用高效光合作用的植物、藻类的基因改造粮食作物，提高粮食作物的光合作用效益，将变得越来越容易。但应该引起注意的是：一是这类研究必须是公益性的，其基础理论研究（包括高效光合作用植物、藻类等的普查）应该得到各国政府和联合国粮农组织等国际组织的无偿财政支持；二是这项技术不能滥用，只能限于与人类有关的粮食、经济作物，一旦失控，很有可能培育出生态杀手，酿成生态灾害，危害人类的生产生活环境。

Conversational Interfaces
语音接口

中国是发展语音接口的理想市场，因为使用微型触摸屏进行汉字输入十分麻烦。不过，随着百度在语音技术方面的不断进步，语音接口变得更为实用和有效，人们可以更便利地与身边的设备进行互动。该技术被《麻省理工科技评论》评为 2016 年度 10 大突破性技术。

撰文：威尔·奈特（Will Knight）

突破性技术

将语音识别与自然语言理解相结合，为世界上最大的互联网市场创造了切实可用的语音接口。

重要意义

通过打字与电脑互动是非常耗时和令人沮丧的。

主要研究者

- 百度
- 谷歌
- 苹果
- 科大讯飞
- Nuance
- Facebook

三里屯是北京最繁华的地方,这里有很多游客、KTV、酒吧和奢侈品商店。漫步在三里屯,你会看到很多人在使用最新款的智能手机,包括苹果、三星或小米。然而,仔细看,你可能会发现,他们当中的一些人往往不使用手机上的触摸屏,而是使用更高效、更直观的工具——他们的声音。

在中国,智能手机用户不断增长,人数高达 6.91 亿。其中越来越多的人开始不再经常通过滑动、轻击以及键盘的方式在百度上进行搜索(百度是中国最受欢迎的搜索引擎)。中国是发展语音接口的理想市场,因为使用微型触摸屏进行汉字输入十分麻烦。不过,随着百度在语音技术方面的不断进步,语音接口变得更为实用和有效,这使人们可以更便利地与身边的设备进行互动。

"语音技术正逐渐成为非常值得信赖的技术,你只需单纯地、想都不用想地使用它。"百度首席科学家吴恩达(Andrew Ng)如是说。同时他还是斯坦福大学(Stanford University)的副教授。"最好的技术往往是看不见的,随着语音识别变得更值得信赖,我希望它可以融入到我们的生活中。"

长期以来,语音接口一直是技术人员(科幻小说作家就更不用提了)的一个梦想。近年来,由于机器学习的迅猛进步,语音控制变得更为实用。

语音识别不再仅仅局限于一小组预设的命令,它现在甚至可以在嘈杂的环境中使用,例如北京的街道。

百度公司

声控虚拟助手为信息搜索带来一种简单的方法,即通过你的声音来查找信息、播放歌曲、建立购物清单,例如苹果的 Siri、微软的 Cortana、在大多数智能手机上捆绑的谷歌软件、亚马逊的 Alexa。这些系统并非完美无缺,它们有时会误听和误解命令,会产生滑稽的结果,但是它们的性能正在稳步提高。这让我们看到了一个美妙的未来,那就是我们可以无需花费很多精力来学习每个新设备的新型接口。

百度正在不断取得骄人的进步,尤其是在语音识别的准确性方面,它拥有进一步发展语音接口的能力。成立于 2000 年的百度,是中国对谷歌公司的正面挑战,它在中国的搜索引擎市场中占据主导地位,市场份额达 70%。同时,百度公司已经衍生出了多种其他服务,涉及音乐、电影流媒体、银行、保险等

火爆的移动互联网市场

中国火爆的移动互联网市场不断推动着语音技术的创新。

■ 移动互联网用户
(单位:百万)

■ 移动设备上的互联网用户的比例

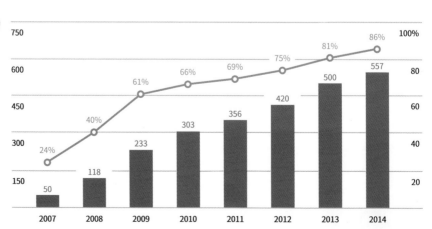

多个领域。

在中国，一个更高效的移动接口将为人们带来巨大的帮助，那就是智能手机。相比台式电脑或笔记本电脑，智能手机更为常见，但是在浏览网页、发送信息以及完成其他任务时，智能手机较慢的反应速度却是令人感到痛苦和沮丧的。

中国有成千上万的汉字，虽然人们可以通过拼音系统按照发音生成汉字，但是很多人（特别是年龄在 50 岁以上的人）不了解该系统。同时，中国人普遍使用微信之类的通信应用软件来完成各种各样的工作，例如在餐馆支付餐费。但是，中国还有许多贫困地区，识字水平仍然很低，互联网在这些地区有着更大的、可以产生较大的社会和经济效益的机会。

"这是挑战，也是机遇，" 吴恩达如是说。他因为在斯坦福大学的人工智能和机器人技术研究方面的贡献，被评选为 2008 年度 "《麻省理工科技评论》35 位 35 岁以下的创新者（TR35）" 之一。"对于很多习惯于使用台式电脑的人来说，与其让他们学

习手机的新功能，不如从一开始就让他们学习移动设备的最佳使用方法。"

吴恩达认为，可能很快就可以在各种设备上通过使用语音来相互交流。例如，如果仅仅通过语音便能向机器人或家用电器发送命令，那么你就可以更轻松地进行操作。百度在北京总部和硅谷的工厂设有研究小组，致力于不断提高语音识别的准确性，使计算机更好地分析语句的含义。

在过去的几十年里，麻省理工学院的一位高级研究员吉姆·格拉斯（Jim Glass）一直致力于语音技术的研究，他认为这可能是发展语音控制的最好时机。"语音已经成为了我们社会发展的一个转折点，" 他说，"根据我的经验来看，当人们可以与设备交谈，而不是通过远程控制来实现任务命令时，他们会非常愿意这样做。"

2015 年 11 月是百度语音技术发展过程中的一个重要里程碑，它宣布其硅谷实验室已经开发出了一个强大的新型语音识别引擎，被称为 "深度语音识别

系统"（Deep Speech 2）。它包含了一个非常大的、"深"的神经网络；它学习了单词和短语的关联声音，引入了数以百万计的转录语音。Deep Speech 2 在口语识别的准确度方面十分惊人。事实上，研究人员发现，有时它在识别汉语语音片段方面要比人为识别更加准确。

百度的进步令人感到惊喜，因为普通话在发音方面十分复杂；并且音调不同，词和词意就不同。Deep Speech 2 引人注目的另一个原因是，在加利福尼亚实验室研究这项技术的人员中，几乎没有人讲普通话、粤语或其他任何中国方言，该引擎基本上是一个通用的语音系统，如果输入足够多的示例，它同样可以进行英语的语音识别。

目前，百度搜索引擎所听到的大部分声音命令都是比较简单的查询，例如关于明天的天气或污染状况。对于这些问题的语音识别，该系统通常是非常准确的。然而，越来越多的用户开始问更加复杂的问题。面对这些情况，该公司在去年推出了自己的语音助手，作为其主要的移动应用程序的一部分，被称为"度秘"（DuEr）。度秘可以帮助用户查询电影的放映时间，或者帮助用户在一家餐厅订位。

百度的最大挑战是使其人工智能系统更为智能地理解和回应更加复杂的口语短语。最终，百度希望度秘可以进行有意义的来回对话，将变化的信息加入到讨论内容中。为了实现这个目标，百度北京公司的一个研究小组正在努力提升口译用户进行查询所使用的系统，包括使用百度已应用于语音识别的神经网络技术，但也需要其他的技巧。百度已经聘请了一个团队来分析发送至度秘的查询内容，并纠正相关错误，从而不断提升该系统，使其越来越好用。

"未来，我希望我们能够与所有的设备交谈，让它们了解我们在说什么，"吴恩达说，"我希望有一天，下一代人会感到困惑：为何我们在 2016 年对微波炉打招呼时，它会无礼地坐在那里，对你说的话毫无反应。"

专家点评

任海霞
阿里云研究中心大数据高级专家

语音交互不仅是人类间最自然、最重要的信息交互手段，也是某些庞大的特定人群的最优交互方式。将语音识别和自然语言理解相结合，创造切实可用的语音接口，将在很大程度上提高用户在移动终端、可穿戴、智能家居、智能汽车等智能设备的体验，真正在交互层面实现智能时代的人机的自然融合，带来的价值也将不可估量。

语音接口要成为用户真正的便利帮手，要求机器不仅会"听话"，还要能"懂话"。目前随着移动智能终端的普及应用，移动互联网应用向用户的各类生活需求深入渗透，积累了大量文本或语音方面的语料，为语音识别中的语言模型和声学模型的训练提供了丰富的资源，使得构建通用大规模语言模型和声学模型成为可能。借助"机器学习"算法的突破，语音识别的错误率已经大幅降低，更多的期望是在自然语言理解方面的突破。

Reusable Rockets
可回收火箭

提起伊隆·马斯克（Elon Musk），有几个词汇可能会在大家的脑海里闪过——特斯拉（Tesla），可回收火箭，还有 Paypal（全球最大的网上支付平台）。是的，马斯克在 2015 年给我们的惊喜实在太多了，除了超级高铁"Hyperloop"的发布，还有震惊世界的可回收火箭。他担任 CEO 的太空探索技术公司（SpaceX）在 2015 年 12 月成功回收了发射出去的火箭，这在航空航天技术史上是划时代的壮举。火箭通常会在其首航的过程中损毁。但是如今，人们可以令火箭垂直着陆，并且在重新添加燃料之后，开启另一个新航程。这为人类航天事业创造了新纪元。而且由此降低的飞行成本可以为宇宙空间的许多新事业打开方便之门，例如蓝源公司一直希望的廉价太空旅行。可回收火箭毫无争议地入选了《麻省理工科技评论》2016 年度 10 大突破性技术。现在就让我们走进这项改变世界的技术。

撰文：布莱恩·伯格斯坦（Brian Bergstein）、杨一鸣

太空探索技术公司在得克萨斯（Texas）进行火箭回收着陆试验

突破性技术

可以发射有效载荷至轨道并安全着陆的火箭。

重要意义

飞行成本的降低可为诸多新的航天事业打开方便之门。

新型太空产业中的重要公司

- 太空探索技术公司（SpaceX）
- 蓝源公司（Blue Origin）
- 联合发射联盟（United Launch Alliance）

成千上万的火箭已经被发射到太空中，但是直到 2015 年，还没有任何火箭可以这样返回——垂直返回至着陆架上，通过稳步点火来控制其下降情况，几乎就像倒带播放当初发射时的情景一样。如果火箭可以这样按计划着陆，并可以反复为其添加燃料，

那么宇宙飞行的成本便可以降低 90% 以上。

双雄争霸的时代

两位科技界的亿万富翁使得这种着陆方式成为现

长时间曝光捕捉到太空探索技术公司的火箭起飞和返回至佛罗里达州
（Florida）卡纳维拉尔角（Cape Canaveral）的情况

实。杰夫·贝佐斯（Jeff Bezos）的蓝源公司（Blue Origin）在 2015 年 11 月首次实现了这种火箭着陆方式；而伊隆·马斯克（Elon Musk）的太空探索技术公司（SpaceX）也在同一年的 12 月成功实现了这种火箭着陆方式。这两家公司本身大不相同——蓝源公司是希望推进一个太空之旅的项目，游客可以在太空舱中享受四分钟，而太空探索技术公司已经发射了卫星，完成了空间站补给任务。但是相同的一点是，两家公司都需要可重复使用的火箭来提高航天的经济性。

其实对于太空探索技术公司而言，回收火箭成不成功并不会对单次火箭发射任务产生任何影响，因为主要目的还是发射卫星或者是给空间站进行补给。而回收火箭只是发射任务之后的"附加节目"，但这样的附加节目却对航空航天技术意义重大。由于火箭的成本可达数千万美元，并且在燃料烧尽后，只能自由落体穿过大气层返回地面，因此向太空发射火箭的成本是十分高的。太空探索技术公司和蓝源公司使用了一种折叠式支架，通过航载软件来点燃推进器，并在精确的时刻点操作副翼来减慢或加快火箭速度，这样就能在着陆的时候精确控制降落的速度和角度，真正做到软着陆。太空探索技术公司所面临的困难要更多一些，因为蓝源公司的太空船的速度和高度均为火箭的一半，并且大体可以保持垂直状态，但是太空探索技术公司的火箭还需要

从水平位置转换成垂直位置。在 2015 年 1 月，由于一只火箭的支架没有锁定到位，太空探索技术公司在火箭第二次着陆时失败了，这次事件表明了相关应用中可能会出现很多差错。即使如此，现在很明显的事实是，未来的航天飞行将比过去 40 年阿波罗时代所带来的影响有趣得多。

时间进入到 2016 年，两家公司都相继多次成功回收自家的火箭：太空探索技术公司 4 月 8 日"猎鹰"9 号火箭从海上平台回收，5 月 6 日猎鹰 9 号一级火箭返回大气层并尝试在大西洋上的海上平台软着陆；而蓝源公司的成绩却显得更加斐然，2015 年回收的"新谢泼德"火箭在 2016 年 1 月 23 日再次升空并且再次成功回收，而在 4 月 3 日又再次升空并且也再次成功回收。这样，蓝源公司的"新谢泼德"火箭在 5 个月之内反复地使用了 3 次，而且每次发射的高度都超过了 100 千米高的"卡门线"——从 100 千米高度开始为太空，是人类历史上的首次。

其实两家公司对于回收火箭的态度并不相同，蓝源公司旨在降低火箭发射成本，使得廉价太空旅行成为可能，成功回收火箭对于他们来说是必须的；然而对于太空探索技术公司而言，回收火箭也降低了发射成本，但这并不是其主要任务，成功回收火箭对于他们来说只是锦上添花。实际来说，"新谢泼德"火箭最终飞行高度仅 100 千米，刚刚到达太空边缘，它旨在搭载游客前往太空边缘做观光旅行，体验失重飞行。而"猎鹰"9 号火箭是真正的太空商用火箭，一级火箭分离高度就接近 100 千米，随后一级火箭仍将继续飞行到约 200 千米的高度才返回地面。"猎鹰"9 号一级火箭返回地面的速度要远大于"新谢泼德"火箭，且箭体结构并不像"新谢泼德"那样特化为较适合亚轨道飞行，返回并软着陆要比"新谢泼德"火箭难上几个数量级。两家公司的火箭飞行目的不同，所以回收技术难度上差距也很大。另外，两家火箭的差异也造成了他们各自回收火箭的难易的不同。"新谢泼德"火箭是一个"矮胖"类型的，相对于"细长"类型的"猎鹰"9 号火箭更易于实现火箭姿态的稳定控制。但是不论这两家公司之间回收火箭的竞赛谁输谁赢，他们向世人展现的都是足以改变航空航天研究的新技术。

廉价太空旅行的可能

火箭回收重复使用将给全球太空商业发射带来革命性变化：回收一级火箭将大幅降低火箭发射费用，人类前往太空不再昂贵，廉价太空时代指日可待。因为一枚火箭的成本，燃料仅占很小一部分，火箭的导航控制系统、燃料储箱和发动机等部分才是大头。如果一枚火箭可以重复使用，将大大降低发射成本。比如太空探索技术公司每次发射费用约 6 000 万美元，其中燃料费用仅 20 万美元。实现火箭回收技术后，发射价格有望降低一个数量级，每次仅 600 万美元甚至更低。埃隆·马斯克曾表示："我想我们将很快就能积累一个像舰队一样多的回收火箭，这将使我们花费数年的时间去使用它们，并确保它们都工作得很好。"

回来以后的日子

回收火箭其实真正的难点不是回收火箭的过程，而是在回收火箭的过程中也要有效地保护火箭的重要部件，其中就包括发动机。因为回收火箭的目的就在于要重复利用火箭，那么也就意味着火箭的重要组成部分一定要保证能正常工作才能进行再一次发射。蓝源公司 5 个月内三次使用同一个运载火箭"新谢泼德"就是成功的案例。虽然太空探索技术公司这边还没有传出成功使用已回收火箭的消息，但是他们在 2016 年 1 月已经对去年 12 月 22 日回收的"猎鹰"9 号火箭做过静态点火测试，证实了火箭上的梅林 1D 发动机依旧运作良好，重新使用指日可待。

专家点评

陈禺杉

麻省理工企业合作（MIT ILP）中国协调官

2015 年 11 月 24 日，圣诞前夜，对火箭回收技术来说是个历史性时刻——蓝源公司的"新谢泼德"号火箭成功完成历史性首飞，之前没人能确定在将火箭发射后，再垂直降落到指定位置到底有多困难，但贝索斯做到了。一个月后，太空探索技术公司用他们的"猎鹰"9 号完成了同样的壮举，只不过"猎鹰"9 号拥有更大的体积和更强力的推进器。

可回收火箭技术无疑是过去一年航天工业最耀眼的明星，每一次发射与回收都吸引着全球的目光。当然，两家公司的创始人伊隆·马斯克和杰夫·贝索斯的暗中角力，也为这场"太空竞赛"增添了一丝英雄主义的传奇色彩。

从技术上讲，太空探索技术公司的"猎鹰"9 号从尺寸和推力上是蓝源公司"新谢泼德"号的 4 倍左右，实现回收的难度无疑更大。但毕竟两种火箭的发射高度、用途、成本都不一样，单纯地比较两家技术的优劣，意义其实并不大，反而细分市场才是看点所在。

任何一种技术一旦开始成熟，或者进入商业化阶段，如何确定目标市场、保证订单数量，才是这项技术得以持续发展的根本。目前，除了上述"火箭双雄"外，还涌现出 RocketLab、Virgin Galactic、Vector Space 等剑指小微型火箭发射市场的私人公司，美国的火箭发射市场可谓在各个细分领域全面开花。随着大量资本和初创公司加入新时代的"太空竞赛"，我们能预见未来几年内航天技术的快速发展，以及进入太空成本的显著降低。

Robots That Teach Each Other

知识分享型机器人

如果机器人能够独立解决更多的问题，并互相分享这些内容，那会怎么样？如果不需要分别对所有类型的机器进行单独编程，那么可以极大地加快机器人的发展进程。该技术被评为《麻省理工理工科技评论》2016 年度 10 大突破性技术之一。

作者：阿曼达·谢弗（Amanda Schaffer）

突破性技术

有一种机器人可以学习任务，同时将知识传送到云端，以供其他机器人学习。

重要意义

如果不需要分别对所有类型的机器进行单独编程，那么可以极大地加快机器人的发展进程。

主要研究者

- 艾舒托什·萨克塞纳（Ashutosh Saxena），Brain of Things
- 斯蒂芬妮·泰勒斯，布朗大学
- 彼得·阿布比尔（Pieter Abbeel）、肯恩·戈尔德贝尔格（Ken Goldberg）、谢尔盖·莱文（Sergey Levine），加利福尼亚大学伯克利分校（University of California, Berkeley）
- 扬·彼得斯（Jan Peters），达姆施塔特工业大学（Technical University of Darmstadt），德国

在人类希望机器人来完成的工作中，例如在仓库中包装物品、帮助卧床病人或者为前线士兵提供协助，许多工作因为机器人无法识别及处理常见物体而无法完成。

因为我们已经经历了"大数据收集过程"——我们从幼年起就能够自己叠衣服或拿水杯。布朗大学（Brown University）计算机科学系的教授斯蒂芬妮·泰勒斯（Stefanie Tellex）如是说。如果想要机器人来执行相同的日常生活任务，那么它们也需要接入大量的数据，了解如何抓住和操纵物体。可是数据来自哪里呢？通常情况下，需要辛苦的编程来制造这些数据。但是，理想上来说，机器人可以从彼此身上得到一些信息。

这是泰勒斯的"万物挑战"（Million Object Challenge）背后的理论。她的目标是使世界各地的研究型机器人学习如何发现和处理简单的物品，包括从碗到香蕉的各种物品；同时，机器人将数据上传至云端，并允许其他机器人分析和使用这些信息。

斯蒂芬妮·泰勒斯和 Baxter 机器人

泰勒斯的实验室位于罗得岛州（Rhode Island）的普罗维登斯（Providence），这里就像一个超级好玩的幼儿园。在我到访的那天，由 Rethink Robotics 公司制造的工业机器人 Baxter，正站在众多的超大积木中，对一个小毛刷进行扫描。它朝着对面的物体来回移动右臂，使用身上的照相机拍摄了多张图片，并用红外传感器测量深度。然后，它用它的双手（夹具）尝试从不同的角度来抓取刷子。一旦它将面前的物体提起，它便开始晃动该物体，以确保紧紧地抓住这个物体。如果可以完成这些动作，那么说明机器人已经学会了如何拿起一件物品。

机器人经常可以用几个夹具各夹一个不同的物体，夜以继日地工作。泰勒斯和她带的研究生约翰·奥伯林（John Oberlin）已经收集了大约200个物品的数据，并且已经开始共享这些数据。他们从小孩子的鞋子之类的东西开始，逐渐深入到塑料艇、橡皮鸭以及压蒜器等炊具，还有原本属于她三岁儿子的鸭嘴杯。其他科学家也可以贡献他们的机器人的数据。泰勒斯希望他们能够共同建立一个信息库，其中能包含机器人如何处理一百万个不同物品的信息。最终，"机器人能够在一个拥挤的货架上，识别在它们面前摆放的笔，并将其捡起来。"泰勒斯说。

这一项目是有可能实现的，因为许多研究型机器人可以使用相同的标准框架即 ROS 来编程。一旦一台机器学会了一项给定的任务，那么它便可以将数据传给其他机器人，而这些机器人可以上传反馈信息，这些反馈信息可以进一步完善原始数据信息。泰勒斯认为，这些识别和抓住任何给定物品的信息数据可以被压缩至 5 ~ 10MB，也就相当于你的音乐库中的一首歌的内存大小。

泰勒斯是 Robobrain 项目的早期合作伙伴，该项目证明了一个机器人如何从其他的机器人所获得的经验中学习。她的合作伙伴艾舒托什·萨克塞纳（Ashutosh Saxena）之后在康奈尔大学（Cornell）令 PR2 机器人举起了小杯子，并将其放在桌子的指定位置上。然后，在布朗大学，泰勒斯从云端下载相关信息，用它来训练她的 Baxter（它与 PR2 机器人在构造上有所不同）在不同的环境中执行相同的任务。

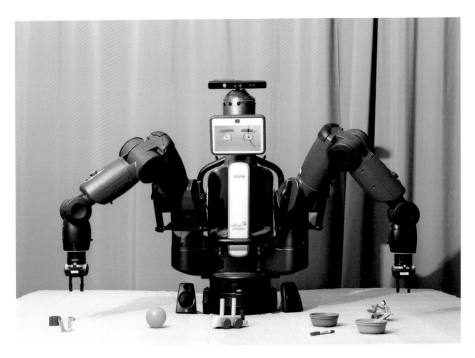

每当机器人确定了抓握物体的最佳方式，它便会用其他机器人也可以使用的格式将相关数据归档

现在看来，这样的进步似乎是循序渐进的，但在未来的五到十年内，我们会看到"机器人的能力爆炸现象。"萨克塞纳如是说。萨克塞纳目前是一家初创公司 Brain of Things 的 CEO。萨克塞纳认为，随着越来越多的研究人员不断贡献和完善云端知识，"机器人应该能够很容易地获取它们所需要的全部信息"。

专家点评

任海霞

阿里云研究中心大数据高级专家

目前，智能机器人的研发已经取得了很大的进步，它们甚至在一些领域和方向已经胜过人类。但是，大量训练样本数据的获得和长时间的训练学习依然是智能机器人获得知识所必要的工作，这也使得目前的研发智能机器人都只具备自己领域的知识和完成特定任务的能力。知识分享型机器人，在使机器人能力的极速扩展成为可能的同时，也实现了社会化资源的优化使用。

实现知识共享的前提是机器人可以使用相同的标准

框架，实现知识共享的核心是云端信息库。借助全社会智能机器人的研究力量来逐步丰富信息库，也可以吸引更多的智能机器人采用相同的标准，在获取能力的同时也贡献自己的知识。这个循环的力量会带来智能机器人能力的爆发性增长。

当然，随着信息库的扩充，知识的准入 / 退出标准和安全的管理等也会成为信息库未来增长过程中必须要考虑的因素。

DNA App Store
DNA 应用商店

人的大部分特征都是由基因组决定的，其中也包括罹患特定疾病的可能性，如果知道了我们基因组中的特点或者缺陷，也就能知道我们一部分的体态特征以及患特定疾病的概率。然而 DNA 测序一般在医院或者生物实验室中才能完成，还没有广泛地对大众开放。新的 DNA 测序商业模式让在线获取基因信息成为可能，这就是 DNA 应用商店。总的来说，DNA 应用商店能让普罗大众以低成本的便捷方式了解个人的健康风险和遗传倾向，凭借这样"接地气"的思路，DNA 应用商店入选《麻省理工科技评论》2016 年度 10 大突破性技术之一。

作者：安东尼奥·雷加拉多（Antonio Regalado）、杨一鸣

突破性技术

新的 DNA 测序商业模式让在线获取基因信息成为可能。

重要意义

人的大部分特征都是由基因组决定的，其中也包括罹患特定疾病的可能性。

消费者基因组市场的关键参与者

- Helix
- Illumina
- 奕真生物（Veritas Genetics）
- 华大基因（BGI）

想象一下，你只需要下载一个 App，就能方便地在手机上查询你的基因组的全部信息，例如是否有肥胖基因、是否有患某种特定疾病的风险等。这样的愿景由超速 DNA 测序机器制造商 Illumina 及其投资的基因公司 Helix 提出。Helix 正朝着首家线上 DNA 应用商店前进，他们提出的概念是"一次测序，经常查询"（sequence once, query often），用户只需按 DNA 应用商店的要求进行首次测序，之后就可以在自己手机上的 App 进行信息的查询了。

毕竟基因组还并没有被研究透，一些 DNA 的序列与体态特征以及疾病之间的关系还不是很明了，也许某天早上醒来发现有"甜食基因"，你就会兴奋地打开 App 查看自己是否有"甜食基因"。中国国内也传来了类似的消息，曾经的"人类基因组计划"的参加者华大基因公司将携手阿里云共同打造 DNA 应用商店。

如今的时代是高科技的时代，而要利用高科技创造商业价值，也只能从普罗大众着手。DNA 应用商店就是一个典型的例子，它能让普罗大众以低成本的便捷方式了解个人的健康风险和遗传倾向。

这是一个全新的思路，它得益于日趋成熟的超速 DNA 测序技术。现在只需提供 2ml 唾液就能对用户的基因组进行全面的分析。就像不久前药明康德发布的一款个性化健康管理服务产品——康码，它能利用用户提供的 2ml 唾液，进行全基因组测序分析，向用户提供一份权威的健康报告，配套的手机 App 也已经上线。

DNA 应用商店远不止如此，这是一个类似安卓和苹

果应用商店的想法，提供基因测序以及疾病患病率也只是第一步。更长远地看，基于 DNA 测序技术和信息技术，DNA 应用商店希望能吸引成千上万的开发者，将自己的想法付诸实践，写出各式各样和基因有关的 App。例如从基因出发看 10 年后的你、或者是将用户的基因与明星的做对比，球迷们也许想知道自己和迈克尔·乔丹之间的差距在哪里。

最开始的故事

这样的愿景由超速 DNA 测序机器制造商 Illumina 及其投资的基因公司 Helix 提出的。贾斯廷·高（Justin Kao）是总部位于旧金山的 Helix 的联合创始人。有一天开车途中，他听美国全国公共广播电台（NPR）说，科学家已经发现了"甜食基因"（sweet tooth gene），有人偏爱甜食就与这种基因有关。"哦，天哪。"一向爱吃饼干的高心想，"我也要花 5 美元看看有没有这种基因。"高希望其他数以百万计的人们也能够像他一样，愿意花费几美元测试自己 DNA 中的甜食基因。

2015 年夏天，该公司获得了超过 1 亿美元的投资，旨在打造首个基因信息"应用商店"。基因组中保存着我们个人的健康风险、身体特征和血缘关系等信息。然而，除了提供有限基因图集的祖系测试外，目前尚未出现与 DNA 数据相关的大众市场。Helix 由高的前雇主、私募股权投资机构华平投资（Warburg Pincus）和领先的超速 DNA 测序机器制造商 Illumina 联合创建，赌的就是合适的商业模式。

让基因不再"高冷"

要想让消费者对他们的基因组感兴趣，最好的方法就是让他们都能方便地接触基因组，就像现在人人都用的智能手机 App 一样。

Helix 的想法是，向 DNA 应用的购买者收集唾液样本，然后对他们的基因进行测序和分析，并对发现的结果进行数字化处理。这样一来，客户就可以借助软件开发商提供的应用，获取自己的 DNA 信息。对于这个想法，Helix 称为"一次测序，经常查询"（sequence once, query often）（该公司表示，客户将会在网站上找到相关应用，也可能会在安卓和苹果应用商店找到这些应用）。

基于与 Illumina 的关系，Helix 认为，它可以对人类基因组中最重要的部分进行解码，即全部 2 万个基因和其他一些片段，而成本仅为 100 美元左右，约为其他公司成本的五分之一。Helix 这样做的原因就在于：生成并存储所有客户的基因数据，即便他们最初只是进行了特定的基因查询，比如是否有"甜食基因"或是否有患某种特定疾病的风险等。或许，有两个人在车库里开发了一款售价 10 美元的应用，可以让你了解 10 年后的自己，或者让你知道自己与哪位名人最相近。高表示，这一策略会让客户以"前所未有的低入门价格"获取基因信息。

驱动应用商店的引擎现在正在组装中，地点距离 Illumina 的圣迭戈总部约 1.61 千米。今年 1 月，工作人员仍在这座建筑物内安装金属薄片和铺设地板。穿过天花板的、长达数千米的数据电缆将会与一个大型测序机器工场连接，而这个工场每年可以处理 100 万份 DNA 样本。Illumina 首席执行官兼 Helix 董事长杰伊·弗拉特利（Jay Flatley）先前说过，这将是世界上最大的测序中心。

Helix 计划在 2016 年或 2017 年推出应用商店。客户有权决定对谁公开数据。它甚至还设有"核按钮"，可以清除每一个 A、G、C、T 碱基。但关键细节仍会分类处理。人们能不能下载他们的 DNA 信息并存储到其他地方呢？这是可能的，不过可能也需要支付额外费用。

总部位于美国马萨诸塞州剑桥的初创公司 Good Start Genetics，是 Helix 的合作者之一。这些 DNA 测试会让准父母们知道，他们有无给子女带来严重遗传性疾病的风险，比如囊肿性纤维化。Good Start Genetics 公司负责商业开发的杰弗里·卢伯尔（Jeffrey Luber）表示，他希望推出一款能够覆盖更多受众的应用，并通过该应用报告一些重大风险。他的想法是，就像人们浏览亚马逊（Amazon）一样，他们会发现"那些他们不知道自己需要，但看到之后就想

购买的物品"。

也许是最后的抗力

美国食品药品管理局(FDA)是一个绕不过去的机构。
基因测序的信息安全问题也是他们所密切关注的,
他们对基因测试一直保持着密切关注,并有权决定
Helix 相关应用所披露信息的数量。美国梅奥诊所
个体化医学中心(Center for Individualized Medicine
at the Mayo Clinic)主任基思·斯图尔特(Keith

Stewart)说,目前提供真实医疗信息(比如你
罹患癌症的概率,而不只是你的 DNA 中含有多少
尼安德特人基因)——的大多数应用,都需要监管
机构批准,或至少要有一名医生予以指导。

"问题在于:对真正有用的信息,监管机构会出台
什么样的规则?"奕真生物(Veritas Genetics)首席
执行官史墨存(Mirza Cifric)说。他的公司从 2015
年秋开始提供人体全基因组测序,并开发了自己的
应用,以便更好地利用相关数据;该应用还配有可

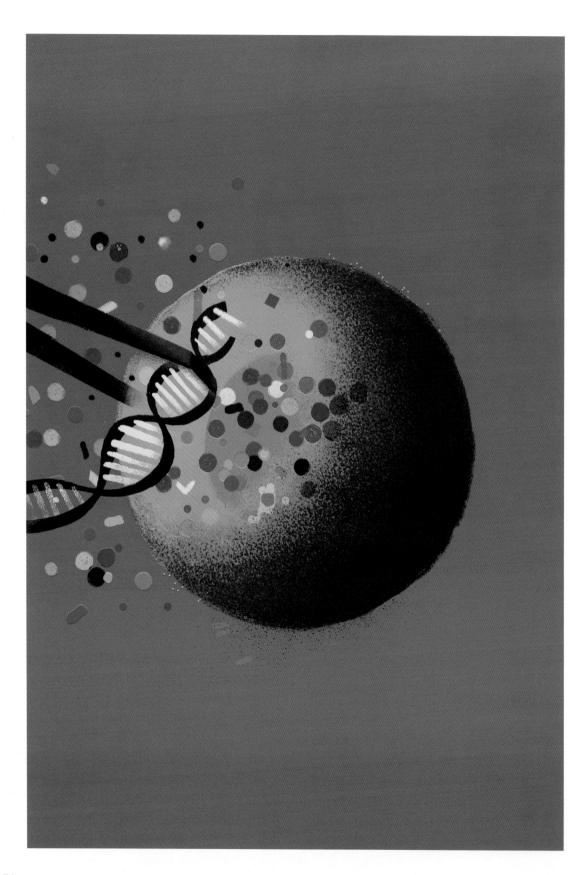

与基因顾问通话的 FaceTime 按钮。史墨存尚未决定是否与 Helix 联合开发一款应用，但他表示赞同它的核心理念："基因组是一种终生资产，你要时时刻刻想着它。"

大众的声音也是十分重要的，他们对将自己的基因信息交给 DNA 应用商店感到担忧。在《中国科学报》记者的随机采访中就有这样的声音："要是自己的基因组测序结果发布到互联网上，我会有些担忧，毕竟是个人隐私，万一信息泄露就会很尴尬。"对此，网络安全的专家也建议，DNA 应用商店必须配备配套的网络安全系统，并要实时地提高防御网络黑客对基因数据库平台攻击的能力。

来自中国的声音

Helix 并不是唯一一家想打造 DNA 应用商店的基因玩家。无独有偶，华大基因与阿里云也在携手打造 DNA 应用商店。2016 年年初华大基因在阿里云计算平台部署的服务产品 BGI Online 国内 beta 版本已正式上线。用户可以在 BGI Online 上访问自己的数据，获取标准分析结果，也可定制个性化的数据分析方案，并与其他授权用户分享数据和成果。华大基因研究院院长徐讯表示，这也只是 BGI Online 的第一步，将第三方应用开发者和数据分析团队带入这样的 DNA 应用商店才是最终的目标。

专家点评

汪敏

奕真生物亚太区研发副总裁，俄亥俄州立大学博士，前贝勒医学院人类基因组测序中心助理教授，负责二代和三代测序方案的研发。

近年来，随着医学基因组大数据的累积，以及核酸测序和计算分析技术的飞速发展，针对普通健康人群的基因检测市场应运而生。消费者可以通过检测自身唾液、血液以及其他体液或细胞中的遗传物质，了解身体患疾病的风险，改善自身的生活环境和生活习惯，避免或延缓疾病的发生。DNA 应用商店将基因检测和移动互联网商业相结合，让消费者能经济、方便、准确地读懂自身基因组 30 亿对碱基所写的"生命天书"，对自己的身心健康进行科学的、行之有效的管理。

作为一种创新的个人 DNA 测序商业模式，DNA 应用商店的基本元素仍是数据，其商业行为围绕着数据的产生、解读和呈现，而对数据的解读则是核心。如何将测序产生的数据序列进行准确严谨的分析解读，同时又以"接地气"的形式呈现给大众，对维护消费者利益、促进整个基因检测行业的健康发展至关重要。和医学诊疗类的基因检测不同，消费类基因检测产品，目前尚无法规或行业标准来规范哪些内容应该呈现及如何呈现，自由度很大。这无疑有利于产品的创新，但我们也注意到由此而产生的"乱象"（如靠"天赋基因"这类无科学理论依据并有可能造成孩子心理健康问题的报告内容来误导消费者）。在没有明确的法律法规的授权指引下，DNA 应用商店的数据结果不能够作为临床诊疗的依据，但这不意味着开发者不需要严格保证数据的隐私性和报告内容的准确性。

Solar City's Gigafactory
Solar City 的超级工厂

位于水牛城（Buffalo）、市值为 7.5 亿美元的太阳能工厂，每年将生产 10 亿瓦特的高效太阳能电池板，使住宅型电池板更加吸引广大房主。Solar City 入选《麻省理工科技评论》2016 年度 10 大突破性技术之一。

作者：理查德·马丁（Richard Martin） 摄影师：格斯·鲍威尔（Gus Powell）

在伊利湖（Lake Erie）附近、紧挨着水牛河（Buffalo River）的一个工业园区内，正在建设未来的太阳能产业。Solar City 规模宏大的水牛城工厂是由纽约州出资建设的，并且即将竣工。不久之后，这里将开始生产一些最高效的、经济实用型的太阳能电池板。该工厂的产能为每天 10 000 个太阳能电池板，或者每年可以实现太阳能发电一千兆瓦，它将成为北美最大的太阳能电池生产工厂，也将成为全世界范围内最大的太阳能电池生产工厂之一。

Solar City 已经成为美国领先的住宅型太阳能电池板的安装商。正式投产后，Solar City 将成为一体化的制造商和供应商，涉及的范围包括从太阳能电池的制造到屋顶安装。由于来自中国的常规硅基太阳能电池板的价格一直较高，因此投资新型太阳能技术是一项非常危险的事业。然而，潜在利益是十分巨大的。Solar City 的首席技术官彼得·里夫（Peter Rive）认为，新工厂可以在对持续亏损业务进行转型的同时，提高住宅型太阳能发电的经济性。

Solar City 公司 CEO 林登·里夫（Lyndon Rive）

大规模的太阳能电池板生产工厂（此处显示的是 2015 年 12 月的情况）预计将于 2017 年开始全面投入生产

Solar City 的电池板采用了一种新型材料组合

突破性技术

通过一种简化的、低成本的制造工艺生产出高效的太阳能电池板。

重要意义

太阳能产业需要更便宜、更高效的技术来提高其相对于化石燃料的竞争力。

主要研究者

- Solar City
- SunPower
- Panasonic

超级工厂占地约 27 英亩（27 英亩 ≈ 10.93 公顷），是北美最大的太阳能电池板生产工厂

Solar City 安装太阳能电池板的成本为每瓦 2.84 美元（除硬件成本外，包括销售费用、营销费用和管理费用）；在 2012 年，该成本为每瓦 4.73 美元，目前成本有所下降。截至 2017 年年底，当水牛城工厂满负荷生产时，该公司预计住宅型太阳能电池板的每瓦成本可以下降至 2.50 美元以下，这主要是因为新型高效电池板的使用、新工厂的产量增加，以及制造工艺的简化。

由于联邦政府提供的太阳能补贴支持，以及"净计量电价"的规定（该规定允许许多州的房主将多余的电力以零售价格卖回电网公司），Solar City 使很多家庭在经济方面可以接受住宅型太阳能系统的使用，并在该领域一路领先，刺激了屋顶电池板的爆炸式普及发展。而安装成本的下降则会使住宅型太阳能更加受欢迎。

里夫说，"现在，我们可以在 14 个州以低于电费的价格向你出售能源"。他还说，水牛城工厂预示着"在未来，太阳能电池可以比化石燃料更便宜"。

该公司实现雄心壮志的关键在于一项技术。Solar City 于 2014 年收购了一家小型太阳能公司——赛昂电力（Silevo），同时获得了这项重要技术。20 世纪 70 年代末，澳大利亚太阳能开拓者马丁·格林（Martin Green）发明了这项技术，它可以提高电池板将太阳光转换为电能的效率。它将标准的晶体硅太阳能电池和薄膜电池元件结合起来，再加上一层半导体氧化物。2015 年 10 月，Solar City 宣布，在加利福尼亚佛利蒙市（Fremont）的一家小工厂生产的测试板经试验具有 22% 以上的转换效率。目前的硅基太阳能电池板只具有 16% ~ 18% 的转换效率。Solar City 的竞争对手、太阳能电池行业的领军者中圣集团推向市场的主打电池的转换效率可达 21.5%。

转换效率是很重要的，因为电池板本身只占全部安装成本的 15% ~ 20%。其余的大部分成本为系统平衡成本：连接到电网的逆变器、覆盖阵列的材料、将太阳能电池板固定到屋顶的螺母和螺栓、人工安装等。该公司称，Solar City 只需要少于常规设备三分之一的电池板，便可以产生与之相等的电量。"更

这家工厂位于距离水牛城市中心不远的前 RepublicSteel 公司的工厂旧址

少的电池板意味着只需要更少的备件、更少的电线、更少的屋顶安装天数。"弗兰西斯·奥沙利文（Francis O'Sullivan）如是说，他是麻省理工学院能源研究计划（MIT Energy Initiative）的研究和分析主任。

Solar City 使用了沉积制造工艺，将制造电池所需的二十多个甚至更多的步骤减少为六步。它还使用了价格较为便宜的铜来取代常规太阳能电池中最昂贵的元素之一——银。

但是，在类似于 Solar City 佛利蒙工厂的小工厂中生产的太阳能电池板，与在像水牛城工厂那样的大型工厂中生产的太阳能电池板之间的性能差异是非常大的。同时，由于 Solar City 缺乏生产经验，扩大生产可能是非常棘手的。里夫承认，水牛城工厂大规模生产的产品要想与小规模生产出的产品实现等同的转换效率，可能需要很长的时间，这也是他们所要面临的"实际时间轴的小型风险"。Solar City 已经将水牛城工厂的全面生产目标日期从 2017 年第一季度推迟到了当年的较晚时候。

但是，真正的风险在于太阳能技术的快速发展：在未来三到五年内，随着太阳能电池板技术的发展，现在创下纪录的电池板的转换效率在那时可能会显得很低。在 Solar City 于 2015 年 10 月展示了其高效电池板之后不久，其竞争对手松下宣布它的新型电池板可以达到 22.5% 的转换效率。与此同时，实验室内的转换效率会更高：研究人员已经制成了转换效率高达 40% 的特殊太阳能电池材料。"我认为，在 10 年内，大多数生产商能够生产转换效率在 20% 以上的太阳能电池板，而最好的商业电池板的转换效率将达到 23% 以上，"格林如是说。

奥沙利文说："现在，Solar City 在尽全力向前发展。总体上来说，该公司是在发展现代技术。但是，我们现在逐渐开始面临硅基技术的经济性瓶颈，包括 Solar City 即将上线的新型电池。"他认为，未来的技术发展将带来更轻、更为灵活的电池板，它有着更高的转换效率，甚至是更低的安装成本，进而以较低的成本来发电。

在这一点上，超级工厂生产的太阳能电池板似乎与现今中国生产的常规商品并无不同之处。但是，Solar City 愿意承担这样的风险来成就水牛城工厂的发展抱负。在过去的 10 年里，硅谷公司已经通过巧妙的营销方式和具有吸引力的融资条件，使住宅型太阳能成为许多消费者的热门选择。现在，它想要改变太阳能制造业。无论 Solar City 的计划会成功还是失败，它都将再次推动太阳能发电的发展。

在水牛城工厂的首席执行官里夫旁边讲话的是参议员查尔斯·舒默（Charles Schumer）。这是纽约努力振兴城市制造业的一个关键部分。

美国网民通过移动设备访问互联网的时间比例：

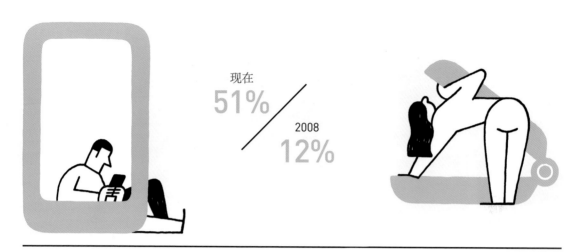

现在
51%

2008
12%

美国远程办公人数比例：

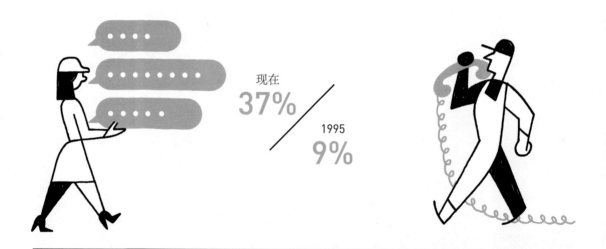

现在
37%

1995
9%

商业用户每天收发电子邮件的估计平均数：

现在
122

2011
105

Slack

Slack 作为一个为手机和短信时代打造的服务通信平台，正在改变我们的办公模式。集成了聊天评论、任务分类和智能文本分析功能的 Slack，既有实时聊天软件的随意灵活，也具有传统 E-mail 的整理有序。随着更多智能化算法的应用，Slack 甚至部分取代了过去由专人来完成的一些烦琐工作。Slack 入选《麻省理工科技评论》2016 年度 10 大突破性技术之一。

作者：李·戈梅斯（Lee Gomes），王重阳

突破性技术	重要意义	主要研究者
便捷易用通信软件正取代电子邮件成为新的工作协同工具。	在很多工作场所，"饮水机效应（指偶然相遇和意想不到的同事对话会催生新想法）"可以提升工作效率。	- Quip - Hipchat - 微软 - 谷歌 Spaces

与 2016 年入选的其他"硬科技"不同，Slack 似乎只是一些平凡的小创新叠加在一起的产物，更有读者认为对 Slack 的高度评价略显夸大其词。那么究竟 Slack 是如何如此与众不同的呢？

Slack 作为一款企业内部通信系统，自 2013 年问世以来，其业务就经历了令人难以置信的疯长，更被称为世界上有史以来增长速度最快的办公软件，每日用户数已经超过了 200 万。Slack 为用户提供了一个可通过实时信息和聊天室与同事进行交流的集中化场所，这可以减少他们花费在电子邮件上的时间。无论使用的是移动设备还是台式电脑，都可以上传文件，获取和处理存储在电子表格或其他商业应用中的信息，亦可轻松搜索先前的对话记录。尽管它的很多核心特征早在 20 世纪 90 年代就已经出现，市场上也存在其他一些类似于 Slack 的"Facebook 版办公软件套件"，但却未能获得如 Slack 般的用户热情。

Slack 真正的独特之处是它强大的第三方应用集成功能。[1] 这些第三方应用程序深受程序员的喜爱，常用的 Github 和 Zendesk 等开发平台都可以加载在 Slack 系统内。而对普通办公者来说，大众社交软件也可以与 Slack 集成在一起。集成了多种第三方应用的 Slack，使用户对整体办公环境的掌控更为有利，而不需要再耗费精力分别订阅、关注每一个应用程序。这正是 Slack 与众不同的地方，一个更开源、积极拓展外部应用的通信平台，大幅减少了用户响应单一程序的时间，因为 Slack 将推送所有集成的第三方应用的更新。

Slack 的快速发展与用户的喜爱密不可分，更有热情的"Slack 粉"认为 Slack 很快就将成为电子邮件的终结者。然而就目前来看，Slack 需要使用者频繁快速响应信息的特点，仍将其主要用户限制在科技和科技周边行业的范围内。因此，最适合使用 Slack 的可能就是产品开发人员。他们需要大量的时间坐在电脑面前，并需要通过反馈信息，及时对产品作出调整。类似的，一些媒体人也是 Slack 平台的青睐者，他们与开发人员一样，需要快速通信，并及时更新媒体内容。总体来说，Slack 适用于需要快速共享多源信息并对信息做出迅速应对的数字部门。而对一

些需要现场应对的部门，Slack 的意义或许不大。

Slack 的成功，部分原因与当前的大趋势有关：现在越来越多的人通过移动设备办公，协作者并不总是在同一时间出现在同一办公室。但 Slack 的特殊设计也对它的成功起了重要作用。美国波士顿学院 (Boston College) 下属的卡罗尔管理学院 (Carroll School of Management) 信息系统学副教授杰拉尔德·C·凯恩 (Gerald C. Kane) 指出，Slack 将信息转变成每个工作协同者都可以看到的信息流。"这可以让你'偶然听到'组织内的活动，而相关研究已经发现，这会产生商业影响。"他说，"这种'环境知觉'(ambient awareness) 是电子邮件所无法提供的。"

美国南加州大学 (University of Southern California) 下设的信息科学学院 (Information Sciences Institute) 社交计算专家克里斯蒂娜·莱尔曼 (Kristina Lerman) 指出，Slack 的信息一般都很短，而且比较随意，更像是移动文本信息。在个人生活中，相对于电子邮件，人们越来越喜欢这种方式。它会让人产生一种随时随地都可以与同事保持联络的感觉。"你会感觉你正在迅速处理周围发生的一切事情。"莱尔曼说。

事实上，由于信息易于创建，Slack 也可能会像电子邮件一样，占据人们的大量时间——尽管它的界面很美观也很友好。"我们每个人用于互动交流的时间都是有限的，而 Slack 并没有真正解决这一问题。"

莱尔曼说。软件或许可以减少工作中的一些摩擦，但工作毕竟还是工作。

幸运的失败：Slack 的创世与运营[2]

Slack 的创世可以说与其 CEO 斯图尔特·巴特菲尔德 (Steward Butterfield) 的一连串失败分不开。2002 年，巴特菲尔德和一众同事创立了一款名叫"游戏不止"的在线游戏。游戏虽然没有成名，但是他们用来处理图片的工具却成了日后著名的图片分享网站 Flickr。四年后，巴特菲尔德又开发了一款名叫"小故障"的网游，又一次失败后，巴特菲尔德把他们的开发团队内部使用的通信工具进行了整理推广，这就成了 Slack 的雏形。如今，Slack 是硅谷增长最快的初创公司之一，拥有大约 38 亿美元的估值。

Slack 的成功显示了职场中一个正在发生的变化——人们越来越依赖人工智能来完成过去必须由人来完成的烦琐工作。Slack 在这一点上下足了功夫，被称为 "bots" 的人工智能，可以通过分析聊天记录，自动生成日程安排、预订午餐、进度报告或者根据需要对文本进行分析。或许在未来，员工只需与软件对话就可以完成很多任务，真正实现人机合作。

巴特菲尔德自认为是一个内向的人。这样一个内向的人，或许与一个文本通信系统是完美的结合。他欣赏的是效率和直白。2016 年年初的时候，曾有报

道传言微软打算花费 80 亿美元收购 Slack。巴特菲尔德说他从未收到过任何公司的正式邀约，并正打算上市。巴特菲尔德预计 Slack 或将达到 100 亿美元的收入。要实现这个目标，Slack 需要争取到更多的非科技公司，毕竟目前的主要客户都来自网络、媒体和广告公司，以及软件开发部门。占领其他传统行业将会更加困难，因为使用 Slack 的公司，每年要为每位员工支付 80 美元的使用费，这对万人级别的大公司来说，费用相当巨大。

另一方面，Slack 面临着严峻的竞争压力。越来越多的企业通信平台在市场上涌现，比如 HipChat 和 Symphony，它们都集成了很多其他服务，并募集了大量资金；微软、甲骨文、Facebook 等科技巨头也开发了企业合作程序，虽然都还未取得成功。2016 年 5 月，谷歌发布了一款极具竞争力的应用——Google Spaces。小组分享、第三方程序集成、界面美观简洁等特性在 Google Spaces 上也得到了很好的体现。未来 Google Spaces 是否会开发企业版，将是 Slack 需要谨慎应对的问题。说到底，Slack 最大的挑战其实还是来自于人们的使用习惯。毕竟，无休止的信息流有时比 E-mail 还让人反感。

专家点评

田丰

阿里云研究中心主任

我们每天都生活（淹没）在与个人相关的消息流中，在多个消息工具、办公平台之间切换会造成精力分散。统一工作界面（社交界面）会显著提升处理效率、协同响应能力，并且自动化代替人工合并工作日程、任务树等要素，也是数据爆炸、消息泛滥后的必然解法；通过用户训练"个人助理"（bots）自动处理重复性、规律性的工作事项，分级分类、过滤日益膨胀的"消息海洋"，是科技发展趋势。

下一代 Slack 类产品会融入机器学习、语音识别、语义分析等功能，为大企业、开发者、创业者、大众用户提供"一站式助理"服务。伴随大量个人数据的学习，AI 会越来越了解每一位用户的工作习惯、生活喜好，成为不可或缺的人体"外脑"。另一方面，Slack 类产品的后台也会呈现平台式发展，通过接口鼓励更多开发者丰富应用功能与种类，形成工作环境、生活环境的"App Store"，例如国内的"钉钉"App 发展成为企业级协同办公平台。

在线化、数据化、智能化、自动化是 AI 时代网络应用的发展路径。通过使用在线工具，每一家公司都会成为互联网公司，每一个人都需要依靠智能化的网络工具高效工作。

突破性技术

汽车可以在各种环境下安全自驾。

重要意义

全球范围内，每天都有成千上万的人死于人为误操作而引发的车祸。

主要研究者

- 福特

- 通用

- 谷歌

- 尼桑

- 梅赛德斯

- 特斯拉

- 丰田

- 优步

- 沃尔沃

Tesla Autopilot
特斯拉自动驾驶仪

电动汽车制造商对其生产的汽车进行了软件升级，瞬间使自动驾驶成为现实。特斯拉自动驾驶仪被列为《麻省理工科技评论》2016 年度 10 大突破性技术之一。

作者：瑞安·布拉德利 （Ryan Bradley）
摄影：朱利安·伯曼 （Julian Berman）

2014 年 10 月，特斯拉电动汽车公司开始推出一款在保险杠周围及车身两侧装有 12 个超声波传感器的轿车。再加 4 250 美元，客户就能购买到一个通过传感器、摄像头、前置雷达以及数控刹车制动避免碰撞的"技术包"。实际上就是使汽车接管操控并在碰撞之前停下来。但通常情况下，这些硬件只是蓄势待发，等候着并收集大量数据。

一年后，即 2015 年 10 月 14 日，公司对当时已售出的 60 000 辆安装了传感器的汽车推送了软件更新。官方将此次软件更新命名为特斯拉 7.0 版，但人们记住的是其昵称——自动驾驶仪（Autopilot）。

事实上，它提供给驾驶员的与飞行员在航行中所使用的东西相似。汽车可自己控制速度，驾驭道内的行使，甚至变道及自动停车。其他的汽车公司（包括梅塞德斯、宝马和通用）已开发了如自动平行泊车等性能。但是，通过一夜之间的软件更新实现自动驾驶是向全自动驾驶迈出的巨大一步。

特斯拉的客户非常高兴，他们上传了自己在高速路上的视频：双手脱离方向盘，看报纸，品咖啡，甚至一度坐在车顶。值得指出的是，这里的有些行为是非法的。自动驾驶处于法律的灰色地带，但在不久的将来，它将成为大趋势。它将不仅重塑汽车以及它与人类之间的关系，还将改变道路以及我们的整个交通基础设施。

尽管自动驾驶仪会在急转弯时关闭，但它仍然可以应对曲折的穆赫兰大道

这就是我为何要抓住这次机会借来一辆装有自动驾驶仪的汽车，驱车数日——也可以说是它驾驶着我，绕洛杉矶行驶。

每个人都想知道那种受控于汽车的奇怪感觉究竟如何。唯一让人感觉神奇的时刻就是当汽车自动停泊或变道时。这主要是因为看着方向盘自己转动会感觉有些反常和诡异。此外，我惊讶于自己怎么那么快就适应了它，这种感觉是必然的。正如特斯拉一位不愿透露姓名的工程师告诉我的那样（因为现在公司不允许除马斯克以外的人公开谈论）驾驶一辆没有安装自动驾驶仪的汽车很快会让人感觉奇怪。"你会感觉车子没有行使它应尽的职责，"他说。

自动驾驶仪并不能启动汽车，在进行设置前需满足一系列条件（良好的数据是最基本的）。这包括清晰的车道线，相对恒定的速度，对周围汽车的感应以及你所经过地区的地图——大致是这样的。洛杉矶便利的公路交通是自动驾驶仪工作的理想场所，这不仅因为超声波传感器［通过高频声波识别

远达16英尺（约4.88米）的物体］可获得其所有数据，更因为人类在交通中的表现是糟糕透顶的。首先，我们并不善于估算距离；其次，当后面的车比我们开得更快时，我们仍会不停地试图变更车道，从而引发交通事故。有了自动驾驶仪以后，我不必再盯

正如汽车的许多其他性能一样，自动驾驶仪可通过触屏来启动和关闭，也可通过轻敲制动器将其关闭。

着前面的保险杠，并且可以四处张望，观察驾驶员做出的种种不妥的决定，停停走走，走走停停。同时，与自己驾驶的时候相比，我的汽车能更加平稳地加速和减速。

特斯拉采用增量方法，这与那些组建小型测试车队来收集数据，从而希望有一天能够推出全自动驾驶汽车的谷歌及其他公司大不相同。对于特斯拉来说，它的客户都是其广泛的测试参与者。真正自动化所需的硬件已准备就绪，因此，在软件升级完成后，就不需要

这种过渡了。马斯克说，全自动驾驶汽车在两年内具备技术上的可行性——即使在法律上不被认可。

在归还了特斯拉汽车的第二天，我和我的未婚妻行驶在洛杉矶的一条高速路上，看到有人加速变更三条车道，超过了前面的几辆车。当红灯亮起时，我们后面的一辆车由于开得太快，撞到了我们车的保险杠。立马，保险杠掉了下来。我想，将来是能够应对这种情况的。我希望这一天能尽早到来。

专家点评

陈禹杉
麻省理工企业合作（MIT ILP）中国协调官

从 2016 年 5 月美国佛罗里达州的致命车祸，到 Model S 自动驾驶"中国首撞"，再到 Autopilot 的技术开发商 Mobileye 于 7 月底宣布解除与特斯拉的合作关系，可以说，特斯拉现在的日子并不好过。

根据特斯拉的统计，激活了 Autopilot 自动驾驶的累计行程约 2.08 亿千米，平均每一亿英里（约 1.6 亿千米）死亡人数为 0.77 人；而在全世界范围内，平均每一亿英里（约 1.6 亿千米）死亡人数为 1.67 人。马斯克据此得出"自动驾驶技术可将人为交通事故率降低约 50%"的结论还是能说明一些问题的。但由于自动驾驶数据的样本容量偏低，所以这一说法也遭到了很多专家的质疑。

特斯拉遇到的情况是所有革命性技术问世之初都会遇到的。遭到质疑的同事，却在默默颠覆着我们习

以为常的生活。不可否认，从大量的用户反馈和数据资料来看，Autopilot 在大多数场景下能够有效工作。另外，特斯拉也对 Autopilot 给出过明确定义：一种辅助性技术，驾驶者不得脱离方向盘，以便随时接手车辆控制权。否则，自动驾驶系统将通过图像和语音进行提示，如果驾驶者没有作出反馈，车辆将开始减速，直到完全停止。

虽然目前还无法得知谁将接手 Mobileye 来为特斯拉提供制动驾驶解决方案，但根据特斯拉的反应以及一些片段信息，可以推测特斯拉已经在摄像头、芯片、传感器、算法等方面做好了充分的准备。以马斯克一向以"超前"和"顶尖技术"对自家 C 端产品的定位，我们有理由相信，Autopilot 其实仅仅是马斯克口中的"宏伟计划"的开始！

Power from the Air
空中取电

让 Wi-Fi 设备从 Wi-Fi 信号中获取能量，实现电力自给自足，变为无源设备（passive device），从此彻底摆脱电源线的束缚。同时，如果将这类无源 Wi-Fi 设备整合入智能手机中，将大大增加电池的续航能力。基于这些应用前景，无源 Wi-Fi 设备被评为《麻省理工科技评论》2016 年度 10 大突破性技术之一。

作者：麦克·哈里斯（Mark Harris）

突破性技术

新型无线装置，能够利用周边的无线电信号（如 Wi-Fi）为自身供电并进行通信。

重要意义

无源 Wi-Fi 通信设备将摆脱电池和电源线的束缚，开拓大量新应用。

主要研究者

- 华盛顿大学
- 德州仪器公司
- 马萨诸塞大学（安赫斯特分校）

人类拥有无线保真（wireless fidelity，简称 Wi-Fi）技术已经将近 20 年了，我们似乎已经有了这样的常识，那就是无论多小的互联网装置都是有源的，即需要电池或电源线。但这很快就会改变。让装置从周边的电视、广播、手机或 Wi-Fi 信号摄取电能，进行工作和通信，这种技术即将商品化。

开发此项技术的华盛顿大学研究人员展示了以此方式获得电能的互联网温度计、运动传感器甚至相机。

以无线方式传输电能并非新概念。但要让设备不用常规电源进行通信是很难的，因为产生无线电信号甚是耗电，同时因为无线电传播时能量衰减得很快，因此从广播、电视和其他通信方式摄取的空气波含的能量很少。

史阿马特·戈拉克塔（Shyamnath gollakota）和他的同事约什华·史密斯（Joshua Smith）业已证明微弱的无线电信号确实能满足一个互联网装置的电能需求，他们的一个装置利用所称的后向散射（backscattering）原理，不是发送原信号，而是选择性地反射进入的无线电波，建立新信号——有点像一个受伤的登山者利用太阳和镜子发送 SOS 信息。

采用该技术的装置能从它改造过的信号中吸取部分能量，为自身供电。

"我们可以做到免费通信。"戈拉克塔说。用于大容量传输的非接触式智能卡的射频识别芯片也依赖后向散射，但它们需要专门的读写器，而且只能在几米范围内通信，因为反射信号弱，读写器本身又会产生干扰。

华盛顿大学的技术版本之一，名为"无源 Wi-Fi"（passive Wi-Fi），正由一家衍生公司 Jeeva Wireless 商业化。无源 Wi-Fi 通过后向散射 Wi-Fi 信号，让无电池装置与传统设备（如电脑和智能手机等）连接。在测试中，无源 Wi-Fi 设备原型机成功地把数据传到了 100 英尺（100 英尺 ≈30.48 米）之外，实现了穿墙连接。这样做需要改变 Wi-Fi 接入点的软件，以产生一个额外的信号供无源 Wi-Fi 设备使用，这会略微增加一些功耗。

根据最新的研究结果来看，无源 Wi-Fi 设备能够依靠后向散射的原理实现 802.11bWi-Fi 信号的发射，在传输速率为 1Mbps 和 11Mps 时的能耗分别为 14.5 和 59.2 微瓦。这个功耗是当前的 Wi-Fi 芯片组的万分之一，是一些采用蓝牙 LE 和 ZigBee 通信标准的小型连接设备的千分之一，并且覆盖范围更远。[1]

研究人员相信，小的无源 Wi-Fi 设备的制造成本极为低廉，可能不到 1 美元。未来的智能家居、监控摄像、温度传感器和烟雾报警器应该再也不必更换电池。

智能手机续航能力的新增长点

无源 Wi-Fi 设备将有可能给我们的智能手机带来新福音，大幅提高手机电池的使用寿命。智能手机所消耗电量的 60% 可能都来自于 Wi-Fi 连接，[2]这些能耗主要来自三个方面：

- 首先，如果手机没有连上任何无线网络，它就会在后台不停地进行无线网络搜索；
- 其次，如果手机已经连上了无线网络，它也会在后台不停地收发数据包以保证手机时刻在线；
- 最后，如果无线信号比较差，手机会自动调高发射功率，以确保发出的信号准确传达。[3]

因此，如果无源 Wi-Fi 设备能够实现大规模的应用，将有望将智能手机的续航能力提高将近一倍。

专家点评

MIT TR China 编辑部

实际上，在我们的周围存在大量的电磁能量，但由于通常情况下这些能量的密度过低，并不能够在真正意义上给汽车、电器、手机等能量密度较高的电池进行充电。

然而，超低功耗、承担简单的信息发送的无源感知器，却能非常完美地利用这些能量，它们的实用性也因此会产生质的的飞跃。使用方便加上低廉的成本，使我们相信该项技术不久将能够被广泛使用。

举个例子：将这些感知器单元集成到手机中，就能够实现自供电，并因此大大延长手机电池的使用时间。

以下还有几个应用场景可供大家参考，但绝不仅限于此。

机场安全：由于无需专门布线的功能，此类无线无源感知器可以大大降低监控设备的安装成本，减少相关限制，因此可以建立一个更加密集的无死角监控网络，进一步加强安全性。

智能家居：无源传感器的出现和普及，会进一步推动智能家居产品的发展。这些无源设备可以 24 小时不间断地监控室内的温度、湿度等状况，反馈到人工智能设备中，作为判断进行何种配置与操作的依据。

食品质量监控：食品上廉价的传感器，可以根据某个或某组化学物质的浓度来判断食物是否变质腐化，并发出预警。

可穿戴式生物监测设备：此类技术也可用于身体状况的监控和观察，广泛应用于医疗和运动等领域。

10 Breakthrough Technologies

2015

2015 年 **10 大突破性技术**

Magic Leap

Magic Leap 是一家神秘的公司，正在开发先进的"混合现实"技术，能够让虚拟的物体与真实世界完美地融合在一起，具有颠覆计算机领域的潜力，获得了投资者的青睐，迄今已募集了 14 亿美元的巨额投资，入选《麻省理工科技评论》2015 年度 10 大技术之一。

作者：雷切尔·梅茨（Rachel Metz），汪婕舒

突破性技术

可以让虚拟物品出现在真实场景中的设备。

为什么重要

这项技术将为影视、游戏、旅游、通信等行业带来全新的机遇。

主要研究者

-Magic Leap
- 微软

理智告诉我，我眼前并没有一个四肢笨重、长有犄角的蓝色怪物在转圈。但是这一切看起来太像真的了。

我正坐在一个白色屋子里的工作台后，这个屋子位于佛罗里达州的达尼亚海滩，是一家略显神秘的初创公司的办公室。我瞪大眼睛看向面前的镜片，连接着它的是搭在我脑袋上的金属框架以及一些电子零件。这个就是 Magic Leap 的早期原型机。就是通过这个电影级现实（Cinematic Reality）的技术，才让那个肌肉发达、表情狰狞的蓝色怪物在我眼前两米的地方晃来晃去。

在 Magic Leap 总部的休息区的空中浮着一段音乐家安妮·克拉克(St. Vincent)创作的视频

要把三星手机装到头戴设备中,你就可以用它来玩游戏和看视频。

在 Oculus 试图把你带入一个虚拟世界中去感知的时候,Magic Leap 所做的则是把这些感知带到你所熟悉的现实中。为了实现这一目标,让你可以在真正的桌子上看到那个惊艳的小怪兽,Magic Leap 研发出了一种和之前的立体三维不同的技术,一种并不影响你正常看东西的方法。它的本质是用一个极小的投影仪直接在你的眼睛上投影,并且把这个光线和投入你眼睛的自然光非常完美地融合起来。

除此之外,这个蓝色怪物并不是固定在我的眼前,只需通过手上控制器的一个按钮,我就可以让这个怪物变小或者变大,拉近或者推远。

当然了,我会把它拉到离我尽可能近的地方:我想看看它有多真实。

现在,它距离我只有不到半米的距离,大小正好可以装到口袋里。即便如此,它仍然是我脑海中一个怪兽应有的样子:粗糙的皮肤,健硕的肌肉,还有珠子一样的黑眼睛。我发誓当我把手伸出去让它爬上来的时候,我感受到了它把脚落在我手上的震动。然而紧接着我就傻傻地意识到这只不过是逼真的 3D 效果所造成的错觉。

手机和电影上用到的虚拟现实(VR)和增强现实(AR)技术总是因为粗糙的画质让人们觉得言过其实。通常,这是因为大多数设备用的都是一种叫作"立体三维"(Stereoscopic 3-D)的方法。从本质上来说,这种方法并不是让你像平常一样看东西,而是在欺骗你的眼睛。通过让你的双眼看着同一个画面的不同角度,这个技术让你产生一种图像有深度的错觉。然而,由于你的双眼在看着一个固定屏幕的同时还要看着运动的图像,因此你会感到眩晕,甚至头痛和反胃。

话虽如此,最近的立体三维技术也已经开始变得更加成熟。目前市面上最好的 VR 设备来自被脸书(Facebook)以 20 亿美元收购的 Oculus VR。它与三星还合作推出了一款价值 99 美元的 Gear VR。只

通过在 Magic Leap 办公室看到的这些怪兽和机器人的渲染效果,我已经可以想象在将来的某一天,我远方的家人就像坐在我对面一样和我交谈,而在他们那边,我也坐在他们面前。当我带着虚拟导游走在纽约的街上,我可以看到那些建筑物上叠加着一层它们过去的样子。或者当我看电影的时候,片中的人物好像就在我的身边,让我跟着他们一步步地展开接下来的剧情。但是没人知道 Magic Leap 能带我们走到哪一步。如果他们可以让这个科技在看起来很酷的同时让人佩戴舒服且好用,人们一定会创造出各种让人惊叹的应用。

2014 年 10 月,Magic Leap 进行了总额高达 5.5 亿美元的 B 轮融资。其中,Google 领投的目的清晰无比。无论 Magic Leap 能够做出怎样的产品,它都大有机会成为计算机领域的下一个重要事件,Google 绝不可能让自己错过这样的可能性。它的先见之明则在 2016 年 1 月微软的宣布中得到了证实。微软宣称自己将在年内推出一款拥有时尚外观的头戴设备,也就是 HoloLens,这款设备让用户可以与全息影像进行互动,听起来和 Magic Leap 正在做的非常相似。2016 年 3 月底,微软已经开始为预订者发送价值 3 000 美元的 Hololens 开发者版本。[1]、[2]

神奇的背后

Magic Leap 并没有告诉我们他们何时将会发布产品,以及产品的价格将是多少,只是说价位将会和如今

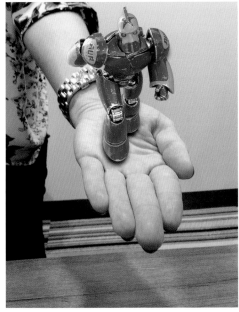

上：在一个医学或教育的应用演示中，脑部切图可以被一片一片地展开
下：　仿佛站在手上的虚拟机器人

的移动设备差不多。当我试图从 CEO 罗尼·阿伯维兹（Rony Abovitz）口中问到相关信息时，他只是笑着说"不远了"。

他坐在办公室的桌子后面，书架上放着玩具和一个可以看 3D 图像的塑料装置。44 岁的阿伯维兹总是和善地微笑着。当我见到他时，他穿着黑色的耐克鞋、长袖上衣和宽松休闲裤，头上的棕色卷发别着一个圆顶小帽。他的深思熟虑令我惊讶，因为我之前对他的印象只有 2012 年在萨拉索塔的 TED 演讲。那次演讲中，他穿着宇航服，带着两个穿得毛茸茸的人在台上表演了一首难以理解的摇滚。尽管这个叫作"想象力的合成"的演讲最后成为了一场行为艺术（也可能是 TED 的笑柄），他强调这里面藏着

一个隐含的信息，并说如果有人能找出这个信息，他会奖励他一个悠悠球。

白天的时候，阿伯维兹是一名生物工程背景的科技创业者。他曾在劳德代尔堡（译者注：佛罗里达州的一个旅游城市）创立了一家叫作 Mako 的手术机器人公司。通过在机械臂上加装触觉反馈技术，外科医生在用机器做手术的同时可以感受到患者身体上的反馈。这家公司在 2013 年以将近 17 亿美元的价格卖给了医疗科技公司 Stryker。到了晚上，阿伯维兹则变得很摇滚。他在一个叫作"Sparkydog & Friends"的流行摇滚乐队中担任主唱，有时也会客串吉他手和贝司手。就像他说的那样，Magic Leap 的根源正是曾经的手术机器人公司和他的乐手生涯。

当阿伯维兹还在 Mako 的时候，他就已经对 VR 和现实世界的结合感兴趣了。尽管他的机械臂技术已经可以让医生拥有触感的反馈，他还想让医生在进行手术的时候能在眼前看到骨头的样子。在试遍各个公司的头戴式显示器后，他失望了。"全都是垃圾，"他说。"当你戴上它的时候，它只会让你头痛。我真不知道他们怎么能做得这么烂。"

与此同时，他还想给他的 Sparkydog & Friends 乐队来一场虚拟巡演。早在 1987 年，U2 乐队曾经在《那里的街道没有名字》（Where the Streets Have No Name）的视频中，在洛杉矶市中心的一家卖酒商店的屋顶进行了一场即兴演出，来向甲壳虫乐队致敬。阿伯维兹希望他的乐队也能有这么一天，只不过是虚拟的演出，还要在成百上千个屋顶上同时进行。

4 年后，他开始和高中的同窗好友、加州理工理论物理系的辍学生约翰·格拉哈姆·麦克纳马拉（John Graham Macnamara）一起认真地研究这个想法。他们理想中的效果是《星球大战》中的那种可以移动的全息投影。什么是全息投影呢？它是通过精准的再造光场（译者注：空间中每一个点每一个方向的光），让物体反射回来的光线重新构造成想要的顺序，产生的效果就是可以各个方向观看的 3D 图像。然而，在这个听起来科技感十足的技术中，阿伯维兹看到了它的缺陷，那就是过高的成本以及难以提

升的分辨率。他记得自己曾经说过："没有任何显示器可以行得通。"

然而，就在第二天早上，一个想法浮现在他的脑海中：为什么非要大费周章地向房间里投射一个所有人都能同时看到的图像呢？为什么不去制作一个只有你自己能看到、一个让眼睛和大脑以最自然的方式去看的图像？他说："我们正在花这 5 亿多美元，就是为了让你在生理上感觉起来和平常没有什么不一样。"

虽说如此，他和他的团队所研发出的解决方案并没有向外界透露多少，仅有的一些关于他们技术原理的泛泛之谈也多是出于对竞争对手的担忧。不过目前来说，我们至少可以确定 Magic Leap 利用了一个微小的投影仪作为光源，把它的光线投射到一个透明镜片上，再将光线偏转向视网膜。由于这些光线的模式与进入眼睛的自然光完美地融合在一起，负责给大脑传输信号的视觉皮质几乎无法分辨二者的区别。

斯坦福的电子工程助理教授戈登·威茨斯坦（Gordon Wetzstein）认为，如果他们可以在头戴式显示器中使用这套技术，把图像呈现在眼前，并通过持续的重新对焦以保证所有画面的清晰度，那么 3D 图像观看起来将会变得非常轻松和舒适。他说："如果他们可以做到人们心中所期望的效果，那真的太棒了。"

从虚拟到现实

Magic Leap 无比热忱地想要实现这一点。自从 2011 年的第一个工程样机开始，他们从没有停止尝试把自己的设备变得更小。

现在，他们的技术已经可以在比我所戴的小巧的金属支架设备上运行了。在其中一个展示中，我可以用手指去点爆眼前飞来飞去的蒸汽朋克机器人，这是 Magic Leap 和电影《霍比特人》的特效团队——维塔工作室（Weta Workshop）共同制作的一款第一人称射击游戏《格罗德伯特博士的入侵者》（Dr. Grordbort's Invaders）中的角色。在小小的房间内，

这个机器人可以用令人惊叹的精确度在我的指边绕来绕去。

如果仅从我所看到的一个只有外观而不能使用的原型机来说的话，他们的目标似乎是想把他们的技术塞进一副厚实的运动太阳镜中，它连着一个大小足以放进口袋的方包，看上去有些像他们在 2015 年 1 月申请的专利中的设计。尽管公司不会向我们明确表明什么，阿伯维兹却向我们证实了他们的设备将会和可穿戴眼镜有所类似。即使是如此模糊的描述，我也得向他多次请求才能说到这里。

很显然，把这样的技术设备做得很小并不是一件容易的事。我在这里试过的最小样机的体验赶不上较大一些的设备。这个小样机中包含了一个包在导线中的投影仪，它比一粒米还小，通过一个透明镜片把光线传导出来。透过镜片，我瞥到了一个之前围着我的手掌转圈的小怪兽，只不过这次是绿色的。除了提高小设备的分辨率之外，Magic Leap 还要在它里面塞入各种各样的感应器和软件，从而让它可以跟踪手和眼的动作。这样的话，你就可以和虚拟的物体进行互动了。当然，这些被创造出的虚拟物体也要能够无缝地融入现实世界才行。

之前融资所得的 5 亿美元的一大部分便被花在了这些地方。他们也正在疯狂地进行招聘，寻找各个领域的软件工程师，包括眼球追踪、虹膜识别和人工智能分支——深度学习。除此之外，他们还需要光学工程师、游戏设计师以及其他同样希望把虚拟物体显示出来的人。如果非要描述一下这里的人是什么心境，我想办公室中随处可见的玩具激光枪和魔杖应该可见一斑。科幻作家尼尔·斯蒂芬森（Neal Stephenson）是 Magic Leap 的首席未来官，他在 1992 年的小说《雪崩》（Snow Crash）中也曾描述了一个叫作 Metaverse 的虚拟世界。

红色的高背双人沙发和黄色的椅子嵌在地板上，明亮的装修中也可以轻易地看出 Magic Leap 高速发展的兴奋。员工们都在兴致十足地讨论着他们正在开发的游戏、传感器和激光枪。

经历了 2014 年的巨额投资，大家对这家公司的兴趣成倍地增长了。他们的团队也感受到了外界期待所带来的压力。"我们经历了一开始的'到底有没有人在乎这玩意'到如今的'好吧，大家的确在乎'。"他说，"我们想让你内心那个 11 岁的你大吃一惊。"

后续

到目前为止，尽管 Magic Leap 尚未发布任何原型机（开发者版本已于 2015 年开始开放申请，但尚无发布计划，仅宣布了其兼容通用的游戏开发引擎 Unity 和 Unreal），对产品的细节也严格保密。但他们陆续发布了几段惊艳的视频，吊足了消费者和投资者的胃口。

2015 年 10 月，Magic Leap 在《华尔街日报》全球科技大会上发布了一段视频，声称它"直接通过 Magic Leap 的技术拍摄于 2015 年 10 月 14 日，没有使用任何特效或合成。"他们之所以强调这一点，或许是因为先前发布的游戏视频和鲸跃出体育馆地面的视频被人们质疑是后期合成而非实景拍摄。[3] 这段新视频展示了通过 Magic Leap 的产品看到的两个虚拟物体。第一个物体是一个可爱的小机器人，悬浮在一张真实的桌子下方，向用户招手。随着视角的移动，它始终待在同一个地方。第二个物体更加震撼，是一个悬浮在半空中的太阳系动态模型，几大行星绕着鲜亮的太阳旋转，小行星带清晰可见。当从不同的视角仔细观看时，模型的位置保持不变，太阳在真实的桌面上的反光甚至也会随用户的视角而改变。这两个演示说明他们的技术不仅能形成三维的视觉，还能识别周围的环境，实时判断用户的位置。[4]

2016 年初，Magic Leap 完成了或许是史上最大的一笔 C 轮融资，总额约 8 亿美元[5]，投资者包括阿里巴巴、华纳兄弟和谷歌等。迄今为止，这家公司从投资者那里募集的资金总额超过 14 亿美元，公司估值高达 45 亿美元。对一家尚未发布任何产品的初创公司来说，这样的成绩令人惊叹不已。[6]

2016 年 4 月，《连线》杂志执行主编凯文·凯利（Kevin Kelly）深入探访了 Magic Leap，结合他对人造现实（包括虚拟现实、增强现实和混合现实）领域的现状与未来的洞察，写出了一篇精辟详实的长篇报道。与这篇文章同时面世的，还有 Magic Leap 最新的演示视频，名为《崭新的早晨》，展示了一个充满未来感的清晨——在主人公的眼前，收件箱和聊天窗口次第从桌面弹出来；主人公的女儿请他检查珠穆朗玛峰登山计划，山峰的立体形态和登山路线立刻升起在半空；购物网站的商品在你面前 360 度旋转；抬头时，一群粉色的水母优哉游哉地从天花板下方游过……在这个视频中，传统的计算机已无用武之地。正如他们所宣称的那样："世界就是你的新桌面"（The World is your new desktop）。无怪乎 Magic Leap 和微软的 Hololens 都喜欢将这种技术称为混合现实（mixed reality），而非传统的虚拟现实。[4]

凯利高度评价了 Magic Leap 的技术。他认为，触觉、视觉和听觉是虚拟现实的三个支柱，而 Magic Leap 正是视觉方面最令人惊叹的公司。他介绍说，传统的虚拟现实是让用户的目光聚焦在眼睛附近的显示屏上，而 Magic Leap 的技术能让你形成有深度的视错觉，让你可以将视线聚焦在不同的地方（即主动选择性聚焦），也就是说，看远处的虚拟物体时目光聚焦在远处，反之亦然。并且，视线焦点之外的虚拟物体都会虚化，以此创造出更真实、更自然的视觉效果。

他们将如何做到这一点呢？在《连线》的文章题图上，阿伯维兹手举一块半透明的材料说："别叫它'透镜'，这是光子光场芯片（photonic lightfield chip）。"在 2015 年的一次采访中，阿伯维兹告诉《麻省理工科技评论》主编杰森·庞廷（Jason Pontin），这种光场芯片的基础是硅光子学。硅光子学的目标是用光学元件实现硅芯片的功能。光学元件传输数据的速度更快，距离更远，并且不会发热，其信号也不会衰减。但将光学元件与现今的电子元件相结合，却没那么容易。因此，硅光子芯片的大规模生产即使对英特尔这种半导体巨头来说也是一个严峻的考验。2013 年，英特尔曾宣布他们即将开始大规模生产硅光子产品，但其发货时间却一拖再拖。作为初创公司的 Magic Leap 要如何解决这些问题？业界专家猜测纷纷。例如，前文提到的斯坦福大学

大事记

1838 年： Sir Charles Wheatstone 发明了最早的 3D 视仪。通过把图像从两个不同角度的镜子反射入眼中，它可以让观者体验到 3D 视角。

1922 年：第一部 3D 电影《爱的力量》上映。观影人需要戴上两片不同颜色的镜片（红和绿）去观赏。

1961 年：Hilco 公司的员工利用阳极管和磁感应制造出了第一个头戴显示器 Headsight。

1962 年：Morton Heiling 申请的 Sensorama 专利获得批准。这是一个像大盒子一样的机器，它可以在一个狭小的、单人用显示器上播放 3D 电影。与此同时，这个机器还用味觉和气流去创建更加沉浸的环境。

1985 年：Jaron Lanier，被人们广泛认为是单词"虚拟现实"（Virtual Reality）的提出者，他创立了 VPL 研究所。其销售的产品包括允许人们利用自己的双手与虚拟环境进行互动的 Data Glove，以及一个叫作 EyePhone 的头戴显示器。

1990 年：波音公司的工程师 Thomas Caudell 和 David Mizell 发明了一种可穿戴的透明显示器。他们希望通过这个显示器可以帮助安装人员在组装飞机的时候更好地校准。

2010 年：Quest Visual 公司发布了手机 App Word Lens，只要用户把手机摄像头对着西班牙语的标示，上面就会自动显示出英文的翻译。

2012 年：Palmer Luckey 通过众筹网站 Kickstarter 为他的初创公司 Oculus 筹到了 240 万美元。两年后，Oculus 被 Facebook 以 20 亿美元的价格收购。

2015 年：在 Google 宣布投资 Magic Leap 的一个月后，微软展示了他们的 HoloLens，一款与往常不同的 3D 显示技术并可以让虚拟的物件与现实世界重叠的设备。

研究者戈登·威茨斯坦认为，Magic Leap 可能采用了多层波导，能在每只眼睛中形成多个图像，而不像传统的立体图像那样，在左右双眼中各形成一个单独的图像；并且所有的硬件都必须极其轻薄，才能达到他们所宣称的效果。杜克大学的计算机视觉研究者大卫·布雷迪（David Brady）则认为，除波导以外，Magic Leap 可能还使用了某些硅基调节器来调节图像信号。得州大学奥斯汀分校的微电子研究中心主任桑杰·班纳吉（Sanjay Banerjee）透露，Magic Leap 正在使用该中心的设备生产偏振镜——正是诸如谷歌眼镜这类产品所使用的液晶显示器中常见的元件。"我不能泄露他们正在做的事，但那是非常新颖的科技，"班纳吉说。

凯利的新文章和近期公布的专利申请[7]也透露了些许细节——目前三家投身混合现实的公司（微软、Meta 和 Magic Leap）均是向半透明材料（通常是表面覆有纳米脊的玻璃）上投射光线，然后，起分光作用的纳米脊从不同的角度将光线反射入用户的眼睛。阿伯维兹在视频中介绍说，这是一种像晶圆一样的三维元件，包含非常微小的结构，能够控制光子的方向，最终在用户眼中创造出电子光场信号。Magic Leap 声称自己的技术独一无二，但拒绝透露更多的细节。也有一些人认为他们的技术和微软的 Hololens 有几分相似，The Verge 杂志更是略带调侃地说道："Magic Leap 造出了自己的 Hololens。"[8]

凯利的文章和最新的演示视频进一步激发了人们的好奇心。"光场芯片"的名字是否说明他们正在研发与 Lytro 类似的光场技术？这段精彩的视频是如何拍出来的？里面会有什么应用程序？会有像 Siri、Cortana 和 Google Now 一样的人工智能虚拟助手吗？The Verge 在一篇文章中对 Magic Leap 提出了 5 个热门问题，其中有 4 个都是"Magic Leap 的技术到底是什么？"[9]

4 月，Magic Leap 收购了一家名为 NorthBit 的以色列网络安全公司，并计划在以色列扩展业务和招聘雇员。在此之前的 3 月，NorthBit 公司曾经发现了一个可能影响数百万安卓用户的软件漏洞，Magic Leap 收购他们的目的或许正在于提升操作系统的安全性[10]

——因为他们正在研发自己的操作系统。据凯利介绍，他们的开发团队即将抛弃传统的电脑显示器，全部转向虚拟世界。结合他们"让世界做你的新桌面"的野心，这个转变也不足为奇了[7]。

眼尖的观众或许已经发现了，在 Magic Leap 最新的演示视频《崭新的早晨》中，主人公的女儿请他查看珠峰登山计划，而他的女儿名叫墨菲·库珀（Murphy Cooper），与科幻电影《星际穿越》中男主角的女儿同名。在电影中，墨菲通过引力造成的时空涟漪接收到了父亲的信号，破解了宇宙的秘密，拯救了人类。或许，Magic Leap 正是以此暗示人们，他们也将带你攀登险峰、穿越星际，让你的想象力自由驰骋在触手可及的未来世界。

专家点评

田丰
阿里云研究中心主任

据高盛的研究报告分析，10 年后 VR/AR 产业将逾千亿美元，而 Digi-Capital 预测 AR 市场的规模接近 VR 的 3 倍，最近一年中全球约有 9 亿美元投资于 AR 头戴式显示器，其中 Magic Leap 新一轮融资 7.9 亿美元占了绝大部分，产业前景与研发投入十分巨大。

AR 在企业级应用价值较大，需求前景广阔。例如沃尔沃计划 2016 年在汽车销售中使用 AR 设备——在 4S 店中消费者戴上 AR 眼镜挑选汽车的颜色、查看内部构造；医疗领域，Atheer 实验室研发的 AR 产品，可帮助医生在病房或手术室通过 AR 眼镜查看患者的病例、医学信息库，以声音、手势、动作来查询、控制；Autodesk 使用 AR 眼镜，帮助设计者在现实世界中利用 CAD 设计图构建出产品"1:1"的 3D 模型，避免昂贵的样品错误、改善团队协同；还有企业尝试把 AR 应用在生产线、教育、广告、游戏、家居等领域，将虚拟产品摆放到现实环境中，此举能够大幅提升用户的体验感知，促进销售，例如把沙发商品"摆放"在自己家中，能够让订单转化率提升 5.5 倍。

Magic Leap 涉及空间感知（定位）、显示（光场）两种核心技术，其中独有的光场显示技术，突破了传统二维显示的空间信息缺失的限制，四维光场投射入眼球，形成与真实物体一样的自然光纤感知，所以适应人眼远近聚焦，虚拟物体与自然物体一样有虚实变化，让大脑长时间不会眩晕。

当真假难辨的"混合现实"产品正式发售时，跨行业的企业市场将会快速普及。而伴随元器件成本降低到消费级门槛，电脑显示器被抛弃，"手机时间"大幅转移至"AR 时间"，形成新的流量入口、服务接口。正如 Magic Leap 所说："世界就是你的新桌面。"

Nano-Architecture
纳米结构材料

图中展示的陶瓷方块棱长 50 微米，它具有极轻的重量，因为整个陶瓷方块百分之九十以上的组成部分是空气。来自加州理工的科学家用 3D 打印的有机物支架作为支架，制造出的纳米级别精确控制的金属/陶瓷纳米晶格仍然保留优良的机械性能。该技术拥有巨大的潜在运用空间，被评为《麻省理工科技评论》2015 年度十突破大技术之一。

撰文：凯瑟琳·布尔扎克（Katherine Bourzac），段竞宇

在加州理工茱莉亚·格里尔的实验室里，一切现象都似乎无法用经典物理学解释清楚。我们的日常生活中，往往认为陶瓷和钢铁这样笨重的材料十分坚硬，而轻盈的材料十分脆弱。格里尔通过对材料在纳米级别的精确控制，让我们大开眼界。

传统的陶瓷坚硬沉重而又易碎（任何一个打翻盘子的人应该知道）。2015年格里尔制造的新型陶瓷是世界上最坚硬和轻盈的材料，同时它还不易碎。格里尔向大家展示的演示视频中，他们用实验室中的仪器按压一小方块材料，压力逐渐增大，方块在轻微震颤中开始瓦解。但是令人惊奇的是，当压力被移除时，仿佛即将要塌缩瓦解的小方块瞬间复原。他们还发现这种恢复力是可控的，当结构中的"纳米梁"的厚度大于10纳米时，晶格将完全破碎，不会恢复原状；而当"纳米梁"厚度小于10纳米时，神奇的恢复力将会出现。格里尔说道："就像一个受伤的士兵，很神奇。不是吗？"格里尔经常踩着旱冰鞋在校园中赶往各个会议，但她一讲到这个美丽的超凡脱俗的纳米晶格就会放慢速度。

如果大规模生产此类材料成为现实，那么用它代替现时工业中大量使用的复合材料将大具潜力：仅用复合材料十分之一的重量却仍然一样坚硬。另一个潜在的应用是提高电池的能量密度，即在相同尺寸的电池里储存更多的电量。以前像硅这样的材料拥

突破性技术

材料的结构在纳米级别实现了精确控制。制造出来的纳米晶格坚固柔韧而又轻盈。

为什么重要？

更轻的材料更加节能，应用更广。

重要研究者

- 茱莉亚·格里尔（Julia Greer），加州理工（Caltech）
- 威廉·卡特（William Carter），HRL 实验室
- 尼可拉斯·方（Nicholas Fang），麻省理工学院（MIT）
- 克里斯托弗尔·斯帕达奇尼（Christopher Spadaccin），劳伦斯利弗莫尔国家实验室（Lawrence Livermore National Laboratory）

有很高的电池能量密度，但是通常无法承受普通的张力，现在可以在硅电极表面覆盖一层金属纳米晶格，从而大大提高材料的韧性。麻省理工学院的机械工程师尼可拉斯·方（Nicholas Fang）也指出，由于纳米结构的材料具有超大的表面积，结合轻量的特性，便携式快速充电电池也将成为现实。[1]

制造这些神奇材料的关键是一系列专业的设备。为了能够大面积精确控制纳米级的结构，其中一些设备格里尔还加上了自己的改造。格里尔将一个个沉重的设备小心翼翼地运到地下两层的实验室，为的就是让这些精密的仪器尽可能地免受震动影响。其中一个类似3D打印机的仪器由两层黑色的重门帘保护，通过3D激光光刻技术，在激光的闪烁中构建错综复杂的有机物支架。格里尔的学生给这些支架覆盖金属或者陶瓷的涂层，当有机物支架被等离子体氧气清理掉后，这些涂层覆盖物仍然可以保留复杂的结构。最终的成品就是一小块精确纳米级的复杂结构，像建造埃菲尔铁塔一样支撑梁一步步达到错综复杂的十字交叉，不同的是这里的支撑梁只有10纳米厚。

在格里尔之前，制造这样的材料完全不可能。她给我们展示了来自合作伙伴加州马里布HRL（Hughes Research Laboratories）实验室制造的样品——一块看起来像金属海绵的镍。她把材料放在我的手上，我根本感觉不到重量，这种视觉和触觉的矛盾十分有趣，这块"金属"居然在我手中比羽毛还轻。HRL之前隶属于休斯航空公司，现为波音旗下的研究院，2015年年底波音公司宣布将HRL研发的"世界上最轻的金属"投入飞机零部件的运用研究。如果飞机机舱门和内壁都采用纳米晶格金属材料的话，飞机重量将大为减轻，燃料使用效率将大幅提高。HRL构架材料组经理比尔·卡特（Bill Carter）说道："现代建筑有许多优秀的杰作，埃菲尔铁塔、金门大桥凭借精巧的架构设计达到了让人难以置信的轻重量和稳固。我们正是把现代建筑的精巧设计搬到了微观世界，同样实现了惊人的轻量金属。"HRL的研究员们目前正在努力实现金属纳米晶格的各种应用，包括化学催化剂、声学、减震等。[2]

格里尔改造的扫描电子显微镜：组装的两只机器手在观察显微镜的同时可以按压弯曲纳米结构材料。

用来储存纳米晶格的托盘。

格里尔在自己的实验室手捧金属晶格结构的模型。

这块比羽毛还轻的镍纳米晶格展现了纳米结构材料的新奇特性，但同时也显示了目前的困境所在：格里尔和她的合作伙伴们无法制造出比手掌更大的纳米结构材料。

格里尔对不同的材料尝试了她的纳米结构制造法。归功于新奇的材料特性，找她合作的公司排起了长队。在发光二极管表面上覆盖纳米晶格可以精确控制光的流量，在绝热材料中加入纳米晶格可以精确地控制热量的流动。她和两家电池制造商合作致力于提高电池能量的密度；她和一个生物团队合作，期望制造出纳米晶格来引导人体骨头（比如耳朵中的耳小骨）的生长；在 2015 年年底的 TED 上，格里尔打趣道："我们的终极目标是做出巧克力纳米晶格，相同的大小，相同的巧克力口感，里面 99.9% 都是空气，在享受巧克力的同时无需担心减肥，因为你只摄入了 0.1% 的卡路里。"[3]

想要实现如此丰富的应用自然不容易，她还得优化并加快高分辨率激光打印的速度。格里尔展示的 6 平方毫米的陶瓷纳米晶格薄片跟普通办公室纸张的厚度一样，却要耗费一周的时间来制造。

"做科研试验不是重复次数越多越好"，格里尔说，"关键是我们一次能不能做个大的。"

背后的英雄

不难看出，这些创新者的方法都是使用 3D 激光光刻制备有机物的结构模型，在模型上覆盖金属或陶瓷材料后除去有机物。说是 3D 激光光刻成就了纳米晶格材料，一点都不为过。

熟悉半导体的人对光刻一定不会陌生，在半导体材料覆盖的一层光敏材料——光刻胶，在光罩的遮挡

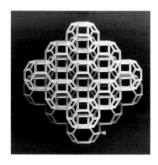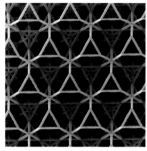

如图展示了精确调控的纳米材料中的不同图案，每种形式的材料特性也略有不同。

下，一部分光刻胶暴露在射到半导体的紫外线上。由于紫外线对光敏材料特殊的作用，被照射的有机物会分解或者硬化，分为正型和反型光刻胶。这些留下的光刻胶继续作为物理罩，为后续在半导体上刻蚀图案做准备。

3D 激光光刻中，类似光刻胶的有机物在激光的照射焦点处聚合固化，通过对激光的精确调控，纳米尺寸的任意形状有机物都能被快速"打印"出来。所以编者认为，能否制造出大尺寸的纳米晶格材料取决于 3D 激光光刻的打印尺寸。纳米结构材料的进步离不开台前努力的材料科学家，也离不开提升定义纳米材料尺寸的光刻机的工程师们。

专家点评

黄 玡

博士，原卡尔斯鲁厄理工学院纳米研究所研究员

结构性工程材料经常会采用镂空的办法来减轻自重，以方便运输，实现节能。随着计算机技术的飞速发展，在各类 FEA（有限元分析）和 CAD 软件的推动下，设计师们更是想方设法将这一点做到极致——即用最少的材料来最大限度地保证应有的力学强度。

此外，多孔陶瓷材料因具有低密度、高比表面、耐高温、抗腐蚀、隔热性好等优点，被广泛用于催化剂载体、吸音材料、隔热材料、生物工程材料等领域。

这项 2015 年发明的纳米陶瓷结构材料，其本质也是一种多孔陶瓷材料，但是在科学家们的精确设计下，具备了近乎极限的"力学性质 / 自重"比。同时，由于材料的厚度不到 10 纳米，因此确保了极低的缺陷密度，使得在常规尺寸下非常"易碎"的陶瓷材料也具有了良好的韧性。

纳米结构材料的应用范围将会非常广泛，但生产成本可能是大规模生产的最大瓶颈。若是激光 3D 光刻成本下降到工业化可接受的范围，或是生产实现自组装，那么这样的纳米结构材料将会迅速被大量应用于各个领域。

Vehicle-to-vehicle Communication
车对车通信

车对车通信（V2V）技术可以把汽车的位置、速度、制动状态等数据无线传递给百米范围内的车辆，接收数据的车辆就可以对周围的环境绘制一个详细情况图，从而可以避免车辆发生碰撞。即使司机再谨慎或者传感器再灵敏，也总有力所不及的时候，而 V2V 通信却可以眼观六路、耳听八方。V2V 通信要比最近很火的自动驾驶技术更有潜力。自动驾驶确实比较安全，但它还不够完善，技术也不够成熟。面对诸如坏天气、意外障碍、复杂的城市交通等情况，自动驾驶的传感器与软件很容易出错。而用无线技术把汽车连接成通信网络似乎更有效。该技术入选《麻省理工科技评论》2015 年度 10 大突破性技术之一。

作者：威尔·奈特（Will Knight）

突破性技术

车辆间相互交流以避免车祸。

为什么重要

每年全球死于道路交通事故的人数超过百万。

主要竞争者

- 通用公司
- 密歇根大学
- 美国国家公路交通安全管理局

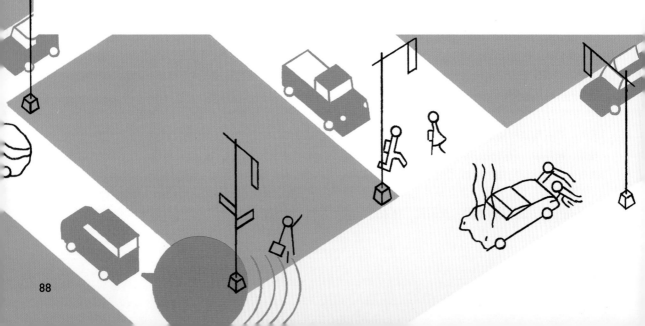

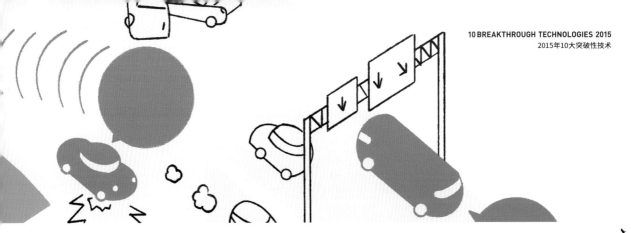

车对车通信（V2V）到底是什么？简单地说，第一代的 V2V 系统只会对驾驶员发出警告，而不会直接操控车辆。随着技术的进步，将介入车辆转向和刹车等紧急时刻的避险操作，并最终逐步实现完全自动驾驶。

V2V 通信系统由一套无线网络构成，车辆之间通过它来传递信息，以实时了解其他车辆的动向。数据包括速度、位置、方向、刹车、稳定性等信息。V2V 技术使用专用短程通信（Dedicated Short-Range Communications，DSRC），一种由联邦通信委员会（FCC）和国际标准化组织（ISO）定义的通信技术标准。有时候 DSRC 也被描述成一种 Wi-Fi，因为它的工作频率在 5.9GHz，与 Wi-Fi 网络类似，但准确地说，DSRC 是属于一种"类 Wi-Fi"制式。覆盖范围约 300 米左右。

V2V 是一种网状网络，意味着每个节点（汽车、智能交通设施）都可以发送、接收、传递信号。由 5～10 个节点组成的网络就可以预告 1.6 千米外的交通动向。哪怕是最粗心的驾驶员，在这种提前量下收到

警告也会松开油门。

当 V2V 技术装备第一辆车时，可能只是仪表盘上的一个警示灯，或者紧急情况下的报警声。目前，因为 V2V 还是处于概念及试验阶段，缺少相关法律规范，所以仅仅是在几千台试验车上运行，这其中就包括中国的长安汽车。

《麻省理工科技评论》的记者也对长安汽车位于美国的研发中心进行了专访和体验。虽然在中国国内还未出现相关技术标准，但该公司透露可能在 2018 年实装车对车通信，这比很多美国厂商都要超前。

长安汽车是一家位于中国西南地区重庆市的国有汽车制造商，其设在美国密歇根州普利茅斯的研发中心正在对"车对车"（V2V）与"车对基础设施"（V2I）技术进行测试。该公司并未在美国市场销售汽车，且表示无意进入美国市场。但其正在美国进行的测试表明了他们非常看好这种技术在未来中国市场的前景。

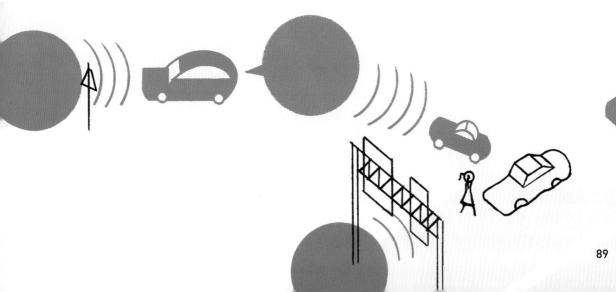

图中显示的是谷歌自动驾驶汽车顶部的光学雷达捕捉的 3D 数据, 小图是汽车前置摄像头捕捉的画面。

车对车技术最早出现在美国和欧洲国家，是一种低成本且有效的车辆防撞与交通流量管理方式。配备了这种技术的车辆会进行有用信息自主广播，包括位置、速度、行进方向。车载电脑会分析这些信息，对即将发生的碰撞进行预判断，从而发出警示。有些公司还在开发海关通信系统，以使商用车辆能高效快速地通关。

由于该技术在密歇根州安阿伯市上千辆车上的成功实践，美国交通部有望在 2016 年晚些时候颁布相关技术标准。这项技术将于 2017 年首次装备卡迪拉克的一款高端车型，最终可能在全美生产的新车中进行推广。中国的路线图相比之下显得不太清晰，虽然政府在进行车对车技术的研究，但并未有实际应用的迹象。

记者在安阿伯市亲自体验了长安汽车，是一辆型号为 CS35 的小型 SUV，配备了车对车技术及车对基础设施技术。这辆 SUV 安装了无线发射器和接收器，并与仪表盘上的一台安卓平板电脑相连接。当一辆同样装备了该技术的汽车从存在盲区的路口快速接近时，车辆发出了警示。另一次警示发生在车辆通过急弯速度过快时，这得益于附近一路灯发出的信号。

车对车技术面临的一个问题是：需要花很长时间来推广普及。中国现在虽然是全球最大的汽车消费市场，但机动车人均拥有量仍远远低于美国、欧洲国家和日本，且技术发展也略显滞后。

来自卡内基梅隆大学的博士生约翰·哈尔维斯顿（John Helveston）主要研究中国的电动车市场，他说外国汽车厂商在中国占主导地位，且更倾向于销售技术相对较老的产品。即便国内厂商有心开发车对车系统，"如果每 100 辆车中仅有 5 辆能进行通信，这项技术也没有什么实际价值了。"他说。

相对当前的 OEM 预埋系统，V2V 通信被期望能够在车道偏离、自适应巡航控制、盲点侦测、后方停车声波定位、备份照相方面发挥更多的作用。因为 V2V 技术开启了对四周威胁的 360 度智能感知。V2V 通信成为智能计算不断壮大的应用趋势——物联网的分支部分。

在美国，V2V 是智能交通系统的一个重要部分，是被美国交通部和国家公路交通安全局支持的理念。智能交通系统将会利用 V2V 通信数据来提高交通治理水平，并且允许车辆与路边设施如交通灯和警示牌通信。这项技术在不久的将来会强制执行并用来协助全美的无人驾驶汽车。

V2V 通信和智能交通系统的实现目前还存在三个主要的障碍：汽车厂商对于标准的反馈意见、个人数据隐私安全，以及是否有足够的经费投入商业化技术研发。

《麻省理工科技评论》认为，V2V 技术比无人驾驶汽车更容易实现，后者是承诺改善司机及车辆安全的另一种技术，自动驾驶汽车最终可改善安全，但现在依然不够完美，因为传感器和软件非常容易受到恶劣天气、意外障碍、环境以及复杂的城市路况的影响。而简单的汽车无线网络很可能提供更高效的公路安全。

除了法律法规有待完善外，从技术上讲，要创建 V2V 通信网络也面临着不小的困难。车载计算机要有每秒 10 次的频率处理，接收到的数据才能准确判断汽车可能发生碰撞的概率。同时，为了确保汽车接收信息的真实性，发射器要采用特定的无线频谱

和新的 802.11p 无线标准。

美国每年发生超过 500 万起公路事故，其中超过 3 万起是致命事故。有效地避免交通事故的发生无疑具有非凡意义，而这也是 V2V 通信网络技术的发展动力。

2012—2014 年间，美国高速公路安全管理局（NHTSA）联合密歇根大学在 3 000 辆车上装了实验发射器。通过研究这些车辆的通信记录，HHTSA 的研究者推断这项技术可以使美国的交通事故每年减少 50 万起，还可以避免超过 1 000 起死亡事故。正如密歇根大学交通运输研究所的项目主管 John Maddox 所言：V2V 技术彻底改变了我们的驾车方式。

当然，路漫漫其修远兮。通用汽车公司已经准备在其 2017 款的凯迪拉克中应用这一技术。但是，第一批凯迪拉克肯定是孤独的，能够与之相互通信的车辆不会太多。这会限制车辆通信技术的发展。汽车通信技术要想成为主流，恐怕至少还要再等上几年。

专家点评

刘云璐
阿里云研究中心专家

通信技术的发展，特别是传输时延、可靠性的提高，让 V2V 技术成为可能，并成为智能交通的重要支撑，对于未来大幅降低交通事故有着重要意义。

V2V 目前还处于研究及试商用阶段，制定和采用业界认可的统一的行业技术标准，是 V2V 大范围商用和发挥安全防护作用的核心。统一的行业技术标准，不仅包括性能参数的统一，很重要的一点是实现跨品牌车之间的互联互通。不然，V2V 技术的作用将被大大削弱，仅仅成为一个噱头。因此，还需要车企和各国政府及行业组织的通力合作和推动。

并且，符合 V2V 技术标准的车载处理器、通信模块的研发和商用，是 V2V 技术的基础。从初始阶段的给驾驶者辅助信息，到直接用于控制汽车的行为，也需要通信传输时延、可靠性，以及处理器速度的保障和提升，是各项技术综合发展的结果。

此外，信息安全和个人隐私的保障也是 V2V 技术大规模商用和发挥安全防护作用需要面临和解决的重要问题。

Project Loon
谷歌气球

谷歌气球计划是一个充满野心的项目，试图用漂浮在平流层的氦气球为偏远地区送去互联网，入选《麻省理工科技评论》2015 年度 10 大突破性技术之一。

撰文：汤姆·西蒙奈特（Tom Simonite），汪婕舒
摄影：RC·里弗拉（RC Riverra）

攀上 170 级积着厚厚灰尘的木质楼梯，登顶加利福尼亚州山景城附近墨菲联邦机场的二号机棚，这高高的房梁是欣赏谷歌公司这个古怪项目的最佳场所。这座巨大，灯光昏暗的停机棚建于 1942 年，在战时用来存放飞艇，它同时也见证了美国逐渐成长为科技霸主的过程。而谷歌公司的这个最新计划也是美国科技统治地位近年来的又一大例证。

地面上的工作人员和悬着的一对大气球相比，好似蚂蚁一般细小。这两只气球每只直径 15 米，远远望去好像两个白色的大南瓜。谷歌已经发射了好几百只这样的充着氢气的大气球。就在此时，数十只气球正漂浮在海拔 20 000 米处的平流层飞越南半球。这是个飞行器罕至的高度，几乎是普通民用飞机飞行高度的两倍。每个气球都携带了一个小箱子，配备有太阳能电池板和电子设备。这些电子设备将为地面带去无线通信网络，为覆盖范围内的智能手机和其他设备提供蜂窝数据信号。这就是我们所知的"谷歌气球"计划（Project Loon）。用 Loon 来命名这个计划包含了两层意思：一曰飞翔，二曰疯狂（译者注：loon 这个英语单词有两个意思——潜鸟和疯子）。

谷歌认为这项计划无论从经济层面还是从政治层面来说都意义深远。全世界有将近 60% 的人口还无法连上互联网，因为这 43 亿人中的大多数都住在

突破性技术

用稳定可靠并且价格低廉的方法从空中向偏远地区送去互联网服务。

研究动机

互联网将会给 43 亿"离线人口"带来大量教育和就业机会。

主要研究者

- 谷歌
- Facebook

图中的气球已经充入氦气，这个充气量可以让它们飞达平流层。气球通过"内
气囊"来控制升降：充入空气则气球下降，反之则会上升。

谷歌气球携带的箱子重达 15 公斤，里面
配备了可遥控的电脑以及与地面互联网
连接的电子装置

偏远地区，电信公司认为在那些地方投资修建基站等基础设施是毫无意义的。谷歌气球计划将为这些人带来福音。经过4年的不懈努力和研究，谷歌气球的试飞里程超过了300万千米，如今它们准备大展宏图。

对于一家大型上市公司而言，仅仅出于对世界最贫困人群的关心来建造大量基础设施听起来是很荒谬的。但是对于像谷歌这样主要盈利来自广告的网络公司，除了帮助和改造世界以外，还有更多的其他理由促使它去实施谷歌气球计划。它其实非常深谋远虑：要再去找一个像美国这么大的互联网市场是非常困难的，这些被"拉上线"的数十亿人口是一个宝藏，从他们身上可以挖掘出更多的广告价值。正因为如此，谷歌气球甚至还有了它的竞争对手：另一家互联网企业"脸书"（Facebook）于2014年收购了一家太阳能无人机制造公司，自此脸书也开始开展它自己的空中互联网基站计划。

谷歌的全球社会工程计划已经开展得非常深入了。它用气球携带蜂窝数据基站做了一系列测试，成功地为巴西、澳大利亚以及新西兰偏远孤立地区的人们带去了高速互联网。麦克·卡西迪（Mike Cassidy）是谷歌气球计划的项目主管，他认为，现在时机已经成熟，他们已经拥有了价格低廉并且稳定可靠的技术，正在计划全面启动谷歌气球计划。他希望发射足够多的气球，这样就可以在多个地区测试"不间断"的互联网服务。而商业配套将迅速跟上，谷歌预计蜂窝数据供应商会租用它的气球，以扩张自己的网络。如果一切按照设想的来进行，全世界无

这个气球在实验中被故意过量充气引爆，以此来寻找气球材料的缺陷

谷歌气球可以通过缓慢放气来降落，同时它也配备了降落伞以应付紧急情况

网可上的人口将会迅速缩减。

气球技术革命

2012 年，谷歌的秘密实验室"X lab"在加州的中央谷地（Central Valley）首次发射气球。当时，气球所携带的盒子上面印着大写的"无害科学实验"的标语，旁边还印着一个电话号码以及一行字"捡到归还，必有重谢"。盒子里面是一个改造过的商用无线路由器。制造气球的是两个从时装界挖来的裁缝，所需的全部材料都是从各种硬件商店里买来的。

谷歌气球计划现在看起来已经越来越不像是个科学项目了。谷歌于 2013 年开始联手一家名叫 Raven Aerostar 的气球制造商。Raven Aerostar 全情投入为谷歌气球制造可膨胀的气球蒙皮，为此它先扩建了一家自己的工厂，后来又新开了一家。同年 6 月，谷歌公开承认了气球项目的存在，并且报道了第一次小规模的实地试验。在这次试验中，谷歌气球为新西兰偏远地区的人们提供了互联网服务。到了 2014 年，项目的重心只有一个：将笨拙的原型机转变成一项实实在在可以扩张全球通信网络的技术。

气球计划的负责人们本想买断自己的无线电频段，以使得他们的网络独立于现有的无线网络系统，但是这个提议被谷歌当时的 CEO 拉里·佩奇（Larry Page）否定了。佩奇认为，谷歌气球的运营方式应该是将气球租赁给无线网络运营商，让它们自己去在地面搭建天线，并使用它们自己的无线电频段与气球进行通信，以此组成通信网络。这个决定让谷歌省下数十亿美元的频段买断费，同时还和许多潜在的竞争对手化敌为友。"现在所有的电信公司都想要和我们合作。"卡西迪说。

谷歌对于平流层飞行器作出了许多重大改进，其中最重要的是研发了一项技术，可以在数千千米的范围内对这些无动力气球进行导航。平流层在过去一般只有气象气球和侦察机才会上来玩耍。这里高于云层，不受雷电和民用机的干扰，但是风却很大，有时候风速会高达 300 千米/时。而稳定的无线网络服务就意味着必须保证每个覆盖点的 40 千米内至

少有一个气球。

谷歌用电脑建模的方式解决了这一难题。平流层内每一层风的速度和方向都不一样，因此只要改变气球的高度，就可以顺着合适的风，把气球送到谷歌想要它去的地方。气球的高度控制可以由气球内气囊的充放气来实现。谷歌的数据中心将美国国家海洋和大气管理局（U.S. Oceanic and Atmospheric Administration）的风力和风向预报转化为平流层风向风力图，这样就可以通过软件来控制气球的走向了。"问题的关键在于找到那阵神奇的风，"谷歌气球导航系统的软件工程师约翰·玛特（Johan Mathe）这样说道。用这样的方法，整个气球"舰队"就可以相互合作，让某个特定的区域上空总会有一个气球存在。

初版的导航系统每天给气球发送一次指令。这个导航系统可以领着从新西兰发射的一个气球进行一段这样的旅程：气球先在高空闲逛一阵，然后随风向东一路飞越太平洋，然后改变高度，搭乘最快的风，最后到达智利，全程 9 000 多千米。但是初版系统的导航精度是个大问题，误差可能高达几百千米。由于这个原因，谷歌当时在新西兰等地测试互联网服务时，就只能要点小手段，直接在试验地附近发射气球以确保信号覆盖到试验地点。谷歌在 2014 年下半年升级了气球导航系统，指令的刷新频率变成了 15 分钟一次，大幅提升了导航的精度。到了 2015 年初，有气球在导航系统的引导下飞行了 10 000 千米，离最终目标基站的误差仅有 500 米。

除了导航系统以外，谷歌还必须提高气球的强度，让气球能够在平流层停留更长的时间，因为这将直接关系到整套系统的运营成本。然而，出于限重的考虑，气球的蒙皮必须做到尽可能的薄。用聚乙烯塑料做出来的气球看起来就像个笨重的垃圾袋，用手一戳就破。不仅如此，工厂里面扬起的沙子可能会轻易地在气球膜上留下一个个针孔大小的窟窿，这样的气球上天以后恐怕坚持不了两周。

气球项目里有一个专项小组专门解决漏气问题。这个小组的成员们四处搜寻每一种漏气的可能性并找

谷歌众多的气球升级方案之一：用更便宜的氢气取代氦气，同时给气球装上马达，使得太阳能电池板能始终朝着太阳（照片摄于停机棚的房梁上）

出应对方法。他们仔细研究从平流层里回收的气球，反复观看地面上故意过量充气引起气球爆炸的录像，并且还发明一个"漏气探测仪"，通过探测氢气的方法来寻找气球上的小洞。防漏小组的研究结果直接导致气球蒙皮的设计和生产过程发生了一系列改变，比如工人们踩在气球蒙皮上时必须穿上松软的袜子，而一些新的机器也被投入到生产中以实现某些步骤的自动化。早些年在苹果生产部工作过的马赫什·克里什纳斯瓦米（Mahesh Krishnaswamy）现在负责监督谷歌气球的生产，他说谷歌打破了气球工业几十年来一成不变的局面，引入了许多革新。这些努力最终显出了效果。2013年夏，谷歌气球在天上待8天就必须回收，而现在气球在空中的平均停留时间超过了100天，大多数气球都能超过这个数字。2015年，一个气球甚至绕地球转了19圈，在天上足足待了187天。[1]

谷歌在气球的有效负载和电子器件的设计上也做出

了许多改善，但是问题依旧不少。其中一个问题是如何完善气球间的无线电或激光通信。这一点非常重要，因为只有这样才能通过这个空中通信链条将数据传送到远处的地面基站，覆盖更广的区域。而且，通过彼此交流位置信息，气球的运动控制会更加自动化。而要让一个气球向80千米外的另一个气球传输数据，它们必须非常精准地朝向彼此，误差不能超过0.1度。

卡西迪认为，现在的技术已经足以确保开始全球范围内的平流层互联网服务试验了。2015年以来，他们做了很多试验工作。2015年，谷歌在南半球绕地球一周的狭长区域测试了"准连续"的互联网服务。选择南半球的一部分原因是因为南半球的国家比较少，需要获取的许可证也相对较少。尽管这条狭长地带大部分是海洋，谷歌依然发射了100个气球绕着地球转。"在90%的时间里，这片区域的人们头顶上或许都至少有一只气球经过，并且可以使用它的服务。"卡西迪如是说。至于网络的速度，谷歌 X lab 负责人阿斯特罗·特勒（Astro Teller）在 2016 年的一次 TED 演讲中介绍说，谷歌气球传输网络的速度已达每秒 15M，甚至可以用来观看网络视频了。[4]

2016 年年初，谷歌气球开始在斯里兰卡进行测试，总共放飞了十几个气球。斯里兰卡共有 2 000 万人口，但只有 330 万人拥有手机网络，63 万人拥有固网连接[2]。目前，这个测试项目进展十分顺利，预计最多只需花费一年，就能正式投入运营[3]。斯里兰卡电信与电子基础设施部部长哈林·费尔南多（Harin Fernando）说，如果试验成功，斯里兰卡将继梵蒂冈之后，成为全世界第二个全境覆盖 LTE 网络的国家。[2]

除了斯里兰卡之外，印度也是一个巨大的潜在市场。根据印度互联网与移动通信协会的数据，印度目前共有 4.02 亿互联网用户，仍有 2/3 的人口无法上网。因此，谷歌正在与印度几家电信运营商共同商讨合作计划。2015 年，印度政府曾对该项目表示了担忧。而且，脸书的印度互联网项目由于只向用户提供非常有限的网络服务（其中当然包括了脸书自己的服务）而遭到诟病，被指违反了网络中立原则，导致当地电信监管部门于 2 月份屏蔽了该服务[4]。但谷歌气球的运营模式或许能规避这个风险，因为他们只和当地运营商合作，而不会开辟自己的频段。近期，现任谷歌母公司 Alphabet CEO 的桑德尔·皮蔡（Sundar Pichai）与印度总理纳伦德拉·莫迪（Narendra Modi）进行了会谈，或许能为气球计划打开绿灯[5]。2015 年 10 月，谷歌还宣布与印度尼西亚的三家电信运营商达成合作，准备为印尼的 17 000 座岛屿带去互联网。[6]

应用前景光明

"虽然只有几分钟，但那是非常美妙的几分钟。"希瓦娜·佩雷拉（Silvana Pereira）这样说道。佩雷拉是巴西东北部偏远地区一所小学的校长。她回忆起 2014 年夏天的一堂特别的地理课。多亏了那只高高漂浮在平流层的气球，这里的学生们在课堂上用到了互联网。佩雷拉所在的这片地区向来是无法上网

的，而在那节关于葡萄牙的地理课上，老师借助维基百科和在线地图向孩子们传授了更多的知识。"孩子们是如此的好学，课堂上的 45 分钟时间对他们来说还不够，他们想要获得更多的知识。"佩雷拉说道。

佩雷拉的小学其实和一座人口上百万的城市只相距 100 千米，但是贫穷和人口稀疏导致巴西没有任何电信公司愿意在这里投资一座基站。谷歌气球的目标就是改变这一切。卡西迪说，一个谷歌气球可以同时连接数千个用户，而它一天的运行费用只有几百美元。然而谷歌公司没有说明搭建整套系统的费用，甚至没有透露到底有多少人参与了谷歌气球计划。

卡西迪完全不担心他的气球在与无人机和卫星的竞争中落于下风。谷歌和脸书都在开展无人机计划，旨在用高空无人机向地面发送无线网络。而 SpaceX 公司的 CEO 伊隆·马斯克（Elon Musk）正在探索用卫星实现这一目的。目前，无人机和卫星的进度都远远落后于谷歌气球计划，而且相比之下，无人机和卫星的成本要高得多。"在很长一段时间里，气球都会保持相当大的成本优势。"卡西迪说道。不过，谷歌看起来准备全面开花。除了投资气球和无人机以外，它还于 2015 年 1 月向 SpaceX 注资 9 亿美元。

技术瓶颈并不是让这 43 亿人上不了网的唯一原因。举个例子，印度互联网与社会研究中心（Centre for Internet and Society）的执行主管苏尼尔·亚伯拉罕（Sunil Abraham）说，印度政府明文规定所有电信公司不分富人区和贫民区，都必须覆盖上网。然而政府并没有贯彻并且确保这条规定得以实施。这个研究中心是位于印度班加罗尔的一个智囊团，长期为政府提供专业意见。基于谷歌等互联网公司过去在发展中国家的所作所为，亚伯拉罕对于谷歌气球计划抱着谨慎的态度。这些互联网公司与印度等国家的电信公司达成协议，让这些公司可以免费使用它们的服务，以此来削弱当地其他同行的竞争力。"所有带着钱包和新技术来的人，我都表示欢迎。"亚伯拉罕说。但是他又补充道：政府必须制定并完善相关法律和规定，确保除谷歌和它的合作伙伴以外的所有人都能从中获益。

目前，谷歌气球还正与脸书合作，推动国际电信联盟（ITU）对监管法规进行修改。ITU 管辖着地球轨道上的无线电频道，对平流层的商业项目并不友好。据脸书互联网无人机项目"天鹰座"（Aquila）的工程主管耶尔·马奎尔（Yael Maguire）透露，目前他们已经取得了一些进展，但并不知 ITU 何时才会做出正式的改变[6]。谷歌也正在向美国联邦通信委员会 (FCC, Federal Communications Commission) 申请许可，以便今年可以在美国的 50 个州和波多黎各

测试毫米波无线频段的实验设备，实验预计将持续 24 个月。[7]

谷歌气球计划的参与者们坚信这个项目一定可以为公众带来益处。"让人们活得更好"这个信念对他们的重要程度，甚至不亚于他们对气球技术的极致追求。回想起佩雷拉的学生们在接通了互联网以后上地理课时快乐的样子，卡西迪的语气有点激动。"世界将会因此改变，"他说。

专家点评

陈禹杉
麻省理工企业合作（MIT ILP）中国协调官

"谷歌气球"计划目前已累计飞行了超过 300 万千米，成功地为巴西、澳大利亚、新西兰等国家的偏远地区的人们带去了无线互联网服务。目前，全世界约有 43 亿人还无法接入互联网，谷歌希望通过这些飘荡在 2 万米高空的气球，为他们带去了解这个世界的可能。

当然，谷歌不是慈善家，作为一家主要收入来自在线广告的网络科技公司，谷歌此举意在一个由数十亿用户组成的互联网市场。现在需要做的，就是为他们提供便捷的网络连接，将他们"拉上线"，从而再发掘更大的市场价值。

这一点并非只有谷歌能想到，空基通信的相关研究

在近几年十分活跃。典型的空基通信包括气球、太阳能无人机、卫星等。Facebook 和 SpaceX 目前就正在着手分别通过无人机和卫星来提供网络服务。

但空基通信由于载体不同，其稳定性也不一样。例如，谷歌的气球在平流层无法静止，所以位置无法控制，甚至还会出现聚集效应。而且，如果多个气球过于靠近，会产生严重干扰。比较而言，太阳能无人机表现稍好，但对飞机本身的设计要求非常高。此外，无线损耗与距离成平方反比关系。20 千米位置的气球和数百千米位置的卫星距地面都太远，损耗太大。

所以，目前认为空基通信只能作为地面网络的辅助，而不是替代。

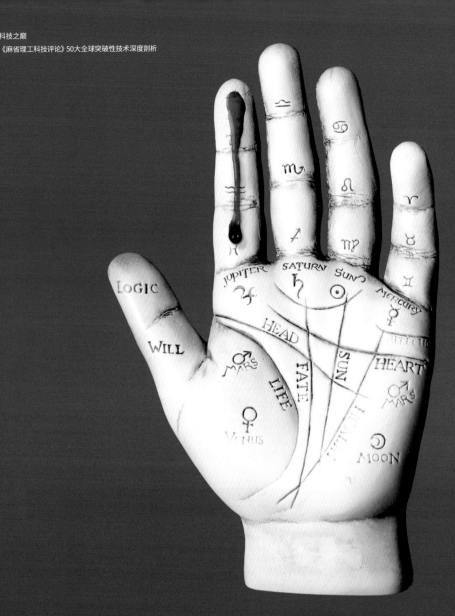

The Liquid Biopsy
液体活检

在肿瘤诊断学中，CT 等影像学检查是二级诊断；对肿瘤组织或者肿瘤细胞做病理诊断或细胞学诊断，为一级诊断，是确定治疗方案的依据。肿瘤穿刺是获取癌细胞的重要方法之一，是临床常见的创伤性检查手段，例如肺部穿刺活检就是一个侵入性的痛苦过程，对年迈的病人来说尤甚。一种全新的检测手法——液体活检正在走进人们的视线。简单而言，液体活检就是在采集病患的血液样本之后，快速检测其中肿瘤细胞的 DNA 以判断病情的方法。因为部分肿瘤细胞甚至整个细胞会脱离原始肿瘤细胞，进入血液，血液活检应运而生。这给检测癌症带来福音，而且人们不必做痛苦的穿刺来获取癌细胞做进一步的检测。更重要的是液体活检能够显示肿瘤患者整体的病情，并且还十分高效，能够及时反馈病患当下的病情。凭借这样的特点，液体活检入选《麻省理工科技评论》2015 年度 10 大突破性技术之一。此项技术的学界代表是中国香港的卢煜明（Dennis Lo）医生，他研究此项技术已有 20 多年的时间。

作者：迈克尔·斯塔达尔特（Michael Standaert），杨一鸣癌症早已成为世界性的健康议题，在一些较为拥挤的城市，比如北京，癌症已经被认为是最常见的人类杀手。空气污染、居高不下的吸烟率，以及由工业污染毒害而导致的声名狼藉的"癌症村"，都使得全世界范围内的死亡率持续上升。在这个大环境下，检测癌症的技术就显得尤为重要了。一般准确确诊癌症的病情需要病患做活体穿刺检查，就是直接从病患体内获取肿瘤组织，然后进行化验。在肿瘤诊断学中，CT 等影像学检查是二级诊断，活体穿刺获取肿瘤组织或者肿瘤细胞做病理诊断或细胞学诊断，为一级诊断，是确定治疗方案的依据。可以说，肿瘤穿刺是获取癌细胞的重要方法之一，是临床常见的创伤性检查手段。

何谓活检？

活检技术其实已经有 1 000 多年的历史，最早的活检是阿拉伯医生阿布卡西斯（Abulcasis1013-1017）开始使用的，他用此项技术帮助诊断病患甲状腺肿大的病情。活体组织检查（biopsy）简称"活检"。这是一种根据诊断、治疗的需要，从患者体内切取、钳取或穿刺等取出病变组织，进行病理学检查的技术。这是诊断病理学中最重要的部分，对绝大多数送检病例都能做出明确的组织病理学诊断，被作为临床的最后诊断。

虽然活检技术能给医生最直观的癌变组织的信息，

突破性技术

新发明的血液检测能使得癌症的检测更加超前。

为什么重要

癌症的致死率极高，每年将带走世界上八百多万人的生命。

主要研究者

- 卢煜明，中国香港中文大学
- Illumina
- 博特·万根斯坦（Bert Vogelstein），约翰·霍普金斯大学

但是活检技术在癌症诊断方面其实有很大的局限性。第一，癌症患者的肿瘤往往不止一处，对于癌细胞已经在体内发生转移的病患而言，只对一个部位做穿刺，并不能反映病患的整体病情，而对所有的肿瘤都做穿刺取样又不切实际；第二，某些病患并不适合做活体穿刺，例如年迈的病患，活体穿刺对于年迈的病患往往是影响很大的，有可能加重他们的病情；第三，活体穿刺有滞后性，获取病变组织之后的分析过程往往跟不上病患的病情发展，这对病患的治疗极其不利。因此，对于癌症的诊断和检测技术有更高的要求。

相比之下，液体活检这种仅靠采集几滴人类血液来测序 DNA 就能检测癌症的技术简直就已经赢在起跑线上了。首先，液体活检不会对病患造成身体上很大的刺激，其次，该技术的核心环节——DNA 测序技术在最近几年也得到了长足的发展，分析出结果的速度大大提高，能及时反馈病患的病情。在美国马萨诸塞州波士顿达纳法博癌症中心，就有一个典型的案例：他们给一位 80 岁的老奶奶做了血液活检。此前她已经做过穿刺治疗，并发现癌症已经转移。血液活检在不到一天的时间里，就发现了产生微量突变的肿瘤 DNA，正是这种突变导致肿瘤产生耐药性。正好此时有一种靶向治疗这种突变的药物正在进行临床研究，老奶奶随即参加了这项研究。而且幸运的是，她的病情得到了缓解。

唯一令人担忧的是液体活检的准确度，因为流入血液的肿瘤细胞或者肿瘤细胞的 DNA 并不是很多，能被检测到的也是少之又少。不管从检测概率还是从统计学原理上来看，它的准确度都令人怀疑。然而杰克·托马斯·安佐卡（Jack Thomas Andraka）发明的胰腺癌检测试纸让人们消除了这一层疑惑。这种看似普通的试纸可以检测血液或尿液中间皮素（Mesothelin）的含量，并以此确定病人是否为胰腺癌的早期患者。该方法检测中间皮素存在与否的精确度超过了 90%。而据杰克本人所言，该方法比现行的诊断方式快 168 倍（只需 5 分钟就出结果），是现行方式价格的 1/26 000（只需要 3 美分），准确度却提升了 400 倍。这种方法虽然和本文介绍的液体活检技术有些出入，不过理论上还是统一的，

都是先获取病患的血液或者尿液，再检测其中某些特定的物质来辅助诊断病情。杰克发明的"测癌试纸"也是十分成功的液体活检技术。

来自中国香港的液体活检大师

中国香港的卢煜明医生，在"液体活检"（liquid biopsy）的技术上已经钻研了快20年。20世纪80年代，卢煜明医生曾在牛津大学求学，他是第一位发现女性在怀孕期间，其胎儿会将自己的一部分DNA释放到母体血浆中的人，他也因此而为人熟知。该研究成果于1997年首次发表，近些年来，该技术已为唐氏综合症提供了更安全和简便的产前筛检。到目前为止，已有超过一百万名孕妇接受了检查。

如今，卢医生正与世界各地的实验室展开竞争，希望能在基于简单抽血来筛检癌症上，重现之前那样在科学和商业上双赢的成功。这是可能的，因为垂死的癌症细胞也会将其DNA释放到人类的血液中。早期，它的数量微乎其微——还会被同样在体内循环的健康DNA所遮蔽，因此我们很难检测到它们。但是卢医生认为，此项研究的目标很简单：每年进行血液检测，在癌症还可治愈时就发现它。

卢医生所在的医院参与了两项大型研究，他们希望证明DNA分析也能作为一种筛检。研究人员正在追踪100名乙肝病毒携带者，以此来观察DNA检测是否能在使用超声波检测之前就发现肝脏肿瘤。一项规模更大的研究是关于鼻咽癌的，它常发生在鼻咽腔顶部。这种癌症在世界其他地方都很罕见，然而对中国南方的男性而言，每60人中就有1人会患上这种疾病。

这种癌症似乎与南方人嗜吃咸鱼的习惯有关，当然也与遗传易感性和感染EB病毒（Epstein-Barr）有关——该病毒会导致单核细胞增多。据卢医生说，这种病毒的存在使情况变得特殊。他开发的测试便是寻找容易识别的病毒DNA，因为垂死的癌细胞会将它们释放到人体的血浆中。

该研究在中国香港招募了20 000名健康的中年男性，现在已完成了一半。在最早进行筛检的10 000名男性中，研究人员筛选出了17例癌症病例——其中13例处于I期，即癌症的最早阶段。现在，这其中的几乎所有人都已经通过放射性治疗击败了癌症。当患者在发现显著症状才向医生寻求帮助时，比如在颈部发现了肿块，那么他们的成活率一般都小于70%。"他们会像往常一样走在路上，却不知道自己身上揣着一颗会爆炸的定时炸弹，而我们现在就能提前警告他们了。"卢医生说。如他设想的那样，每一位中国南方的男性都可以进行筛检。中国香港的一家私人医院已经开始提供此类检测。"我们相信这可以挽救生命。"他说。

现在，卢医生的实验室正与其他机构的科学家们展开竞争，这其中就包括约翰·霍普金斯大学。他们想看看这些想法是否都能转变成通用的测试，可以适用于任何一种癌症的检测，而不只是应用在涉及病毒的那些。这种手段仰赖于基因测序仪，这种仪器可以迅速解码数百万条游离在人体血液中的DNA短片段，之后将其与人类基因组的参考图谱对照。研究人员由此可以识别重排DNA的特定模式，这些便是肿瘤的征兆。

除了筛检癌症以外，液体活检还可以帮助那些正在与疾病抗争的人。医生可以根据导致某种癌症的特定DNA突变，对"症"下药。一般都通过对肿瘤组织切片的检测来确认DNA突变，但是无创血液检测可能适用于更多的病例。卢医生说，中国40%的肺癌患者都有一个基因——EGFR——发生了突变，这些患者也因此有资格成为新型靶向药物的施用对象。

癌症有多种类型，卢医生认为，研究人员必须有条不紊地筛检病例，由此，液体活检才能真正挽救生命。卢医生相信，他在鼻咽癌的研究上已接近成功。"如果你可以筛检和预测每一种常见的癌症类型，那么这也就是该技术走向主流的时候了。"卢医生说。

商业化进程

由于像卢医生这样的研究人员所打下的基础，液体活检也越来越受到商业上的关注。埃里克·托普尔（Eric Topol）是斯克里普斯研究所（Scripps Research Institute）的遗传学教授，他在 2016 年 1 月做出预测：这项应用于癌症和其他疾病筛检的技术将成为"未来两百年内的听诊器"。杰伊·弗莱特利（Jay Flatley）是伊鲁米那公司（Illumina）的首席执行官，这是一家位于圣地亚哥的专门制造快速基因测序仪的公司，他告诉投资者说，2016 年该技术的市场价值将达到 400 亿美元。他称该项技术可能是癌症诊断领域内"最激动人心的突破"，他还提到他的公司将为研究人员们提供液体活检装备，以帮助搜寻癌症的蛛丝马迹。

专家点评

杨 旭

深圳瑞奥康晨生物科技有限公司董事长，前华大基因首席运营官，北京协和医学院（清华大学医学部）博士，主要研究领域是人类遗传学、基因组学和基于高通量技术（如新一代测序技术）的复杂疾病研究。参与了多个国际大型研究项目，如千人基因组计划、LuCAMP（糖尿病相关基因和编译研究）计划等。累计署名发表 SCI 文章 20 余篇。

近年来市场上火热的液体活检，为肿瘤的诊断及治疗提供了新的研发思路和方向。从技术本质上来讲，液体活检相较于 CT 等影像学检查、组织活检等技术均可以说是颠覆式创新。因为它使得医生能够远程监控癌症患者对治疗的反应，及时发现复杂的早期征兆，甚至能在健康个体里及早发现癌变的迹象。

液体活检技术是通过抽血检测血液里肿瘤细胞裂解释放的 DNA 片段（循环肿瘤 DNA）或者完整的肿瘤细胞（循环肿瘤细胞 CTC）。该技术是伴随着 DNA 测序技术的进步而发展起来的，其分析出结果的速度将大大提高，能较早期反映出体内的指标变化情况。

在过去的两年内，国外诸多企业加快了在液体活检上的布局，Qiagen、Roche、Foundation Medicine 等公司，都在竞相将液体活检技术商业化，并陆续应用于临床。

总体来说，液体活检技术目前仍处于技术验证阶段，在临床指导用药及评估预后方面已有不少的应用场景，但还缺乏大规模的数据做肿瘤早期诊断。对于这个技术未来的应用场景可以展望，而且大多数研究者的态度是相当乐观的，但是目前还需要持续投入，积累数据，做好研发。

Megascale Desalination
超大规模海水淡化

我们所居住的"蓝色星球"长期存在着淡水危机，尽管地球表面的 71% 被海洋覆盖，海水淡化却长期因为大能耗、高成本而无法成为人类的主要淡水来源。如今海水淡化技术已经日趋成熟，成本也日渐下降。在海水淡化大国以色列，预计到 2016 年全国 50% 的淡水供应都将来自海水淡化。位于以色列第二大城市特拉维夫的 Sroek 工厂是全球最大、最先进、淡水造价最低的海水淡化厂。随着技术的进一步发展，海水淡化终将成为人类主要的淡水来源之一。以 Sorek 工厂为代表的超大规模海水淡化技术被评为《麻省理工科技评论》2015 年度 10 大技术之一。

撰文：大卫·塔尔博特（David Talbot）

突破性技术

显示了海水淡化也能成为淡水供应系统的一个有机组成部分。

为什么重要

淡水供应已经无法满足日益增长的人口数量的需要。

主要参与者

- IDE Technologies
- Poseidon Water
- Desalitech
- Evoqua

地球是整个银河系里少有的贮藏着大量液态水的行星。但是，尽管表面的海洋覆盖率高达 71%，但人类可以直接使用的淡水资源只占地球总水量的 0.01%。[1] 随着人口的增长和人类工业化进程带来的环境污染，水资源不足的危机始终是人类生存与发展的心头大患。1993 年 1 月 18 日，联合国第四十七届大会通过了 47/193 号决议，将每年的 3 月 22 日定为"世界水日"（World Water Day），旨在推动对水资源进行综合性统筹规划和管理，加强水资源保护，解决日益严峻的缺乏淡水问题，开展广泛的宣传以提高公众对开发和保护水资源的认知水平[2]。在 2003 年 12 月 23 日联合国的 58/217 号决议中，宣布从 2005 年 3 月 22 日的世界水日开始，2005 年至 2015 年为"生命之水"国际行动十年（UN Water for Life 2005-2015）[3]。根据"生命之水"国际行动十年 2012 年的报告，截至 2012 年，全球约有 12 亿人生活在水资源短缺（人均年用水量少于 1 000 立方米）的地区，另外有 16 亿人居住的地区因为缺乏获取干净淡水的设备而面临饮用水不足的问题。按照这样的趋势，预计到 2025 年，全球将有 18 亿人生活在水资源极度短缺（人均年用水量少于 500 立方米）的地区；到 2030 年，水资源短缺将迫使 2 400 万到 7 亿居住在长期干旱和半干旱地区的人背井离乡；到 2050 年，全球将有 40% 的人口面临干净淡水严重缺乏的问题[4-7]。下面这个小资料能使大家对世界范围内淡水资源的紧缺问题有个更加直观的认识。

世界各地的淡水危机

北　美: 美国与加拿大南部多年的干旱

南　美: 安第斯山脉冰川退化影响淡水供应

巴　西: 巴西北部由于河流两岸风化后泥土沉积于河床造成供水减少

中　国: 黄河由于降水减少和过度灌溉而枯竭

印　度: 地下水砷与氟化物污染造成公众健康问题

澳大利亚: 墨累达令盆地水生态因为河流流量减少，矿物质含量增高造成破坏。

海水淡化由于原料极易获得而成为地球上不少缺水国家获取淡水的方法之一。海水淡化的技术主要分为蒸馏和反渗透过滤两种。无论使用哪一种技术，海水淡化的主要成本都来自于除去海水中盐分时的能量消耗。相比较而言，反渗透技术在能耗上更低一些，目前一般在 3 ~ 10 kWh/m³。就相同技术而言，海水反渗透过滤生产单位淡水的成本与淡化厂的产量成反比，也就是说规模越大，产量越高，成本反而更低，而计算获得的每立方米淡水的理论能耗可以低达 0.98 kWh。[8] 下面就让我们一起来看一下海水淡化大国以色列的超大规模海水淡化厂。

超大规模海水淡化

以色列第二大城市特拉维夫南边 10 英里的海滩上，新落成了一家巨型工厂。它就是全球最大最先进的海水淡化处理厂，每年给以色列全国提供 20% 的家用淡水。这家工厂由以色列海水淡化巨头企业 Israel Desalination Enterprises（简称 IDE Technologies）为以色列政府建造，总共斥资 5 亿美元。虽然这座工厂采用的是传统的反渗透过滤技术（reverse osmosis，简称 RO），但得益于工艺和材料上的改良，该厂在海水淡化中所达到的低成本和大规模都是前所未有的。

这座以色列新建成的工厂被命名为 Sorek，于 2013 年底完工，目前正渐渐开足马力生产。到马力全开时，每天的淡水产量将达到 62.7 万立方米。这座工厂向全世界证明，超大规模海水淡化是可行的。2004 年以前，以色列的供水几乎完全依靠地下水和雨水，而现在海水淡化已经是以色列淡水供给中一个重要的组成部分。以色列目前共有四家海水淡化厂，供应着全国 40% 的淡水，这个比例预计 2016 年将达到 50%。

传统的反渗透过滤技术最大的问题在于成本。反渗透过滤技术需要消耗大量的能量，迫使海水克服渗透压通过高分子半透膜，以滤去海水中的盐分。Sorek 的生产成本就低得多，它甚至可以在以 58 美分 / 立方米这个价格出售淡水时取得盈利（一个以色列人一周的用水量大约为 1 立方米）。这个售价

以色列人向海洋要淡水
到 2016 年，以色列人饮用水的 50% 将通过海水淡化来供应。

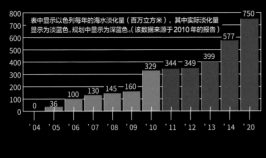

供应淡水与能量消耗：天下没有免费的饮用水
海水淡化总体上来说成本依旧高于其他方式。

是无法维持现今的其他海水淡化厂的基本运行的。另外，Sorek 的能耗是全世界所有巨型海水淡化厂里最低的。

得益于一系列的工艺革新，Sorek 的生产效率要远高于同类工厂。它采用了 IDE 先进的反渗透过滤淡化技术，通过减少压力容器、联管箱、控件和检测仪表的数量降低成本，减少能耗，增加产量。超高压泵和能源回收装置的使用显著提高了运行效率，降低了工厂的能源消耗量。此外，大口径管道、污泥处理和对特殊许可区的处理等措施显著减少了对陆地和海洋环境的影响[9]。来自以色列理工学院（Technion，位于海法）的化工工程师 Raphael Semiat 如此评价：“这里生产的淡水是海水淡化里面最便宜的，我们终于不用像过去那样总是为了获得淡水而苦战了。”

未来展望：一大波海水淡水项目即将袭来

澳大利亚、新加坡以及海湾诸国早就是海水淡化的重度用户。美国加利福尼亚州目前也准备拥抱海水淡化技术。2015 年 12 月 15 日加州的圣迭戈县（County of San Diego）的卡尔斯巴德（Carlsbad）举办了最新落成的海水淡化厂的开业仪式。该厂同样使用了反渗透过滤技术，耗资共 10 亿美元，预计能日产 5 000 万加仑（约 19 万立方米）的淡水，能满足全郡 10% 的淡水需求。这绝对是缺雨并且少地下水的圣地亚哥郡的巨大福音。[10]

还有一些只适合小规模应用的反渗透过滤技术由于效率高，相对廉价，可以全面推广以解决每个地区的具体问题。甚至在远离海岸的地方，在面对盐分较高的地下水时，反渗透过滤技术同样有用武之地。

海水淡化的规模将进入下一个峰值
一大波海水淡化项目即将来临

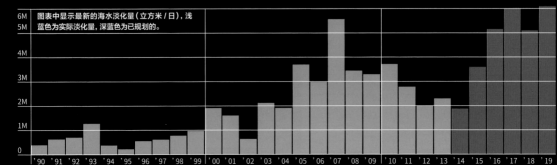

目前反渗透过滤技术的最前沿突破方向在单层碳原子半透膜（如石墨烯）。已经有包括美国麻省理工学院（MIT）在内的不少研究小组开始了这类高效二维半透膜的研究，一旦成功，将会进一步降低反渗透技术的能耗，降低的理论值在 15% ~ 46% 之间。除了降低能耗外，使用石墨烯半透膜还能缩小过滤装置的体积，将工厂的面积缩小一半。

专家点评

陈禹杉

麻省理工企业合作（MIT ILP）中国协调官

在这里，我们从中国的角度来谈谈该项技术的前景。毋庸置疑，充足的淡水资源意义重大。中国政府的统计数据显示，即便是在有南水北调工程两条各长逾 1000 千米的线路，每年输送 250 亿立方米长江流域水至中国北方的情况下，到 2030 年，中国沿海地区淡水资源缺口还将达到 214 亿立方米。中国水风险（China Water Risk）网站指出，在中国的 669 座大型城市中，至少有 400 座城市面临水资源的匮乏。此外，93% 的电力供应需要工业用淡水，稳定的水资源供应同样是经济基础的保障。

所以，长期而言，该项技术是存在很大的发展空间。然而，在大规模商业化层面，依旧是路漫漫其修远兮。

以中国为例，当前的情况是项目停滞，产能不足，进程步履维艰。 在经历了初期的爆炸式增长，自 2006—2010 年，中国的海水淡化能力每年增长 70％。但政府统计数据显示，2015 年，该项目并未达成日淡化海水 220 万吨 ~ 260 万吨的目标。截至 2015 年 12 月，根据中国海水淡化协会（China Desalination Association）统计，已建成项目的日淡化海水量为 103 万吨，相比预期目标差距巨大。

为什么落差如此之大？此项技术大规模商业化最大的问题还是在于成本。作为高耗能产业，海淡项目成本高昂。目前，国内居民用水的均价低于 50 美分（约合人民币 3.4 元）每吨，然而淡化海水的均价却在每

如此高昂的价格意味着淡化海水很难找到承接的自来水厂，地方政府铺设管网的积极性也不高。普通自来水管长期输送淡化海水会被腐蚀，若把地下供水管网全部改成塑料管，巨大的市政成本会进一步推高淡化海水的价格。

就此，天津大学天津市膜科学与海水淡化技术重点实验室主任王志曾指出，"一遇到干旱，当地政府部门和企业就会找我们谈海淡项目合作，然而一旦次年降雨量充足，他们就会将计划搁置，把资金投放到别处。"

此外，海水淡化技术作为科技密集型产业，中国的本土创新能力还远远不够。根据一份 2012 年的政府文件，在中国注册的 756 个海水淡化项目专利当中，我国拥有自主知识产权的只有 15%。

中国科学家从引进设备到自主研发，一切只为迎头赶上。天津大学海水淡化实验室参与了几乎每一项重大的海淡项目科研工作，包括蒸馏和能量回收。实验室副主任解利昕教授告诉我们："我们是先引进设备，再进行自主研发。"

总之，该项技术在中国的大规模应用还有相当长的路要走。除了技术的本土化，是否能够降低成本，并与市政供水系统进行有效结合，才是关键所在。另外，南水北调工程的存在也确实降低了海淡项目

Apple Pay
苹果支付

苹果公司推出 Apple Pay 的时间选择无可挑剔，正值美国信用卡网络公司要求商家在 2015 年 10 月前升级支持带有嵌入式芯片的信用卡终端设备之时，逾期不升级终端的商家甚至将面临欺诈指控。而这次升级，最关键的一项技术就是近场通信（NFC）功能。如果苹果支付的势头持续强劲，苹果公司一定会获得更多收益，但更大的影响将是，为 iPhone 手机的销量提供了保障。除了使用其他苹果服务，像 iCloud 和 iTunes，一旦用户习惯使用苹果支付，在换成安卓手机前，可能就会再三考虑了。该技术入选《麻省理工科技评论》2015 年度 10 大突破性技术之一。

撰文：罗伯特·霍（Robert D. Ho）

突破性技术

让你的手机成为钱包，能够方便地在日常生活场景下使用。

为什么重要

降低由于信用卡欺诈对经济带来的影响。

主要研究者

- 苹果

- 谷歌

- Visa

- MasterCard

2015 年 12 月 18 日，苹果公司 CEO 蒂姆·库克在其微博上宣布，苹果支付（Apple Pay）将于 2016 年年初登陆中国。2 月 18 日凌晨 5 点，苹果支付正式登陆中国。目前，国内已有工商银行、农业银行、中国银行、建设银行、交通银行等国有五大商业银行，以及包括招商银行、民生银行、广发银行、浦发银行等在内的共 18 家银行的支持。

苹果支付在国内已上线三个多月，以笔者的经验，大多数海外品牌的咖啡店、便利店、快餐厅等都能很好地支持苹果支付。使用时，只需双击 Home 键，或将手机靠近带有 NFC 功能的 POS 机，即可呼出 iPhone 的支付界面，里面包含了已成功绑定苹果支付的借记卡、信用卡。为避免混淆，屏幕上呈现的虚拟卡片和用户绑定的卡片看上去一模一样。用户只需将 iPhone 靠近带有 NFC 功能的 POS 机便可瞬间完成支付（某些商家可能会要求输入银行卡密码）。

此外，国内多家银行还专门为苹果支付推出了 ATM 机无卡取款业务，但受银行设备的技术性能所限，用户体验还有待增强。

苹果支付入选《麻省理工科技评论》2015 年 10 大突破性技术时，很多人都有疑问：这项移动支付技术为何是突破性技术？微信和支付宝不是已经在中国普及移动支付了吗？

在这里，让我们对这项技术稍微做回顾和总结。

首先，什么是 NFC？即 Near Field Communication（近场通信），它是飞利浦公司于 2004 年发起，与诺基亚、索尼等著名厂商联合主推的一项无线技术。NFC 是一种短距高频的无线电技术，由非接触式射频识别及互联互通技术整合演变而成。在单一芯片上结合感应式读卡器、感应式卡片和点对点的功能能在短距离内与兼容设备进行识别和数据交换。

其实，苹果公司并不是这项技术的发明者，还有其他公司在使用近场通信技术从事 e 支付业务。但是，通过将这些技术与 iPhone 的指纹识别传感器（用于

解锁手机）结合，苹果支付向前多迈了一步。也就是说，虽然苹果公司没有发明移动支付，但苹果支付却明显提升了移动支付的用户体验。

当你的手机贴近收银终端时，苹果支付自动激活，成功识别用户指纹后便可完成付款，而无需像使用谷歌钱包、Paypal、微信和支付宝一样，必须先打开应用程序、进入付款功能、输入金额或扫描二维码等。

很明显，苹果支付将成为一个转折点。虽然其中的独特技术都不是新的，但是苹果公司对 iPhone 中的软件和硬件的整合程度，要优于谷歌钱包（甚至是安卓手机）——这就允许苹果公司将这些技术综合成为一种足够便捷的服务。

与此同时，苹果公司正在为支付行业巩固标准。商家一直在争论，当你在收银终端摇手机时，到底是条形码还是 NFC 更好？然而，苹果公司将 NFC 添加至 iPhone 意味着，如果商店想要最大化地吸引数百万 iPhone 用户，他们将有必要支持 NFC。

同样地，苹果支付在安全性方面也比较领先，甚至优于信用卡。手机不保存真实卡号，商家也不会看到，更不用说把卡号储存在黑客经常窃取的数据库中。

每次交易生成一个唯一代码，该代码只能使用一次。重点是：需要读取用户指纹才能完成支付。

"这种等级的安全保障是 90% 的美国银行都会支持苹果支付的一个原因，"埃文·阿鲁姆甘表示。他是摩根大通银行下一代支付产品的负责人。

最重要的是，苹果公司的时间选择无可挑剔。美国信用卡网络公司已经要求商家在 2015 年 10 月前升级收款终端，升级后的终端可使用带有嵌入式芯片的信用卡；如逾期不升级终端，商家将面临欺诈指控。这次终端设备升级，绝大部分都包括了 NFC 功能。

如果苹果支付的势头持续强劲，苹果公司一定会获

得更多收益，但更大的影响将是，为 iPhone 手机的销量提供了保障。除了使用其他苹果服务，像 iCloud 和 iTunes，一旦用户习惯了使用苹果支付，在换成安卓手机前可能就会再三考虑了。

苹果支付入华三个多月来，其实推进的速度比预想的更快。虽然大部分支持这种支付方式的商家多为国外品牌，但苹果公司后续的一些动作可能会大大增加苹果支付的使用场景和频次。

就在前不久，滴滴公司正式宣布与苹果公司就高达 10 亿美元的投资达成一致。打车软件作为移动支付最重要的使用场景之一，也是苹果支付最有希望快速切入的领域，毕竟，当苹果支付入华之前，国内移动支付市场已被支付宝、微信支付等平台所占领。苹果这次入股滴滴，推广苹果支付在打车软件中的用户基数和交易频次应该是其重要意图之一。可以预见，苹果支付会很快出现在滴滴的支付方式选项中。

此外，早在 2014 年，苹果公司就与阿里巴巴就建立支付联盟进行过商讨。库克和马云本人也表示了双方在支付领域的合作意向。虽然目前没有明确的合作计划，但对于苹果支付来说，选择与中国的对手合作共赢，显然是比直接竞争更为明智的方式。

专家点评

刘云璐
阿里云研究中心专家

Apple Pay 从严格意义上讲，不算是支付的重大的革新。在它之前，Paypal、Google 钱包、支付宝等已经引发了电子支付的浪潮。此外，Apple Pay 采用的 NFC 技术也已经在很多 Android 手机上广泛使用，指纹技术也已经进入成熟阶段。

然而，Apple Pay 的推出占据了天时、地利、人和。首先，在美国信用卡网络公司要求商家在 2015 年 10 月前升级支持带有嵌入式芯片的信用卡终端设备之时推出，让商家自然而然一步到位，支持 Apple Pay 技术。其次，在电子支付已经深入人心、广泛普及的情况下，推出不需要任何 App 支持、更加安全便捷的电子支付方式，让用户转向 Apple Pay 变得容易、自然。此外，在支付安全越来越受到瞩目之时，结合 NFC 和指纹技术，提供了高安全等级的保障，让用户选择 Apple Pay 变得安心省心。最后，iPhone 雄厚的市场占有量，为 Apple Pay 的推广提供了最基础的保障。同时，随着 Apple Pay 的广泛使用，会大大增强 iPhone 的使用黏性，进一步稳固 iPhone 对市场的占有。

玛德琳·兰开斯特找
到了新的培育方法，
能使神经组织在培
养基中持续生长与
分化，直至这些细胞
团大到保有一些人
类大脑的功能

Brain Organoids
大脑类器官

用皮肤细胞培养大脑神经细胞的技术为研究大脑的功能和结构提供了新的希望，这能使得研究更加方便和准确，而且也不用"残害"实验室里的小白鼠，可谓一举多得。此项技术由维也纳分子生物技术研究院（IMBA）的玛德琳·兰斯特（Madeline Lancaster）和尤尔根·克诺布利希（Jürgen Knoblich）共同开发完成，该技术基于干细胞离体培植技术，称为"大脑类器官"（Brain Organoids）。单词"类器官"（Organoids）是指在体外人工培育的具有三维结构的类似器官的细胞集合，它们具有类似真实器官的显微结构和功能，能广泛运用于研究特定器官的生物医学实验或是培育替代器官。维也纳分子生物技术研究院可以说是该领域的先驱，在 2013 年提出了脑部类器官的模型，它具有一些人类胚胎时期的大脑结构，从而入选《科学家》杂志"2013年最具影响力的先进技术"。而两年之后，玛德琳·兰开斯特的一系列新的发现也使得大脑类器官技术日趋成熟，并入选《麻省理工科技评论》2015 年度 10 大突破性技术。

撰文：鲁斯·贾思卡里安 (Russ Juskalian)，杨一鸣
摄影：雷吉纳·休格利 (Regina Huegli)

突破性技术

从人类组织的干细胞出发，实验室培育三维神经细胞团成为可能。

为什么重要

研究人员需要新途径来理解脑部疾病，以及测试可能的治疗方案。

主要研究者

- 玛德琳·兰开斯特和尤尔根·克诺布利希，维也纳分子生物技术研究院
- 鲁道夫·檀子（Rudolph Tanzi）和金斗彦（Yeon Kim），马萨诸塞州综合医院

1 培养皿中的类器官

想要知道你的大脑的结构，应该怎么做呢？做一个开颅手术么？维也纳分子生物技术研究院（IMBA）的玛德琳·兰开斯特告诉我们大可不必这么血腥，只需要从你的皮肤上获取一些细胞，然后经过精心培育就能培育出一个形状、功能都和你的大脑类似的大脑类器官。这项技术首先由兰开斯特在2011年提出，当时她正在维也纳分子生物技术研究院做博士后，研究用人体胚胎干细胞培育神经细胞团（neural rosettes）的课题。

那是2011年11月一个普通的日子，兰开斯特意外地发现，她培育出了一个脑组织——在她培育神经细胞团的细胞培养皿中，出现了正在发育的视网膜细胞，而视网膜细胞是正是发育中的大脑向外长出的一种结构。她随即向她的导师尤尔根·克诺布利希汇报这个发现，他们都十分惊奇，并以此为契机开始培育大脑类器官，并于2013年在《自然》（Nature）杂志上发表文章，向全世界展示了他们培育出来的大脑类器官模型。[1]

这使得许多之前做不到的事情成为可能。现在科学家可以直接观察到人类脑细胞如何发育和工作，以及它们是如何受各种化合药物或遗传修改影响的。

由于这些微型大脑是从一个特定的神经元发育而成，所以器官可以为相当一部分疾病建立前所未有的精确模型。比如，我们可以从患有阿尔茨海默氏病的人身上直接获取细胞，培养成大脑类器官，然后观察哪里出了问题。可以说正是这些最初被称为"培养皿长出的大脑"，真实展现了神经元是如何生长及工作的，同时也改变了我们对一些疾病的认知。

类器官的诞生

其实兰开斯特他们并不是首个离体培育出脑组织的研究小组，早在2008年，日本理化研究所笹井芳树研究团队就用小鼠和人胚胎干细胞培育出了能自我生长的脑组织细胞，它能再现部分大脑皮质特有的神经活动。他们之前已经成功培育出视网膜组织，并在此研究中成功试验出能培育三维细胞组织的"悬浮培养"，使得具有复杂结构的生物器官组织的培养成为可能，这一点在之后的类器官培养中均有借鉴。[2]

可以说，笹井芳树研究团队打开的是一扇全新的大门。此后，全世界的科研人员都纷纷开始尝试利用人类胚胎干细胞培育各种组织和器官，例如眼、肠、肝、肾、胰腺、前列腺、肺、胃和乳腺等各种类组织，这些组织就被称为"类器官"（organoids）。之所以叫类器官，是因为它们通常保有真实器官的部分结构和功能，而我们能够借助类器官了解特定组织器官的形态及功能特点，也能进一步研究人体发育的机制。更重要的是，它们还能用作研究特定疾病的实验平台或是药物测试平台，而且还能发展成移植器官的来源，可谓前景无限。英国剑桥大学 Wellcome 基金会 MRC 干细胞研究所（Wellcome Trust/MRC Stem Cell Institute at the University of Cambridge，UK）的所长 Austin Smith 表示，这可能是近半个多世纪以来干细胞研究历史上最重大的科研进展了。不过现有的这些类器官还不够完美。很多类器官里都还缺少关键的细胞，许多类器官也只能模拟器官发育过程的最初阶段，而且各批次之间的差异也比较大，缺乏稳定性。所以，科研人员还在继续努力，以开发出更加复杂、更加成熟、可

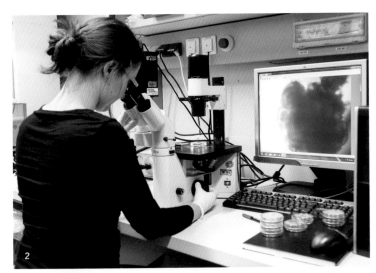

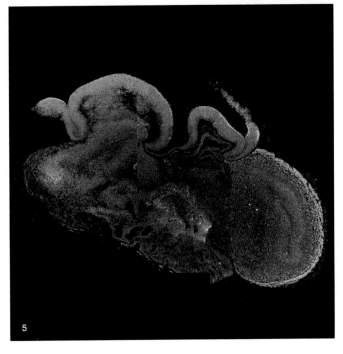

2 实验室中，研究生马格达莱纳·伦纳正在使用显微镜检测类器官

3 各式各样的类器官被放置在恒温器中

4 类器官的薄切片，用作检测

5 类器官染色切片的特写

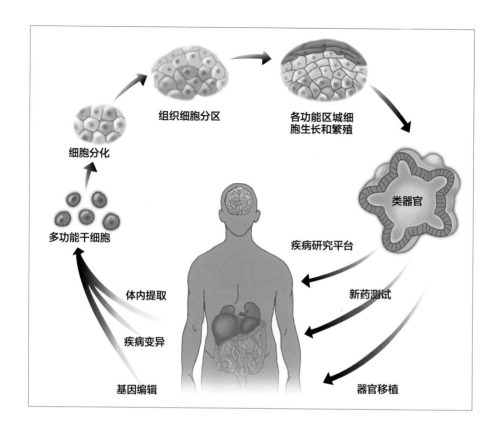

重复性更高的类器官培育技术。

大脑养成计划

一般类器官的培育过程简单而言分为以下五个步骤：提取并培育多功能干细胞、激素刺激细胞分化、组织细胞分区、各功能区域细胞生长和繁殖，最终成为类器官。对此，干细胞培育领域的巨擘尤尔根·克诺布利希这样说："培育类器官完全不需要什么高级的生物技术，只需放手让这些细胞自己干就行，它们最后就会给你一个大脑。"

其中最重要的步骤莫过于提取胚胎干细胞和细胞分化，这其中都需要人为地为细胞创造特殊的环境，以及提供特殊的生物大分子如激素，来"提醒"细胞此时该分化成为具有不同功能的细胞。如在蝌蚪变成青蛙的"变态过程"中，甲状腺激素就起到很重要的作用。

而提取干细胞则是整个实验的开始，也是重中之重。

那么干细胞是什么呢？干细胞（Stem Cell）是一种未充分分化、尚不成熟的细胞，具有再生各种组织器官和人体的潜在功能，医学界称为"万用细胞"，分为全能干细胞（totipotent stem cell，TSC）、多能干细胞（pluripotent stem cell）和单能干细胞（unipotent stem cell）（专能干细胞）。之前类器官的研究课题中的干细胞大都是直接从人体内部提取的，而一般都是在胚胎时期分离的胚胎干细胞。这一类细胞能分化成各种器官中的细胞，具有较高的全能性，是全能干细胞。但是这一类细胞往往不易取得，而且价格不菲。兰开斯特培育的大脑类器官采用的是从人类皮肤细胞诱导形成的多能干细胞（pluripotent stem cell），也能发展成一些器官中的细胞，这其中就包括神经元细胞。[3]这可以说是一项重大的突破，使得干细胞培植技术变得越来越方便，也越来越灵活，可以选择很广泛的细胞来源。

未来与合作

许多公司和学术研究为了能够找到这类问题的答

案，都尝试与兰开斯特、尤尔根·克诺布利希合作。第一次合作是与爱丁堡大学的安德鲁·杰克逊一起研究小头畸形。该团队基于来自小头畸形患者的细胞，培养出与患者大脑具有一致特征的类器官。研究者通过把与该病症相关联的缺陷蛋白质替换掉，培育出部分治愈的类器官。

"这仅仅只是个开始，"兰开斯特说。例如麻省理工学院的鲁道夫·耶尼施（Rudolph Jaenisch）、约翰·霍普金斯大学的李国民 (Guo-li Ming) 在使用大脑类器官来研究孤独症、精神分裂症和癫痫。大脑类器官最大的作用是其能够反映出人脑发育的特征。这些细胞层层集结在一起，具有小脑的特征，看起来像离散的大脑三维结构。如果在类器官培养过程中出现了什么可以观测到的问题，科学家可以寻找潜在的原因、机制甚至相应的药物进行治疗。

这些类器官的成功培育是一个项目中的偶然结果。其他研究者在此之前已经在培养皿中培养了神经元。兰开斯特模仿之前的研究者，开始使用盘子来"玩"神经干细胞。这些干细胞将会分裂成神经元和神经系统中的其他细胞。她说："我得到的神经干细胞不会真的只停留在二维空间，它们会从平板上脱落下来，并且形成三维的细胞群，那非常有趣，我们想看看它们继续长大后会变得如何。"但是有一个主要的挑战是，如何在没有血管的帮助下，向类器官中心的组织体输送营养。兰开斯特的解决方案是把每个类器官封装在培养细胞基质上，在营养液中滴入十几个这样的斑点，然后通过旋转、摇晃使得这些组织一直浸泡在细胞食物中。

因为公开出版了她的培养方法，兰开斯特将大脑组织培养的复杂度推动到培养大脑发育后期。这个技术的潜在应用数量将随着技术进步而增长。最吸引兰开斯特的是，大脑类器官可能会解决最深的奥秘：是什么作用于我们的大脑，使得它和其他动物的不一样？"我想搞清楚是什么使我们成为人。"她说。

专家点评

MIT TR China 编辑部

至今，神经紊乱类疾病对科学家们而言仍然是一个大大的谜团。举例而言，80% 的自闭症病例并未发现明确的遗传致病基因。

而大脑类器官则是一种利用培养人脑干细胞进行研究的新方法，目的是能够解开痴呆症、精神病以及其他神经紊乱类疾病背后的谜团。

正如耶鲁大学医学院神经系统科学教授 Flora Vaccarino 所表示的，这项研究意义重大，因为是从生物学本身入手，探寻基因组信息的秘密，而不再完全依赖基于传统模式的遗传学。

这对治疗神经紊乱类疾病无疑是一项伟大的科研成就，将是人类在最终破解这一类疾病漫长道路上重要的里程碑。同时，这类技术也能够规避类似"人兽嵌合体"（最近有报道即将解禁）计划带来的伦理问题。

但同时必须指出，这并非意味着我们将最终能够利用干细胞培育具有人类意识的大脑结构。对大脑中枢神经系统内的神经回路进行建模，很可能还只能停留在空谈阶段。

Supercharged Photosynthesis
超高效光合作用

粮食问题依旧是当今世界未解决的热点问题之一，2015 年，英国和菲律宾的科学家共同取得了继杂交水稻后的又一突破。借助基因工程，他们将水稻的基因改造，成功将其光合作用的效率大大提高。实验中关键的基因源自玉米以及景天属的植物，它们的光合作用较小麦和水稻这些植物要高效一些。也就是说，改造过后的水稻能将更多的太阳能转化成食物中的化学能，是高质量和高产的水稻品种。如果能优化并大量投入生产，则能媲美"杂交水稻"的成就。凭借这样的优点，该技术入选《麻省理工科技评论》2015 年度 10 大突破性技术之一。现在让我们重回高中课堂，回忆回忆熟悉的光合作用。

撰文：凯文·布利斯（Kevin Bullis），杨一鸣

突破性技术

改造后的粮食作物能进行更加高效的光合作用。

为什么重要

剧增的人口已经引发严重的粮食问题。

主要研究者

- 保罗·奎科（Paul Quick），国际稻谷研究所
- 丹尼尔·维塔斯（Daniel Voytas），明尼苏达大学
- 朱利安·希伯德（Julian Hibberd），英国剑桥大学
- 苏珊·万卡尔莫勒（Susanne vonCaemmerer），澳大利亚国立大学

所谓光合作用，就是植物转化太阳能为有机物中的化学能的过程，它可以说是万物的能量之源。植物吸收太阳能，食草动物吃掉植物，食肉动物捕食食草动物，这就是能量在生命之环之中的流动。光合作用的重要意义不仅仅在于其作为能量转化的桥梁，更在于它的另外两项产物——氧气和有机物。根据著名的光合作用公式(式中 CH_2O 表示有机物)，绿色植物在吸收光能的同时，还将空气中的二氧化碳和自身吸收的水分转化为有机物（一般为糖），并释放出氧气。

$$CO_2 + H_2O \xrightarrow{\text{光}} (CH_2O) + O_2$$

光合作用最早是在 18 世纪 70 年代，由英国的牧师兼化学家约瑟夫·普利斯特里发现的。他发现在密闭玻璃瓶中燃烧着的蜡烛会很快熄灭，但如果在玻璃瓶中放置一枝薄荷，蜡烛的燃烧时间就会明显地变长。由此他得出薄荷有着"净化"空气的效果，能净化蜡烛燃烧所"污染"的空气。

光合作用之孪生兄弟

光合作用的细节其实还有很多，比如释放的氧气是源自水还是同为原料的二氧化碳？在 20 世纪 40 年代由于 C18 同位素的使用，这个谜题得以解决。然后，时间来到 20 世纪 60 年代，澳大利亚科学家哈奇和斯莱克发现玉米、甘蔗等热带绿色植物中，有着另一种光合作用——C4 光合作用。除了和其他绿色植物一样利用光能将二氧化碳和水转化为有机物和氧气外，原料二氧化碳首先通过一条特别的途径被固定，这条途径也被称为哈奇 - 斯莱克途径。[1]

C4 植物常见于热带，例如甘蔗，在白天的时候太阳光过于强烈，它们便会关闭气孔减少水分的蒸发，这样也减少了二氧化碳的吸入，也继而会影响到光合作用的进行。这其实也是自然选择的结果，C4 植物衍生出了这样一种应对的机制，如图所示：它们通过化学反应将二氧化碳固定在 C4 化合物中，固定于叶肉细胞内，并传输到内圈的维管束细胞，等到需要的时候再拿出来使用。就像先将上游的水用大坝拦住，储存起来，等到需要用时再开闸放流。然而这样的机制还有另一个好处，那就是它无形中增加了二氧化碳在叶肉细胞中的浓度。根据化学平

二氧化碳的集中机制

C4 类光合作用高效的秘诀是植物叶子里具有特殊的花环状结构（见下图下半部分），因为它可以浓缩二氧化碳。环状排列的叶肉细胞（图中绿色）会捕捉二氧化碳分子，并把它们输送到内圈的维管束细胞（图中橙色）。这种特殊的序列叫作花环解剖构造（Kranz anatomy），而 Kranz 在德语里就是花环的意思。

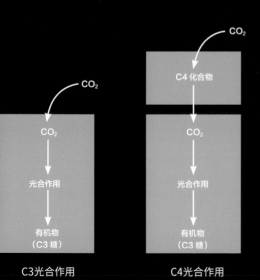

C3光合作用　　　　C4光合作用

C3类植物

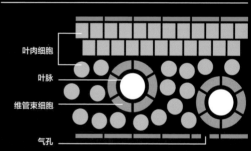

叶肉细胞
叶脉
维管束细胞
气孔

C4类植物

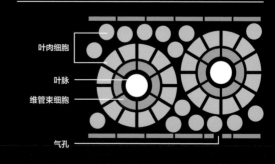

叶肉细胞
叶脉
维管束细胞
气孔

高效率农业

同样的灌溉量下，C4 类粮食作物将有更高的产出。在中国，同样一英亩地种植 C4 类稻谷作物能多养活 50% 的人。

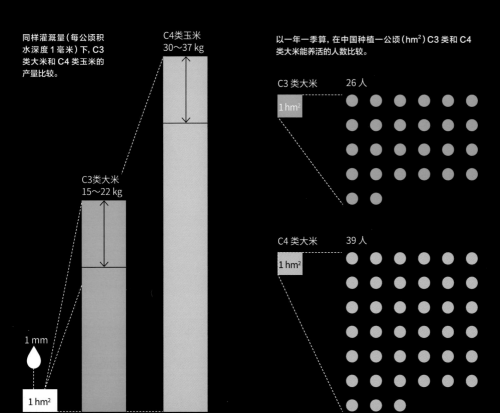

同样灌溉量（每公顷积水深度 1 毫米）下，C3 类大米和 C4 类玉米的产量比较。

C4类玉米
30～37 kg

C3类大米
15～22 kg

1 mm

1 hm²

以一年一季算，在中国种植一公顷（hm²）C3 类和 C4 类大米能养活的人数比较。

C3 类大米　　　26 人

1 hm²

C4 类大米　　　39 人

1 hm²

Brutnell）这样说道。布鲁特内尔是唐诺德唐福斯植物学中心（Donald Danforth Plant Science Center）的研究员，他同时也是由 IRRI 主导的 C4 类稻谷课题组的成员。这个课题组获得了比尔与美琳达·盖茨基金会（Bill & Melinda Gates Foudation）的资金支持，但是没有直接参与这次重大突破的工作。

但是问题还没有完全解决，虽然接受了基因改造，稻谷作物依旧主要依赖于它们的传统光合作用方式（C3 类光合作用）。换句话说，就是转基因的稻谷进行的光合作用中，C4 类只占了非常小的比重。为了把稻谷的光合作用方式完全切换到 C4 类，研究人员需要进一步改造稻谷作物，使得它们可以生产出特殊细胞并且进行精确的排列，最后形成一个 C4 类植物叶子里特有的"花环解剖构造"（Kranz anatomy）。这个构造分为两层环状结构，外层环负责捕捉二氧化碳，内层环则进行浓缩。迄今为止，科学家们依旧没能弄清到底哪些基因序列与形成花环解剖构造有关，他们怀疑涉及的基因数列可能高达几十条。

展望未来

但是，新的基因组编辑技术让精确操作植物的基因组成为可能，这也许是一条解决 C4 类稻谷难题的出路。"用传统的培养法来操作两条以上的基因就已经如同'噩梦'一般，更不用说一下子改造几十条基因了。"布鲁特内尔说，"不过基因组编辑技术可以让我们很容易就能编写大量的基因，有了这个工具，我们就可以继续进行我们的研究了。"一篇发表在 PNAS 上的文章也列举了能解决这些问题的各种工具，其中除了基因编辑技术，还有细菌传递技术、细胞核传递技术、甚至还有微电路的使用等等。其实这些工具各有千秋，而且也各有局限的地方，例如看起来最前沿的微电路集成光合作用，它能建立十分完整的光集中和二氧化碳集中系统，但是缺失的零件实在太多，而且电子和生物的接口也不是很完备。C4 光合作用可以说是大自然长年累月的结晶，人类的智慧在自然面前又一次显得捉襟见肘了。[2]

即便是最简单的基因改造工程，从开始研究到正式投入农业生产也需要十年甚至更久的时间，更别说是彻底变更植物的光合作用方式这么复杂的工作了。而且即使做出了合格的产品，转基因农产品的市场也时常遭到道德方面的谴责和众多民众的质疑，而取得民众的信任估计需要更多的时间。不过，这也只是一个开始，标志着粮食问题的解决方案出现了新的方向，从大海捞针地杂交水稻获得优良品种转移到了分子级别的定向修改基因。然而一旦科学家们找到了在稻谷作物里进行 C4 类光合作用的钥匙，他们就可以将它推广到许多其他作物，像小麦、马铃薯、西红柿、苹果和大豆，并大幅提高它们的产量。

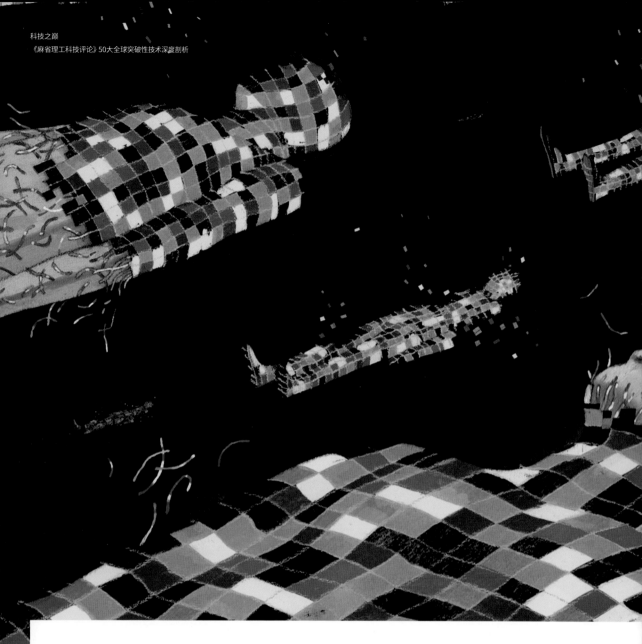

Internet of DNA
DNA 的互联网

随着基因测序技术的发展，基因数据日趋海量。但它们分散在各个机构，受到安全、隐私和法律等因素的制约，无法共享，成为基因研究的一大障碍。非营利组织"基因与健康全球联盟"正在开发适合基因数据共享的标准和技术，致力于构建 DNA 信息的互联网，已经成功解决了诸多研究和治疗难题，被《麻省理工科技评论》评选为 2015 年度 10 大突破性技术之一。

作者：安东尼奥·雷加拉多 (Antonio Regalado), 汪婕舒

突破性技术

让 DNA 数据库互通的技术标准。

重要性

针对个人的医疗手段将得益于百万其他病人的经验。

主要研究者

- 基因与健康全球联盟
- 谷歌
- 个人基因组计划

六岁的诺亚得了一种不知名的疾病。他的医生会把他的遗传信息上传到互联网，以寻找世界上还有没有其他人和他的病情一样。

找到匹配的病例将使情况发生改变。诺亚发育迟缓，走路需要助步车，只能说几个字。他的病情越来越重。核磁共振成像（MRI）显示他的小脑在萎缩。东安大略儿童医院的医学遗传学家在分析他的 DNA。在包含几百万个 A、G、C、T 的遗传密码中会有一处错误，那也许就是治疗的契机。但是，他的医生们不能确定诺亚的哪个基因变异是关键的一个，除非能找到另一个孩子有着相似病症和相似的 DNA 编码错误。

2015 年 1 月，多伦多的程序员开始测试一个与其他医院交换基因信息的系统。这些医疗机构分布于迈阿密、巴尔的摩和英国剑桥，它们同时都在治疗患有孟德尔遗传病的患儿。这种疾病是由一个罕见的单基因突变引起的。这个系统称为"配对交换系统"（Match Maker Exchange），能够自动对比世界各地罕见病患者的 DNA。该系统要求参与者必须提交患者的所有概况，并在数据交换之前签署多份知情同意书，以此将患者自身纳入决策链中。[3]

这个项目的创始人之一是加州大学圣克鲁兹分校的生物信息学专家大卫·豪斯勒（David Haussler）。豪斯勒要解决的问题是：目前的基因组测序与我们最有用的信息分享工具——互联网相脱离。这种脱离非常不利：目前已有至少 20 万人进行了基因组测序，这个数字几年内会增加到几百万。基因组的大规模比对是下一个医疗时代的基础，而科学家们并没有为此做好准备。"我能在世界各地刷我的信用卡，可生物医学数据却不在互联网上，"豪斯勒说，"这些信息既不完整，也不公开。"目前，基因组数据仍保存在硬盘里，由联邦快递的卡车运输。

豪斯勒是非营利性组织"基因与健康全球联盟"（Global Alliance for Genomics and Health）的创始人和技术领导之一。基因与健康全球联盟（以下简称 GA4GH）成立于 2013 年。当年 1 月，50 名来自 8 个国家的科学家聚集在一起，探讨如何在基因研究领域进行更高效的合作，最后达成了共识——必须建立一个共享基因和临床数据的框架。6 月，GA4GH 正式成立，同时建立了一个拥有 12 名成员的指导委员会和 4 个工作组，分别聚焦在基因组数据、临床数据、安全和隐私、合规与伦理四个方面。目前 GA4GH 有三个示范项目，配对交换系统正是其中之一。

GA4GH 常把自己和致力于网络正常运行的标准组织 W3C 相比。到目前为止，GA4GH 已经吸纳了来自 41 个国家的 406 个机构会员，包括谷歌、亚马逊和华大基因等科技公司，还有中科院这样的研究机构；[1] 个人会员则已多达 600 多人，仅 2015 年就增加了 414 人。还有 800 多名志愿者在各个工作组和示范项目中工作。[2] 它目前的产品包括协议、应用程序接口（API）以及便于网上传输的 DNA 数据改良格式。但它正在解决的真正问题并不是技术问题，而是社会学方面的问题：科学家们不愿意分享基因数据；而且由于隐私方面的法律法规，把人们的基因组信息上传到互联网有可能触犯法律。

但是，同时对许多个基因组进行分析以及比较遗传信息和病史档案的需求压力正在增加。这是因为，对于诺亚这样的罕见病，科学家们需要"检索"上百万的基因组；而对于常见病，也需要深入研究控制它们的多个基因之间的复杂关系。没有任何一个单一的研究机构有足够的信息和财力来解决这个问题。

豪斯勒和联盟其他成员认为，其中一个解决方案是建立点对点的计算机网络以联合分散的数据。例如，他们的标准允许一个研究者向其它医院发出请求，医院则可以选择愿意与谁分享信息，以及分享哪些信息。这些控制可以减轻对隐私问题的担心。在更复杂的层面上，API 可以用来访问数据库并进行计算，比如重新分析储存的基因组并返回结果。

我遇见豪斯勒时，他正穿着褪色的夏威夷衬衫，在圣迭戈一个旅馆的游泳池旁的塑料躺椅上开会。我们俩都来参加世界最大的年度基因学家会议。他告诉我，他担心基因组学正越来越远离开放式的途径，而开放式途径才能赋予基因组计划强大的力量。豪斯勒认为，如果人们的 DNA 数据能被更轻易地获取，医学也许将会像其他商业领域一样，被"网络效应"大大推进；反之，这些关键的信息将会像杂乱无章的美国医院记录系统一样，束之高阁，无法分享。

基因组数据正在爆炸式地增加，这使得解决这一问题的步伐必须加快。最大的实验室现在每小时可以完成两个人的高精度基因组测序（第一个人类基因组测序用了 13 年）。粗略估计，DNA 测序的快速机器今年将产生 8.5×10^{16} 字节的数据。到 2019 年，数据量还将翻倍，并往后以此类推。比较而言，Netflix 的所有电影数据也只有 2.6×10^{15} 字节。

"这是一个技术问题，" Curoverse 的 CEO 亚当·博瑞（Adam Berrey）说。Curoverse 是一家位于波士顿的初创公司，正在运用这个联盟的标准为医院开发开源软件。"百亿亿字节的数据分散在世界各地，没人愿意移动它们。那你要怎样同时查询它们呢？答案是，不必移动数据，而是移动问题。没人在做这件事。这个问题无比艰难，但它有潜力改变人类的生活。"

今天科学家们的普遍做法是：记录下每一个人类基因的每一种变异，然后研究这些变异带来的后果。人类个体间大约有300万个DNA有差异，换句话说，每1000个遗传密码中就有一处不同。大多数变异无关紧要，剩下的那些则能解释一些重要问题，比如诺亚所患的这类疾病，或者为什么有人更易患上青光眼。

想象一下，假设不久后你不幸患上癌症。医生或许会对你的肿瘤细胞进行DNA测试，因为每种癌症都是由特定基因突变所导致的。如果医生能够查询到其他患者和你的肿瘤具有相同的突变，了解到他们所用的药物和存活率，就会对你制定更好的治疗方案。然而，基因组学中正面临的一场灾难是，这些能救命的信息尽管已经被收集到，却很难获得。传统的做法是，医生会向某一个数据库申请访问权限。审批可能需要花费几个月的时间，结果还可能是拒绝访问。假如有幸通过审批，经查询，该数据库可能并不包含任何有用的信息，因为医生事先并不知道任何信息。接下来，他只能继续向另一家数据库申请访问权限。这个过程既耗费精力，又耽误治疗[2]。"限制因素不是技术，而是人们是否愿意这样做。"拥有几个大型基因数据库的生物信息公司DNAnexus的首席医疗官大卫·舍维茨（David Shaywitz）如是说。

2014年夏天，豪斯勒的联盟发布了一个基础的DNA搜索引擎，叫作"灯塔"（Beacon）。每一个愿意加入的机构只需花10分钟安装一个很小的服务器程序即可。他们的数据库被称为"灯塔"，而安装程序的过程被称为"点亮灯塔"。[3]目前，灯塔引擎可以查询20多个公开发布并且执行联盟协议的人类基因组数据库，包括美国国家生物技术信息中心、欧洲生物信息研究所、威康信托基金会桑格研究所、华大基因和谷歌等，涵盖250多个基因组数据集，并且几乎每周都会接到新的加入申请。[4]用户可以向某个特定的灯塔提出询问，也可以向灯塔网络中

所有数据库进行询问。[2]灯塔对一个问题只提供"是"或"否"的答案，分别以绿色和红色来表示。例如：有没有基因组在1号染色体的第1,520,301位置上是T？但灯塔网络不会告诉你这个变异出现在谁身上，以及该机构得到该变异的方式，更不用说该变异是否对健康有影响，以及在人群中的普及率有多高。但是，知晓世界上其他人的身上也存在该变异，是一个重要的开端，尤其对那些需要诊断罕见基因疾病的医生来说。[3]豪斯勒说："你有没有见过这种变异？这是最基本的问题。因为如果你发现了一个新变异，你会想要知道这是不是首例。"欧洲生物信息研究所的斯蒂芬·基南（Stephen Keenan）负责GA4GH的数据与安全工作组，他把灯塔称作一个简单的"数据发现工具"，就像你向图书馆问他们是否收藏有某本书，但图书馆并不会告诉你该书的某页上有哪些具体文字一样。灯塔系统不会提供具体内容和解读，这些信息留待研究者自己去挖掘。[2]除此之外，该系统还能将正在研究同一问题的不同机构联合起来。[3]

目前，通过灯塔已经可以查询几千人的DNA，包括几百个由谷歌发布的基因组。有了灯塔，你的癌症医生就可以向所有参与其中的数据库发出询问，并只对那些返回了肯定答案的数据库提出更进一步的查询申请。[2]布罗德研究所医疗与人口遗传学副主任丹尼尔·麦克阿瑟（Daniel MacArthur）带领团队建立的ExAC数据库就是灯塔网络的一个节点。该数据库可作为孟德尔遗传病的控制数据集，共包含61000多个外显子组，但仍少于全世界已经测序的外显子组的10%。麦克阿瑟表示，灯塔计划令他十分兴奋，因为它是一个起点，能够将不同的资源整合到一起，供人们查询。[2]

灯塔的功能仍然还很初级。正如GA4GH指导委员会成员、哈佛医学院病理学副教授海蒂·雷姆（Heidi Rehm）所说，只提供"是"与"否"的答案并不那么有用，而更像是在测试机构们是否愿意在研究者提出正式查询申请之前分享一些简单的信息。灯塔项目的主席马克·卓姆（Marc Fiume）说，他们已经在改进系统，让其可以执行更丰富的查询，如等位基因频率数据和表型等，并能同时查询多个等位基因。[2]

灯塔网络中的某些数据库也可以实现一些特殊的功能。例如，其中有一个数据库完全是由误导性的基因突变组成的。这些等位基因最初被认为会导致疾病，但后续研究证明它们是假阳性。对这种数据库进行查询能起到排除作用，对基因诊断和研究很有意义。[3]

随着"点亮"的灯塔越来越多，数据冗余逐渐成了一个急需解决的问题。这是因为一些不同的机构都各自"点亮"了千人基因组计划的公开数据库。阜姆正考虑对想要加入灯塔网络的机构进行质量控制，避免冗余。但这从一个侧面证明了灯塔计划的成功——由于累积了加州大学圣克鲁兹分校、个人基因组计划等大玩家，许多小机构也纷纷选择点亮自己的灯塔，这正是豪斯勒所说的"网络效应"之一。目前，GA4GH 正在向美国和欧洲以外的地区抛出橄榄枝，以获得更加多样化的基因信息。[3]

除了配对交换系统和灯塔网络之外，GA4GH 还发起了名为"BRCA 挑战"（BRCA Challenge）的示范项目，旨在整合全世界的 BRCA 基因变异数据，加深人们对乳腺癌和卵巢癌等疾病的理解。该项目于 2015 年 10 月发布了"BRCA 交换系统"（BRCA Exchange）的测试版本，并于 2016 年 4 月进行了升级。该系统和灯塔类似，也是采用 GA4GH 工作组开发的 API，允许人们通过简单的界面，查询与 BRCA1 和 BRCA2 基因有关的变异和证据。BRCA1 和 BRCA2 是一种肿瘤抑制基因，如果它们发生某些突变，将增加罹患乳腺癌、卵巢癌等癌症的风险。它们也是人类研究得最深入的基因之一。BRCA 交换系统是全世界首个包含 ClinVar、ExAC、千人基因组计划等大型数据库的公开乳腺癌基因查询系统，目前共涵盖了 13 000 多个基因变异。豪斯勒说，这个系统是 GA4GH 在提升基因和临床数据分享、改善人类健康之路上的一个重要里程碑。[5、6]

大卫·阿特舒勒（David Altshuler）也是 GA4GH 的发起人之一。他现在担任维泰克斯制药公司（Vertex Pharmaceuticals）的科学主管。不久前，他是麻省理工—哈佛布罗德研究所（MIT-Harvard Broad Institute）的副主席，这是美国学术界最大的 DNA 测序中心之一。我拜访阿特舒勒时，他的白板上画

满了家族遗传图表；上面还写着一个巨大的蓝色单词"Napster"——那是 20 世纪 90 年代出现的具有颠覆性的著名音乐分享平台。阿特舒勒渴望联合大量的基因数据。在这点上，他有自己个人的原因——他还在做学术研究的时候，寻找过糖尿病和其他常见病的遗传机制。那项研究比较了患者和非患者的 DNA，试图找到每种疾病中最常出现的差异。花掉大量研究经费后，基因学家意识到没有简单的答案。并不存在共同的"糖尿病基因"或者"抑郁症基因"。这些常见病不是由确凿单一的基因缺陷造成的——患病概率是由 DNA 密码中几百上千个罕见变异共同决定的。

这就产生了一个巨大的统计学难题。在 2014 年 7 月一篇有 300 名作者的报道里，布罗德研究所分析了 36 989 名精神分裂症患者的基因。尽管精神分裂症具有高度的遗传性，但科学家们发现的 108 处基因区域仍只能解释一小部分患病风险。阿特舒勒认为，大型基因研究是攻克这类疾病的好办法，但这恐怕需要几百万基因组数据才能完成。

数学分析表明，无论研究者要解决常见病还是罕见病的机理，数据分享势在必行。"信噪比必将使科学研究的方法发生重大变化。"南加州大学阿兹海默症科学研究小组负责人亚瑟·托加（Arthur Toga）说，"你不可能仅从 10 000 名患者中得到结果，你需要更多。科学家们必须分享数据。"

隐私的考虑是数据分享的一个阻碍。人们的 DNA 数据受到严格保护，因为它可以像指纹一样识别出你的身份。如果你获得了一个人的基因组，你就能了解他的健康和家庭的敏感信息。同样，人们的病例也是保密的。一些国家不允许将个人信息用于研究。除此之外，商业公司的实验室也不愿意分享他们所找到的致病基因变异，因为这有可能会让竞争对手抢占先机[3]。但豪斯勒认为，点对点的网络能避开一些这样的担忧，因为数据不会被转移，查询也能受到控制。半数以上的欧洲人和美国人愿意分享他们的基因组信息。一些学者认为患者授权书应该更灵活一些，就像脸书（Facebook）的隐私控制一样，让个人决定与谁分享以及分享哪些信息，还可以改变主意。"我们的成员希望拥有决定权，但他们不那么在意隐私——因为他

们身患疾病。"大型患者权益组织基因联盟（Genetic Alliance）的领导者莎伦·泰瑞（Sharon Terry）如是说。

对此，GA4GH成立了专门负责安全、伦理、合规以及隐私方面的工作组。他们还正在开发一种"分层存取系统"，允许用户使用已认证的用户名和密码来获取更加敏感的数据[2]。据阜姆介绍，该系统分为三层，分别是公开层、注册层和控制层。公开层只会提供"是"或"否"的答案。如果你创建了账户，并得到查询机构的认证，你就能在注册层和控制层获得更多的信息。而你能得到什么信息完全取决于不同的灯塔机构——医院的临床检验科也许愿意分享症状和家族史的信息，大型研究机构则可能对不同族群中某个基因变异出现的概率更感兴趣。[3]

得不到数据分享权使基因组革命面临中断的风险。

一些研究者已经发现这样的势头。为诺亚基因组测序的研究小组负责人凯姆·玻艾克特（Kym Boycott）说，研究者在2010年首次使用测序作为研究手段时，他们立即获得成功。2011—2013年两年间，一批加拿大基因学家建立的工作网络发现了146种疾病的精确致病分子，解决了他们55%的未确诊病例。

但成功率在逐渐降低。目前像诺亚这样棘手的案例，解决率只有普通疾病的一半。"我们的系统里再没有两名境况相同的患者了，这就是为什么我们需要交换信息。"凯姆说，"我们需要更多患者和系统的信息分享机制来提高成功率。"2016年6月末，当我问及配对交换是否找到了时，凯姆表示："诺亚依然没找到匹配的数据，目前还在等待。不过她相信随着分享的数据越来越多，他们会找到的。"

专家点评

郭 慧
奇恺（上海）健康科技有限公司联合创始人兼数据架构师

基因检测，随着技术日益成熟、成本日益降低，正得到越来越广泛的关注。随之而生的庞大数据量，也引起了数据科学家们的浓厚兴趣。前所未有的海量数据，处处埋藏着揭示人类生命奥秘的宝藏，等待智者的挑战。

然而，当科学家们怀揣人工智能、大数据和云计算的利器，兴致勃勃地跳入这片战场，却发现他们面临的是一片意想不到的狭小空间。互联网高度发展的今天，基因和相关的临床数据受制于安全、隐私、商业机密和各种法律法规，仍被牢牢地禁锢在医院、研究所和公司的院墙内。这个领域的每个参与者，手中紧握了拼图的小小一角。孤岛式的信息碎片毫无意义，只有当碎片汇聚在一起，才有可能通过大数据的技术充分挖掘其背后的价值，进一步改变人类的生活。

应运而生的正是DNA的互联网，一项由非营利性组织GA4GH研发并推广的基因数据共享技术。它试图建立基于P2P协议的基因数据网络，通过严格的加密算法和复杂的分层授权机制，解决人们对于隐私和安全的忧虑。技术层面的可行性，在其他商业领域已经得到广泛验证。然而基因数据的共享，并不仅仅是个技术问题，其背后复杂的心理、经济乃至政治因素，或许是决定这项技术能否真正落地的关键。

无论结果如何，让我们对这些先驱者心怀感激，在基因数据依然相对闭塞的今天，他们迈出了走向自由分享的第一步。

10 Breakthrough Technologies

2014

2014 年 **10 大突破性技术**

Genome Editing
基因组编辑

有了基因编辑技术 CRISPR，科学家就能轻松并精确地编辑各种生物的基因。2014 年，中国科学家用 CRISPR 培育出带有自闭症基因的猴子，验证了灵长类动物基因编辑的可能性。这项技术入选《麻省理工科技评论》2014 年度 10 大技术，获得《科学》杂志 2015 年度突破第一名。目前，由于人类胚胎基因编辑实验，CRISPR 技术的成功与争议同行。

撰文：阿曼达·谢弗（Amanda Schaffer），克里斯蒂娜·拉尔森（Christina Larson，实验部分），汪婕舒

突破性技术

利用基因组工具培育出有特定基因突变的转基因猴。

为什么重要

修改灵长目动物目标基因的技术是研究人类疾病的宝贵工具。

主要研究者

- 云南国家重点实验室
- 珍妮弗·端纳（Jennifer Doudna），加州大学伯克利分校
- 张峰，麻省理工学院
- 乔治·丘奇（GeorgeChurch），哈佛大学

实验

直到最近，中国西南省份云南的省会昆明还主要以棕榈树、蓝天、慵懒的氛围和群山的美景著称，吸引着源源不绝的外国背包客。但是昆明偏僻贫困的形象正迅速发生改变。在城市郊区的一片地方，十几年前的荒地变成了今天的基因组研究机构。科学家在这里完成了一项很有争议的实验。他们培育出

了一对带有精确基因突变的恒河猴。

2013 年 11 月，这对雌性双胞胎恒河猴明明和玲玲出生在昆明科灵生物科技有限公司（Kunming Biomedical International）和云南灵长类动物生物医学研究重点实验室里。这对猕猴是通过体外受精技术出生的。在体外受精以后，昆明的科学家使用了新型的 DNA 工程技术 CRISPR 在受精卵中编辑

修改了 3 个基因。随后，这两颗受精卵被移植到代孕的猕猴母亲体内。这对健康双胞胎的出生标志着 CRISPR 可以在灵长类动物体内完成靶向遗传修饰——这开启了一个把猴子作为模式生物来研究复杂疾病的生物医学新时代。

在过去几年，CRISPR 由加州大学伯克利分校、哈佛大学、麻省理工学院等机构的研究人员研发出来。这项技术已经开始改变科学家对遗传工程的理解，因为它可以让他们精确并相对轻松地改变基因组。昆明实验的设计者之一季维智解释说，实验的目标就是确认这项技术可以培育出带有多个突变的灵长类动物。

1982 年，季维智在公立的昆明动物研究所开始了自己的职业生涯，专注于灵长类动物的生殖研究。他回忆说，那段时间，中国"是一个很穷的国家。我们没有足够的研究经费，只是在做一些简单的工作，比如研究如何改善灵长动物的营养。"从那时起，中国在科研上的志向发生了翻天覆地的变化。昆明的研究机构以庞大的饲养场所而自豪：75 间有顶的屋子里饲养着 4 000 只灵长类动物——很多动物精力充沛地在悬挂梯上荡来荡去，在铁丝网墙上跳上跳下。60 位训练有素的动物饲养员穿着蓝色的大褂，全职照顾这些动物。

实验室里的实验需要使用微注射系统。在这个系统中，显微镜用来观察培养皿和两根由控制杆和旋钮控制的精确注射针。这两根针既可用来把精子注射到卵子里，也可用来编辑基因。基因编辑技术会使用"向导"RNA 将 DNA 切割酶导入基因中。当我访问实验室的时候，一位年轻的实验技术员正心无旁骛地拨动刻度盘，把精子导入卵子里。注射每个精子只需要几秒钟。在 9 小时候后，当胚胎仍处于单个细胞的阶段时，一名技术员将使用相同的机器把 CRISPR 的分子成分注射到细胞里。整个过程同样只需要几秒钟。

当我在 2014 年 2 月下旬去昆明的时候，这对双胞胎猕猴还只有几个月大，生活在孵化器中，被实验室的工作人员严密地监视着。毫无疑问，季维智和他

的同事计划继续仔细地研究这些猴子，从而发现这项前沿转基因技术产生的任何后果。

影响

培养定向突变的灵长目动物的能力可以为研究复杂的遗传性脑病提供有力的工具。

这项新的基因组编辑工具名为 CRISPR，它可以精确并相对容易地在染色体上的某个特定部位改变 DNA。在 CRISPR 技术发明之前，改变细胞的基因非常困难。用加州格拉德斯通研究所基因学家布鲁斯·康克林（Bruce Conklin）的话说，"要改变一个基因，需要花上一个研究生的整篇论文"。[1] 而 CRISPR 是如此方便快捷，不需要昂贵的设备，也不需要太多的训练就能掌握。2015 年年底，NASA 的一名生物学家甚至向大众发布了一款 DIY 的 CRISPR 工具包，只需几十美元就可以在自家厨房里对细菌或酵母进行基因编辑。[2]

中国的科学家们正是利用这项技术改变了猴子的基因。2013 年初，美国科学家的研究表明，这项技术可以在培养皿中改变任何动物细胞类型的基因，包括人类细胞。但中国科学家首次证实，这项技术可以用在灵长类动物身上，并产生带有某种特定基因的后代。

加州大学伯克利分校的分子和细胞生物学教授珍妮弗·端纳（Jennifer Doudna）说："利用这项技术可以简便地修改灵长类动物的基因，这非常有用。"她也是 CRISPR 技术的发明者之一。根据需求修改了基因的灵长类动物可以用来研究复杂的人类疾病，是一种强有力的新方法。但它带来了新的伦理学困境。从技术的角度来说，中国的灵长类动物研究表明，科学家有能力用 CRISPR 修改人类的受精卵。如果猴子可以作为实验指南的话，修改受精卵可以孕育出转基因婴儿。但"这是否是个好主意，是一个困难得多的问题"，端纳说。

对于大多数研究 CRISPR 技术的科学家来说，设计婴儿的目标仍然非常遥远。而培育带有人类疾病相关突变的动物是一个紧迫得多的任务。端纳表示，用灵长

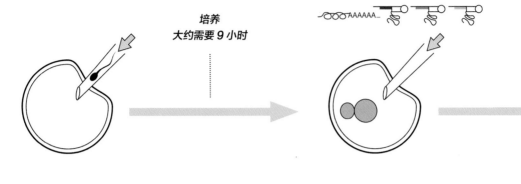

培养
大约需要 9 小时

1 精子注射
实验员把一颗精子注射到未受精的卵子里

2 基因组编辑
受精卵被注射了标靶某个特定基因的"向导"RNA, 还有一段 DNA 切割酶模板

类动物做实验很贵（在中国，购买一只猴子需要 1 000 美元，每天需要花 5 美元来喂养，而在美国，这两个数字分别是 6 000 美元和 20 美元，都相当昂贵[1]，而且还会产生动物福利问题。但是，中国科学家的实验证明了 CRISPR 适用于猴子，这让"很多人开始考虑灵长类动物模型能起重要作用的实验"，端纳说。

这些实验中最重要的是对脑部疾病的研究。麻省理工学院麦戈文脑研究所（McGovern Institute for Brain Research）的主任罗伯特·德西蒙（Robert Desimone）说，科学界对用 CRISPR 技术培养自闭症、精神分裂症、阿尔茨海默氏症以及躁郁症的猴子模型有着"相当大的兴趣"。这些疾病很难在小鼠和其他啮齿动物身上研究，因为这些动物受影响的行为与人类全然不同，而且与疾病相关的神经回路也不相同。很多在小鼠身上相当有用的实验性精神疾病药物在人体试验中并不成功。由于人体试验的失败，很多制药公司减少或放弃了研发药物的努力。

遗传实验中发现了越来越多的脑疾病，而灵长类动物的模型能够帮助科学家解释这些疾病相关的突变。某个基因变异的重要性通常并不明确，它有可能会致病，也有可能只是和某种疾病间接相关。CRISPR 技术可以帮助研究人员找到确实会致病的突变。科学家可以把可疑的遗传变异转入猴子体内并

观察结果。CRISPR 技术很有用的另外一个原因是，它可以让科学家们创造出带有不同突变组合的动物模型。这样，他们就能评估哪个突变（或哪些突变组合）最能引发疾病。这类实验非常复杂，其他任何方法都完成不了。

麻省理工学院神经科学教授冯国平和他的同事张锋正和中国科学家一起培育患有自闭症的猕猴。张锋是布罗德研究所（Broad Institute）和麦戈文脑研究所的科学家，他的研究表明 CRISPR 可以用来修改人类细胞的基因组。他们正在受精卵中改变一个名叫 SHANK3 的基因，培育可以被用来研究自闭症的猴子，并用这些猴子检测可能的药物（只有一小部分自闭症患者带有 SHANK3 突变，但这是少数与自闭症高度相关的基因变异之一）。

季维智表示，那些已经培育出转基因猴的中国科学家仍然在改进这项技术。季维智参与了昆明重点实验室和昆明灵长类动物生物医学研究重点实验室的领导工作。现在，昆明灵长类动物生物医学研究重点实验室中已有 1 500 只转基因猴子，作为自闭症和帕金森病等病症的研究模型[3]。这些研究的目标是寻找疾病的早期征兆，研究疾病恶化的机理等。

继季维智的团队之后，深圳、杭州、苏州、广州等

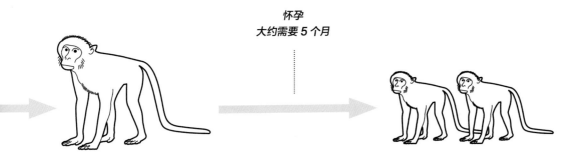

怀孕
大约需要 5 个月

3 代孕母亲
研究人员把看起来健康的胚胎（已经分裂出很多细胞）转入雌性猴子体内。一般来说，一个代孕母猴体内可以植入 3 个胚胎

4 幼猴
双胞胎明明和玲玲生下来就带有多个基因变异。它们是首批使用 CRISPR 基因编辑技术的灵长类动物

城市也陆续建立起了高科技的灵长类动物研究机构，使得中国在这方面成为领先国家[3]。这些机构与科学家们合作，开展了许多研究。例如 2016 年 1 月，中国科学院上海生命科学研究所的仇子龙等人在《自然》上发表论文称，他们培育出了 MeCP2 基因被过度表达的转基因食蟹猴。此前的研究表明，某些自闭症儿童的 MeCP2 基因存在被过度表达的现象[2]。这并不是科学家第一次培育出带有自闭症基因的猴子，但却首次公开证明了这些基因与动物行为之间的相关性[5]。中科院昆明动物研究所的基因学家也在和季维智合作，用 CRISPR 技术培育带有"聪明"基因 SRGAP2 和语言基因 FOXP2 等基因的猴子，从而研究人类的进化历程[3]。

当然，灵长类动物实验最重要的意义还是在于开启了在体外受精过程中改变人类胚胎基因的可能性。尽管这样的操作在技术上是可能的，但大多数科学家并不急于这么做。更多科学家选择用 CRISPR 进行其他生物的研究，在疾病控制、药物研发甚至宠物改良等方面进行了很多尝试。仅 2015 年，全世界就涌现了 1 300 多篇与 CRISPR 有关的论文。例如，澳大利亚联邦科学和产业研究组织的分子生物学家蒂莫西·多伦（Timothy Doran）正在试图用 CRISPR 编辑出不会导致过敏的鸡蛋[4]。加州大学尔湾分校的生物学家安东尼·詹姆斯（Anthony James）等人则

用 CRISPR 改造蚊子的基因，试图杜绝它们对登革热和疟疾的传播[6]，或许还具有遏制塞卡病毒的潜力[7]。英国罗斯林研究所的科学家正在编辑猪的基因，让它们能抵抗非洲猪瘟病毒。还有一些科学家（包括 CRISPR 技术的先驱、哈佛医学院的乔治·丘奇教授）试图用 CRISPR 复活已经灭绝的物种，例如猛犸象和旅鸽[4]。在食物生产方面，美国食品药品监督管理局于 2015 年 11 月批准了首例可快速生长的转基因三文鱼。还有一些研究者用 CRISPR 来改良宠物。例如以宠物克隆而闻名的韩国秀岩生命工学研究院正计划用 CRISPR 来提高导盲犬等工作犬的能力。中国的华大基因则计划出售一种经过了基因编辑的宠物猪；由于修改了负责生长的 DNA，这种小猪最多只能长到 20 公斤[8]，未来甚至可以定制小猪身上的颜色和图案[9]。CRISPR 展现出来的巨大潜力，使其被《麻省理工科技评论》评选为 2014 年 10 大技术之一，并被《科学》杂志评选为 2015 年度突破第一名；2016 年，《麻省理工科技评论》再次将 CRISPR 对农作物的基因编辑评选为年度 10 大技术之一。

然而，编辑人类基因始终是一块充满诱惑的蛋糕，或许藏着消除某些严重疾病的秘密。自 2015 年以来，陆续有一些国家批准了人类胚胎基因编辑的实验，包括瑞典和英国。其中，中国科学家进行的人类胚胎基

因编辑实验,引发了全世界的关注和极大的争议。[10]

2015 年 4 月,中国中山大学的黄军就教授团队在《蛋白质与细胞》期刊在线发表了世界首例人类胚胎基因编辑实验。该团队用 CRISPR 对人类胚胎进行了基因编辑,以研究 β 型地中海贫血。尽管他们使用的胚胎是医院丢弃的异常胚胎,并不会发育成人,但依然引发了铺天盖地的巨大异议[11]。人们开始激烈地争论基因编辑的伦理和安全问题,以及是否应当禁止编辑人类的基因。这项研究使黄军就入选了《自然》杂志 2015 年 10 大科学人物。[12]

的确,对安全性的忧虑让人生畏。CRISPR 发明人之一珍妮弗·端纳在 2014 年参加一次学术会议时,看到一名博士后研究员让小鼠吸入用 CRISPR 编辑过的病毒,从而创造出人类肺癌模型。她非常担忧,因为只要向导 RNA 出现一点点小错误,就有可能让人类产生肺癌。这名研究员解释说他的实验非常小心,不会出现这种错误,但他也承认:"我的向导 RNA 不会剪切人类基因,但你永远不知道会发生什么。尽管看起来不太可能,但值得考虑。"[1]

斯坦福大学法律和生物科学中心主任汉克·格里利(Hank Greely)说,当你想想"搞乱一个细胞,而这个细胞有可能变成一个活着的婴儿",即使是微小的错误和副作用也会产生重大的后果。而且,何必多此一举呢?对大多数因简单遗传因素引起的疾病来说,使用 CRISPR 不值得:夫妇"选择另一个没有携带疾病的胚胎"更有意义,格里利说。

也许可以推测,父母们有可能希望改变多个基因,以降低孩子的患病风险,比如像心脏病或糖尿病这种有着复杂遗传原因的疾病。但至少在未来 5 ~ 10 年里,格里利说:"这让我感觉近乎疯狂,几乎很难发生。"在未来,父母们或许会希望让子女改变某些性状,但大多数性状实在太复杂,或者我们对其知之甚少,所以不能成为有意义的干预目标。科学家还不理解智商等高级脑功能的遗传基础——这一点在很长一段时间内都很难被改变。

随着基因编辑伦理争议的日渐白热化,2015 年年底,

美国国家科学院、英国皇家学会和中国科学院在美国华盛顿特区共同举办了人类基因编辑国际峰会。会上,包括张锋和珍妮弗·端纳在内的科学家们就基因编辑可能遇到的伦理问题进行了激烈的争辩,最后一致认同,人类胚胎基因编辑实验应该继续进行,但不能以怀孕为目的。[13]

2016 年 4 月,第二例使用 CRISPR 的人类胚胎基因编辑报告再次诞生于中国——广州医科大学的范勇博士试图创造出带有抵抗 HIV 病毒的基因变异。这次实验获得了伦理委员会的批准和胚胎捐献者的同意[14]。其他类似的实验也陆续出现在学术期刊上。例如 4 月 7 日的《细胞》杂志发表了斯德哥尔摩卡罗琳学院的弗雷德里克·兰纳(Fredrik Lanner)团队的论文,他们分析了 88 枚早期人类胚胎,并用 CRISPR 技术来识别阻碍胚胎发育的基因。

季维智说,创造出被 CRISPR 修改过基因组的人类"非常有可能",但他也同意:"考虑到安全问题,还有很长的路要走。"与此同时,他的团队希望用转基因猴子"建立非常有效的人类疾病的动物模型,在未来改进人类的健康。"

用 CRISPR 来治疗人类疾病的研究方兴未艾。2014年,麻省理工学院的生物学家丹尼尔·安德森(Daniel Anderson)在小鼠身上纠正了酪氨酸血症的基因,这是 CRISPR 技术首次在成年动物身上修复致病基因。然而,这项实验也暴露出了技术的局限——为

了将 Cas9 酶和向导 RNA 引入小鼠肝脏，必须向血管中泵入大量的液体，这在人体内是不可能实现的，并且实验最多只纠正了 0.4% 的细胞的基因，尚不足以治愈疾病。不过，这个实验被看做向人类基因疗法迈进的重要一步。一些公司也正在研究基于 CRISPR 的基因疗法[1]。

令人欣喜的是，基因编辑已经开始挽救人类的生命。2015 年年底，伦敦大奥蒙德街儿童医院的医生用 TALEN（另一种基因编辑技术）改造了捐献者血液中的免疫细胞，为一位生命垂危的白血病女婴莱拉（Layla）赢得了宝贵的时间进行骨髓移植，最后成功治愈[15]。同年 11 月，生物科技初创公司 Editas 宣布，将于 2017 年开展基因编辑的临床试验——将携带 CRISPR 编辑系统的病毒注入莱伯氏先天性黑蒙症（一种罕见的视网膜病）患者眼中，纠正变异的基因[16]。拜耳公司与初创公司 CRISPR

Therapeutics 也于 2016 年初共同斥资 3 亿美元成立合资公司，要用 CRISPR 来开发治疗血液病、失明和先天性心脏病的药物。

还有科学家对 CRISPR 系统进行了改造，去除其剪切 DNA 的能力，保留搜寻特定序列的能力，使得科学家可以精确地开启或关闭某些特定基因，或调整它们的表达水平。2015 年，张锋的团队就利用这种方法，逐个开闭 2 万种已知的人类基因，寻找到了让黑色素恶性肿瘤抵抗癌症药物的几个基因。[17]

可以说，CRISPR 这个强大的工具赋予了人类无穷的想象力，无怪乎《自然》杂志将其称为"CRISPR 动物园"。正如该文作者所说："CRISPR 动物园正在迅速扩张——现在的问题是，如何才能找到前进的方向。"

专家点评

田埂

博士，毕业于中国科学院研究生院，元码基因联合创始人，曾任清华大学基因组与合成生物学中心主管，华大基因华北区第一负责人，天津华大创始人、总经理，深圳华大基因研究院研发副主管。参与多项 863、973 项目。以通信作者和第一作者发表文章 10 余篇，拥有发明专利 10 余项。

基因组层面的编辑可以实现很多美好的生物学构想，并有着非常广阔的前景。从开创性的锌指蛋白编辑技术开始到更灵活的 talen 技术，从已经越来越接近完美的 CRISPR 技术到目前极具潜力的 NgAgo 技术。基因组编辑一直在最广泛地吸引着所有生物技术研究人群的关注。无需多言，基因组编辑技术把外科手术做到了分子水平，并且几乎在所有涉及基因的问题上都可以发挥作用，势必将成为未来百年内最有价值的生物技术。更广的应用范围，更快的更新速度，更低的技术门槛，也不断引发着"我们实验室下一步应该怎么做？"的构想。

而目前摆在这项技术前面最主要的问题已经逐渐从

科学层面转为了伦理层面的讨论。在很多民众还在喋喋不休地争论转基因安全问题的时候，基因组编辑其实早已引起了更多科学界内部的争论。绝大多数的科学家都表示了足够的担忧，并认为基于基因组编辑技术的应用应该严格加以限制。界定应用的范围和方向的讨论现在已经明显滞后于技术本身发展的速度，甚至道德已经成了维系问题爆发的最后一道防线。如同手中握住的切菜刀，应该对使用人设立更严格的法案而非工具本身。同时笔者认为目前此项技术仍掌握在少数实验室范围之内，我们仍有时间立法规范。而从科学角度，我们要了解基因编辑对整个基因组的影响，这种影响可能是目前科学界没有认识到的。

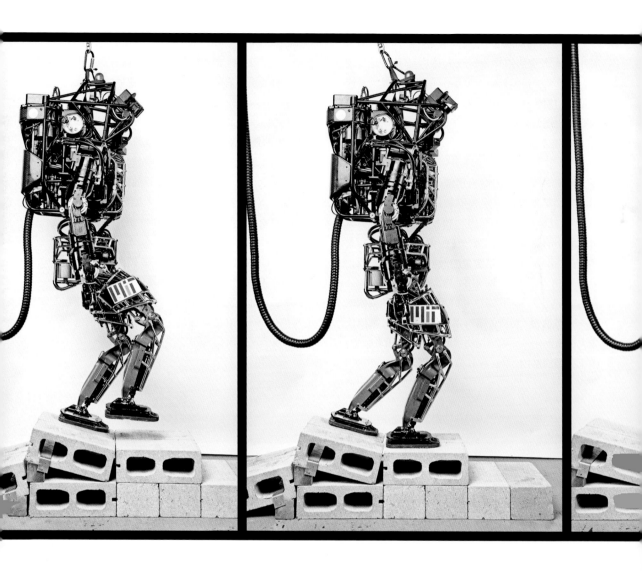

Agile Robots
灵巧型机器人

计算机科学家们已经制造出平衡性和灵巧性足以在崎
岖不平的地面行走和奔跑的机器人,这让它们在人类
环境中导航的用途大大提升。Atlas 是波士顿动力公司
制造的双足机器人,它拥有惊人的平衡性和灵巧性,
能在崎岖的地面行走,未来或许能用于紧急救援,被
评为《麻省理工科技评论》2014 年度 10 大突破性技
术之一。

撰文:威尔·奈特(Will Knight),汪婕舒

突破性技术

能在不平坦的地面上行走的有腿机器人。

为什么重要

轮式机器人去不了世界上的大部分地区,但
有腿的机器人却可以。

主要研究者

- 波士顿动力公司(Boston Dynamics)
- Schaft
- 本田

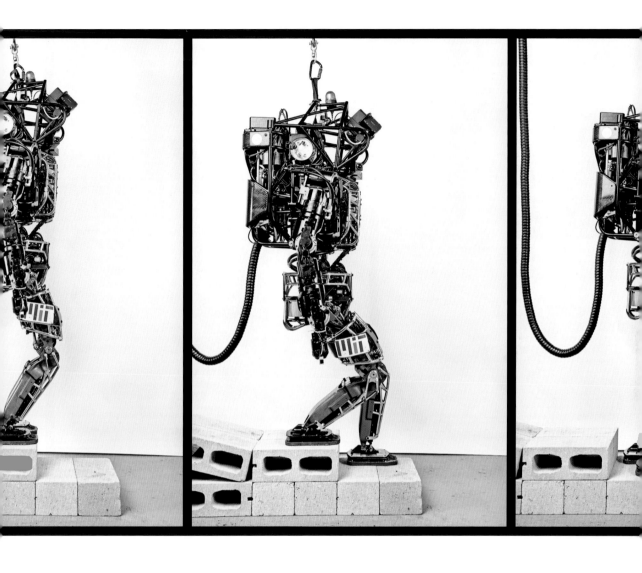

行走是生物力学工程的一项非凡技艺。要实现这一目标，每一步都需要平衡，需要对瞬间不稳定性的适应能力。这需要快速调整脚的着地点，并计算出突然转向需要施加多大的力。所以也难怪目前的机器人都不是非常擅长行走了。

Atlas 人形机器人由波士顿动力公司制造，该公司于2013 年 12 月被谷歌收购。Atlas 能够在高低不平的地面上行走，甚至能在平地上跑。虽然以前的机器人，比如本田公司的 ASIMO、索尼公司的微型机器人QRIO 也能行走，但却不能迅速调整平衡，所以常常看上去很笨拙，实用价值有限。而 Atlas 拥有非常出色的平衡感，能够很容易地保持平稳，显示出它具备作为机器人在人类环境中安全、轻松活动的能力。

能够行走的机器人最终可能在紧急救援行动中派上更大的用场，也可能在一些日常工作中发挥作用，比如在家中帮助老人或残疾人做一些日常家务活。

双足的稳定

早在 20 世纪 80 年代初，波士顿动力公司的联合创始人马克·莱伯特（Marc Raibert）就通过"动态平衡"，即用连续的动作来让机器人保持直立，成为机器人

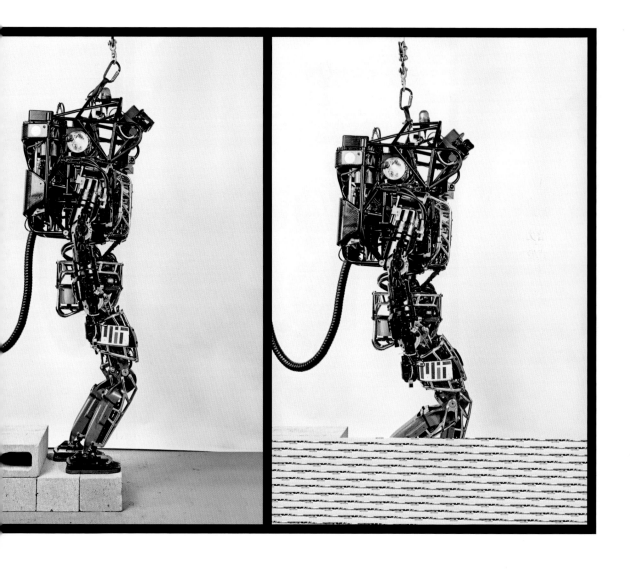

领域的先驱。作为卡内基梅隆大学的教授，他最先制造出了一部单腿机器人，能像踩着高跷一样在实验室里跳，每一跳的同时计算出如何让腿和身体复位，如何富有攻击性地进行下一跳。后来，他又制造出一些其他样子的机器人，有的拥有四条腿，还有的拥有复杂的关节、制动器和控制软件等。

1986年，莱伯特的实验室从卡耐基梅隆大学搬到了麻省理工学院。在这里，他制造出了可行走、弹跳和奔跑的机器人，它们的名字都十分形象，例如"弹跳火烈鸟"、"弹跳火鸡"或者"单脚袋鼠"。1992年，莱伯特成立了波士顿动力公司，最初是为了售卖他的实验室开发的仿真软件。慢慢的，这家公司开始

为商业机器人项目提供咨询服务，其中包括索尼的机器宠物 AIBO 和 QRIO。

2003年，波士顿动力与 DARPA（美国国防高等研究计划署）签署了一项合同，开始正式研制自己的足式机器人。DARPA 希望他们制造一种机器，可跟随部队进入轮式或履带式机器无法靠近的区域。为此，波士顿动力开发出了四足机器人"大狗"（BigDog）。它由一个卡丁车发动机驱动，用 69 个传感器来监测腿部的运动、施加到肢体的力量、温度和液压等数据，能够在沙地、雪地甚至冰面上行进，还能在被踢后保持平衡。尽管它是一个遥控机器人，但它的平衡行为却是由一台机载计算机自动控制的。大狗

更强大的版本 LS3 诞生于 2009 年，尺寸同一匹马差不多大，每日可负载 180 千克货物（相当于 4 个海军满载背包）在崎岖地形上行进 32 千米。此后，波士顿动力又开发了时速达到 47 千米（在跑步机上，平衡杆辅助下）的猎豹机器人，以及时速 26 千米的野猫机器人等。

莱伯特对双足机器人的探索也由来已久。1989 年，莱伯特的一名研究生帮助他开发了一台能够翻筋斗和做出一些杂技动作的双足机器人，展现了这种机器人的潜力。经过多年的研发，2013 年 7 月，DARPA 正式发布了由波士顿动力研制的人形机器人 Atlas。它身高 1.8 米，重 150 千克，身体由铝和钛制成，四肢由液压驱动[1]。它身上装有两套视觉系统——激光测距仪和立体相机，能够在崎岖的路面行走，并能使用手脚进行独立攀爬。[2]

Atlas 同样展示了动态平衡，它使用强力液压装置保持身体的平稳前进。Atlas 能在不平坦的碎渣上走过，在跑步机上轻快利落地行走，还能在约 9.07 千克的重球砸下来时用单腿保持平衡。我们知道，人被推搡的时候，可以本能地恢复平衡，通过调节重心和两腿的位置来避免摔倒。同样的，Atlas 也能感觉到自身的不稳定状态，迅速做出反应来自我修正。这种像人一样的机动性所展现出来的前景无疑引发了谷歌的青睐，也赢得了全世界的关注，并被《麻省理工科技评论》评选为 2014 年 10 大技术之一。

BigDog

虽然谷歌收购机器人公司的最终目的尚不清楚，但谷歌于 2013 年收购了多家机器人公司，包括一些专门从事视觉和控制技术的公司，例如日本人形机器人制造商 Schaft 和生产工业机械臂的 Redwood Robotics 等，旨在将最前沿的机器人软件和硬件结合在一起[3]。安卓之父安迪·鲁宾（Andy Rubin）将这些公司组成了谷歌的机器人部门"复制人"（Replicant）——这个名字来源于科幻电影《银翼杀手》中的仿生机器人。

Atlas 还不能做家中和办公室中的杂活。刚发布时，

麻省理工学院由赛斯·特勒（Seth Teller）和鲁斯·泰德雷克（Russ Tedrake）用他们自己的动态平衡软件替换了 Atlas 自带的软件。这让机器人能以相对更快的速度在崎岖不平的、不熟悉的地面上行走。

它的强力柴油引擎是外接的（最新版本已去除外接电缆），而且声音太吵。它的钛质手脚挥舞起来很危险。但是它能够在救援人员不能进入的危险环境下（比如在濒临熔化的核电站中）完成修理工作。"如果你的目标是寻找'人'的替代品，我们有的是办法。"莱伯特说。但如果要求它站得住、跑得起来，那 Atlas 会是一个不赖的标杆。

实际上，Atlas 的诞生是作为 DARPA 机器人挑战赛的硬件平台。这项比赛从 2012 年延续到 2015 年 6 月，涵盖了多个项目，旨在促进能在危险环境（如福岛核事故）中完成复杂任务的半自动地面机器人的研发，吸引了全世界的目光。2015 年 6 月举行的决赛由若干个任务组成，包括驾驶沙漠赛车并从车上走下来（这一步"阵亡"了不少机器人）、开门、转动阀门、插拔插头、走过一堆废墟和爬楼梯等。这些任务对人类来说轻而易举，但对机器人却十分困难。在决赛中，共有 7 个团队使用了 Atlas 作为硬件平台[4]，其中 IHMC（佛罗里达人机认知研究所）获得了亚军。最终赢得 200 万美元的冠军则是使用了另一款机器人 HUBO 的韩国科学技术院团队，这款机器人除了双足模式之外，还能"变身"为四轮模式，无怪乎《麻省理工科技评论》将其戏称为"变形金刚"。此外，季军卡耐基梅隆大学团队的机器人 Chimp 也能变成履带模式，由双足行走变为像坦克一样行进。

待价而沽，路在何方

尽管 Atlas 的平衡性令人称奇，但从实用的角度来说，其进展是缓慢的。此外，"复制人"部门的精神领袖安迪·鲁宾于 2014 年 10 月离开谷歌，去创办自己的孵化器，这对谷歌机器人部门是一个重大的打击[5]。这 300 多名顶级机器人工程师仿佛失去了前进的方向，很难与谷歌旗下的其他公司和部门协作[6]。尽管有数位经验丰富的领导者相继上台，包括卡耐基梅隆大学的机器人专家詹姆斯·库夫纳（James Kuffner）和拉里·佩奇的顾问乔纳森·罗森贝格（Jonathan Rosenberg），但均无法挽回颓势。[7]

2015 年底，美国军方搁置了与波士顿动力的进一步合作，原因是机器狗 LS3 的噪声实在太大，在战场上很容易暴露士兵的位置。波士顿动力曾尝试开发一款噪声较小的机器人 Spot，但由于身形过于轻巧，无法负重，也难以满足军方的要求。[8]

2016 年 2 月，波士顿动力发布了新一代 Atlas 的视频。在视频中，新的 Atlas 比过去更加小巧灵活，身高 1.75 米，体重减到 82 千克。它扔掉了笨重的电缆，能推开门走出去，与人类并肩行走，还能把箱子搬运到货架上。它的平衡能力更加惊人——在胸部遭受猛推之后，它踉跄地后退几步，旋即恢复了平衡。它还能在高低不平的雪地上跌跌撞撞地保持前进。更令人印象深刻的是，当它被人从后方推倒之后，竟然自己爬了起来。这种前所未有的平衡能力迅速在全世界引起轰动，视频获得了上亿的观看量。莱伯特说，这个进步背后是巨量的艰辛工作，包括 3D 打印的腿部和新的算法等。[9]

然而，就在人们为双足机器人的进展欢呼雀跃时，却爆出新成立的谷歌母公司 Alphabet 打算出售波士顿动力的消息。原来，由于机器人部门进展不顺，谷歌已于 2015 年 12 月解散了机器人部门"复制人"，并将这些公司整合入 Google X 中。Google X 是谷歌的另一个部门，包含了那些具有"登月"意义的前沿项目，例如无人驾驶汽车、智能家居 Nest、谷歌气球、医疗公司 Calico 和 Verily 等。据彭博社报道，Google X 的负责人阿斯特罗·特勒（Astro Teller）在一次全体大会中对前"复制人"员工说，如果他们的机器人不能解决谷歌的实际问题，就只能把他们安排到其他岗位[6]。

波士顿动力却是一个例外。它并没有整合入 Google X，而是被挂牌出售，潜在的买家包括丰田研究院和亚马逊，前者成立于 2015 年 11 月，计划在未来 5 年花费 10 亿美元发展人工智能和机器人[10]，而后者正在为其物流中心开发机器人。这一消息一经彭博社发布，立刻让全世界愕然。人们猜测了许多原因，例如短期内无法开发出可市场化的产品、工程师难以与其他部门相处等。Google X 的一名发言人则表示，他们担心人形机器人会取代人类的工作[6]，或许会违背谷歌"不作恶"的宗旨。并且，谷歌希望旗下公司能解决实际问题，而不是只专注于某一项具体的技术——很显然，波士顿动力在"动态平衡"上花费了过多精力。

谷歌并没有完全放弃机器人业务。目前，谷歌依然在运行一系列机器人项目，包括用机器学习来教工业机械臂更加有效地抓握物体等。iRobot 公司的联合创始人海伦·格蕾纳（Helen Greiner）认为，谷歌并没有从机器人领域撤出，他们只是无法为动态平衡机器人找到市场。

2016 年 4 月，在日本举行的新经济峰会上，安迪·鲁宾邀请了与波士顿动力同一时期被谷歌收购的日本机器人公司 Schaft。该公司展示了一款令人惊艳的双足机器人。它身材比 Atlas 矮小苗条，外形有点像科幻电影《星际穿越》中的机器人塔斯。在视频中，它能够扛着举重杠铃行走，还能在踩到圆管时迅速恢复平衡，不至于滑倒，甚至还能在脚底绑上抹布擦洗楼梯——有人认为，这个镜头中正藏着谷歌选择卖掉波士顿动力而保留 Schaft 的原因，因为它更具有商业化的前景。

2016 年 5 月底，科技媒体 Tech Insider 从知情人处获悉，谷歌正在与丰田研究院商谈收购事宜，波士顿动力很可能将被丰田收入麾下。根据对领英账号状态的挖掘，Tech Insider 发现多位谷歌机器人专家都已加入丰田，包括前面提到的詹姆斯·库夫纳，以及谷歌负责波士顿动力的运营经理约瑟夫·邦达里克（Joseph Bondaryk）。丰田研究院与波士顿动力的关系还不止于此——CEO 吉尔·普拉特（Gill Pratt）曾与莱伯特一起在他成立的 MIT Leg Lab 中研究足式机器人，并在莱伯特离开去创办波士顿动力后，接过他的班，管理这个实验室。有了这些深厚的渊源，再加上丰田研究院与波士顿动力一样，聚焦在研究而不那么急于商业化，或许二者的结合才是完美的结局。[11]

站在机器人崛起的黎明，这家声名远播的机器人公司——波士顿动力却待价而沽，面临着未知的命运。不过，莱伯特并不迷茫。他说，波士顿动力的愿景与他 24 年前成立公司时完全一样。"我们的长期目标是制造移动性、灵巧性、感知性和智能程度与人和动物相媲美、甚至超越它们的机器人。"莱伯特说，"这样的机器人距我们只有一步之遥了。"[9]

专家点评

任海霞
阿里云研究中心大数据高级专家

双足机器人在运动状态下的平衡及稳定性一直是业界的难题之一。灵巧型机器人模拟人类的行走方式，同时通过自身调整来适应凹凸不平的路面和各种障碍物来保持平衡。这种全身的动作及协同能力显示出它具备作为机器人在人类环境中安全、轻松活动的能力，也具备对外部环境的适应性。

然而，如果研究人员期望在一些危险环境或者紧急救援行动的特定领域让机器人真正替代人类，或者成为人类的帮手，除了让机器人具备环境的适应能力之外，机器人还需要具备机器与人的交互能力，以及与执行作业相关的自主决策能力，这些技术的突破和协同才能最终使得特定领域的机器人真正突破性技术的限制。

目前的机器人只是作为一种机械设备在制造业等专用领域应用，除了技术的限制因素，成本和价格也是制约机器人技术应用的主要因素。这还需要很长的一段路程。

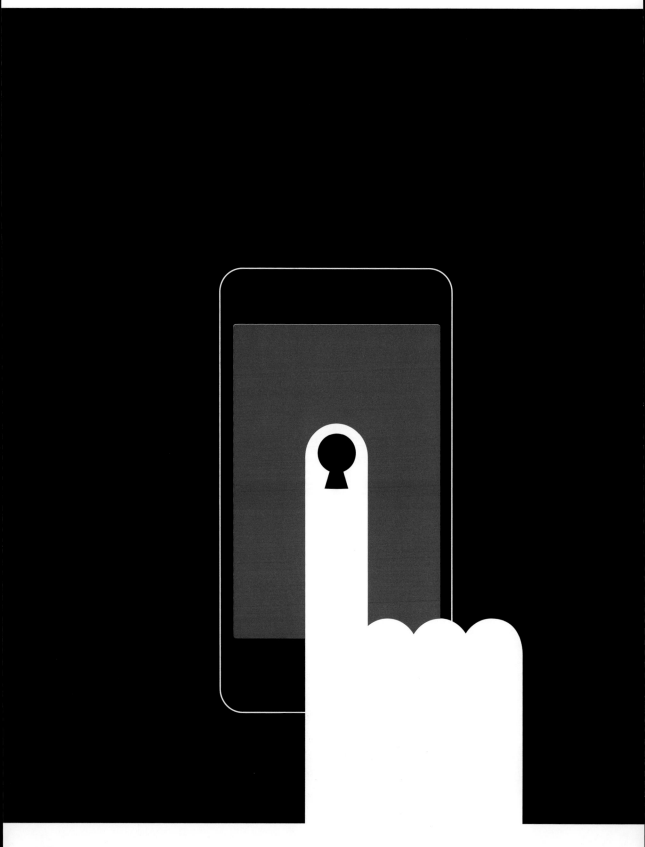

Ultraprivate Smartphones
超私密智能手机

2013 年"斯诺登事件"后，隐私问题突然成为了人们热议的话题，从个人资料到企业信息，仿佛一夜之间，大家都觉得有一双隐形的眼睛和耳朵，随时随地在关注着自己的一言一行。能保护隐私固然很好，但如果涉及到支付费用，对普通消费者来说就是另一回事了。所以，从事该领域业务的厂商，如 Silent Circle、CryptoPhone、Open Whisper Systems 等公司，大多将市场定位在商业用户。目前看来，"超私密智能手机"还只是少数人的专利，毕竟，要改变普通用户已习以为常的沟通方式，难度可想而知。该技术入选《麻省理工科技评论》2014 年度 10 大突破性技术之一。

作者：戴维·塔尔博特（David Talbot）

突破性技术

针对消费者市场的手机将传输最少的个人信息。

为什么重要

政府和广告商从手机中收集私密细节。

关键角色

- Blackphone
- CryptoPhone
- Open Whisper systems

2014 年 1 月 21 日，聚集在基辅独立广场上的示威人士看到手机上纷纷闪现一条文字信息。当时乌克兰总统维克多·亚努科维奇（Viktor Yanukovych）还在位并镇压反对派。这条从号码"111"发来的短信写道："亲爱的订户，你被注册为一场大规模骚乱的参与者。"人们普遍认为这条信息是由亚努科维奇的安全部门发送到游行示威区内的所有手机上。这是一种震聋发聩的提醒：你的手机沦为了别人监视你的工具。不久后，一名乌克兰男子走进马里兰州国家港湾一间毫不起眼的办公室，向一个名叫菲尔·齐默尔曼（Phil Zimmermann）的男子求助。

齐默尔曼是一位密码学家。他的公司 silent Circle 给语音电话、文字信息和其他任何文档附件加密。如果你使用其服务，你打给其他用户的电话是通过该公司的服务器发送的，并在接收的电话上被加密。这项服务并不会阻止在某些基站范围内传输具有潜在危险的信息，但它能阻止窃听，防止窃听者获得你致电或发送信息的手机号码。不久后，基辅市中心的示威组织者们开始使用该公司的访问码。"就是在这类环境中你需要广泛部署加密技术。"齐默尔曼说，带着显而易见的成就感。

过去一年里有一件事变得日渐清晰：像基辅这样的地方并不是唯一需要这种加密技术的场所。前美国中央情报局职员爱德华·斯诺登（Edward Snowden）揭露的文档显示，中情局从云计算平台和无线网络运营商那里收集了海量信息，包括普通人拨打的电话号码和次数。不止政府可能在监视你，网站、广告商，甚至零售商也在试图追踪你在其店铺里的活动。智能手机和其携带的应用程序被设计成能够收集和发布大量的用户数据，比如地址、网络浏览历史、搜索内容和联系人名单。

2014 年夏天，齐默尔曼将用一种新的方法来做出回击：一台名叫 Blackphone 的高度安全的智能手机。由 silent Circle 和其他公司组成的一个联合企业目前正在制造这种手机，它使用齐默尔曼的加密工具，外加一些其他的保护措施。它在安卓操作系统的一个特殊版本 PrivatOs 上运行，会阻止你的手机以多

齐默尔曼创造的私密软件是 Blackphone 的关键。"就像乔布斯说过的,如果你想做软件,你也会想要建造计算机,"他说。

种方式泄露你的行动。虽然军队和政府领导人早就在使用定制的安全手机,这项努力可能标志着一个转折:大众的手机也将变得私密和安全。

都柏林圣三一学院 (Trinity College Dublin) 的计算机科学家斯蒂芬·法雷利(stephen Farrell)正在领导"互联网工程任务专门小组"(Internet Engineering Task Force)开展这个项目。他说,加密交流信息并阻止数据外泄的手机是这种策略的极重要的部分,"我个人真的很想拥有一台牢不可破和保护私密的手机。"他说。

但在共享经济大行其道的时代,想让消费者掏钱买任何一样东西都变得越来越难。对个人隐私来说也是这样,菲儿·齐默尔曼就是这么认为的。以他多年在安全领域的工作经验看来,个人消费者并不愿意为服务付费,他们希望不花钱就可以得到很好的隐私保护服务,他们希望不花钱使用一切服务。所以,以隐私保护为卖点的 Blackphone 将市场定位在企业

用户,信息加密对他们来说才是值得购买的产品。

2013 年斯诺登事件以后,涌现出大量的免费信息加密类应用,其中一些的下载量非常高。而 Blackphone 则想通过一款专门打造的手机,将隐私安全做到极致,虽然目前看来这一想法还没有被大多数人所接受。

"人们会说:'不自由,毋宁死!但我就不愿意花那 50 美元。'"齐默尔曼在谈到消费者不愿意为隐私买单时这样评价道。目前,第二代 Blackphone 的售价为 799 美元。

同时,企业用户已意识到了有一系列的安全需求是需要付费来满足的,而且他们也愿意为保护通信、数据、知识产权而投资。

Blackphone 为了加强其在大型组织机构中的适用性,IT 部门可以统一管理所有的用户,并创建一个目录,

让雇主通过这个目录来随时检查员工通信的细节。目前，这种加密手机的主要客户为银行、石油公司，以及一些从事娱乐业的公司。

很多公司的业务目前都在网上进行，这是一个很脆弱的安全环境，很多数据都会暴露在黑客的攻击之下。比如，巴西的某些地方，可以通过收买电信公司的技术人员而轻易获得竞争对手一个月内所有的语音通话记录。当前全球化的背景下，很多商业行为都会发生在法律法规相对不完善的国家和地区，而作为商业活动的主体，企业却很难去改变这种情况，只能从内部着手，主动加强与隐私安全相关的保障，而目前最有效的就是通过加密软件和硬件等方法去实现。

早在 1995 年，齐默尔曼就着手准备开发加密电话，但那时的技术条件还不完备，他意识到，只有当宽频普及之后，他的理想才有实现的可能。同时，由于在过去几年中，因为各种社交软件越来越深入地渗透到人们的生活中，用户数据也越来越容易获得，与其说是让用户接受加密软件和设备，更不如说是让用户改变其日常沟通交流的行为习惯。但相比说服普通用户重视隐私保护，齐默尔曼似乎对商业领域的应用更有

信心，因为当公司要做出一个重要决策时，不太可能通过社交软件或邮件的方式，而更多采用直接有效的语音电话进行交流，这些通话内容往往比较敏感，商业用户会为此买单。大多数《财富》50 强公司已经订购了 Blackphone，这就是很好的证明。

虽然这种手机可以抵御日常威胁，比如骇客攻击和数据中介的窃听，但该公司自己也承认，它并不能防范国家安全局，且可能有它的致命伤：使用它的人会无可避免地下载某些应用。北卡罗来纳州立大学计算科学家、安卓系统安全权威人士蒋旭宪（Xuxian Jiang）说，设备就是这样积累起许多漏洞的。

Blackphone 本身并不会保护电子邮件，你的邮箱是否使用 PGP 这样的加密技术取决于你的邮箱提供商是谁。不过，他仍说："这些当然是很好的私密性改善。"Blackphone 也有竞争对手，Open Whisper systems 公司已发布了针对安卓电话通信的加密系统。从许多角度来说，国家安全局的丑闻、消费者对于被商业利益追踪的日益警觉，以及像乌克兰发生的政治事件，都成了最好的广告。"过去，要让人们相信他们需要这种技术是极困难的，"齐默尔曼说，"但现在不同了。"

专家点评

刘云璐
阿里云研究中心专家

以 Blackphone 为代表的超私密手机的推出和发展是人类社会对信息安全的需求的必然结果。随着斯诺登等信息安全事件的爆发，信息安全的问题引起了大众的广泛关注。信息安全已经从离大众很远的军事、政府外交逐渐走向了生活的方方面面，小到购物喜好，大到工作、商业信息，都涉及到各种利益。而目前信息安全方面的法律法规还未成熟健全，而且与传统的案件相比，在取证等方面还存在一定的困难。因此，在现阶段，保护信息安全和个人隐私

还需要个人采取措施。

超私密手机虽然可以在一定程度上保护信息安全，但与娱乐性和易用性相比，信息安全目前还远不是普通大众选择手机的首要需求，因此，超私密手机要在大众中普及还需要首先满足手机的核心需求。走商业应用的道路，也是超私密手机比较好的发展路径，可以结合商务人士对手机的独特需求，在全方位服务的基础上突出信息安全的优势。

Microscale 3-D Printing
微型 3D 打印

哈佛大学的詹妮弗·路易斯教授开发出了先进的微型
3D 打印技术，可以打印许多新材料，包括导电油墨和
细胞，并有望打印出精密的电子设备和人体器官，开
启了 3D 打印的新篇章，入选《麻省理工科技评论》
2014 年度 10 大突破性技术之一和 2015 年 50 大创新
公司。她开发的 3D 打印机获得了 CES2015 最佳创意
奖和爱迪生奖，她本人则被《快公司》评为 2015 年最
具有创造力的商业人物。

撰文：西蒙·帕金（Simon Parkin），汪婕舒

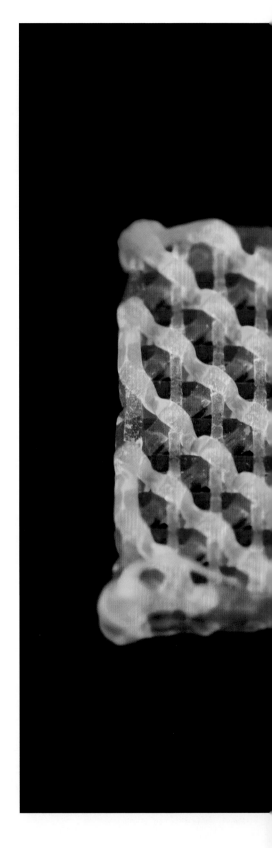

突破性技术

使用多种材料的 3D 打印可以制造出内含血管的生物组
织等物体。

为什么重要

制造出具有想要功能的生物材料可以帮助我们创造人
造器官和新的机械化有机体。

主要研究者

- 詹妮弗·路易斯（Jennifer Lewis），哈佛大学
- 迈克尔·麦卡尔平（Michael McAlpine），普林斯顿大学
- 基思·马丁（Keith Martin），剑桥大学

虽然 3D 打印让人兴奋，但它的能力仍然相当有限。它可
以用来制造出形状复杂的东西，但大多数时候只能使用塑
料。即使是更先进的 3D 打印技术——增材制造，也只能
使用少数几种合金作为打印材料。但是，如果 3D 打印机
可以使用更广泛的材料作为"油墨"，例如活细胞、半导
体、水泥甚至衣服纤维[8]等，精确地进行混合打印的话，
会怎么样呢？

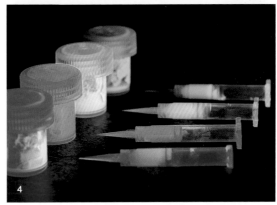

1 为了展示多材料 3D 打印的能力，路易斯的实验室利用
   多种油墨打印出了一个复杂的网格结构

2 为了便于展示，研究团队使用了 4 种聚合物油墨，它们
   被染成了不同的颜色

3 不同的油墨被置于标准的喷头里

4 油墨接收研究团队的软件指令，依次精确地沉积。打印
   机可以快速地印出颜色丰富的网格

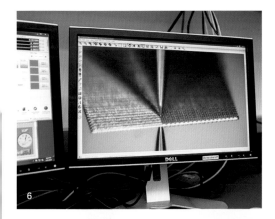

哈佛大学的材料科学家詹妮弗·路易斯（Jennifer Lewis）正在研究实现这种设想的化学机制和机器。她可以从零开始打印出形状复杂的物体，精确地添加有利于力学、电学和光学性质的材料。这意味着3D打印技术可以制造出能感知并回应环境刺激的物体。路易斯说："整合形状与功能是3D打印领域的下一个重大突破。"

普林斯顿大学的研究团队已经将生物组织和电子元件混合起来，打印出一只电子耳。剑桥大学的研究人员也已经用视网膜细胞打印出复杂的眼组织。这些进展都令人印象深刻。但路易斯的实验室依然凭借打印材料和打印物体种类的多样性从这些研究中脱颖而出。

2013年，路易斯和她的学生证实，他们已经能打印出微观电极等微型锂离子电池需要的部件。他们还能打印很多其他的东西，例如带有传感器的塑料贴。运动员们也许有一天会戴上这些塑料贴，来监测脑震荡、测量猛烈的冲击等。2014年，她的研究团队首次打印出带有复杂血管网络的生物组织。为了做到这一点，研究人员必须用多种不同的细胞以及支撑这些细胞的基质材料组成打印油墨。另外，他们还用低温时会自行液化的"油墨"创造出一种空心管结构，再在其液化后留下的直径75微米左右的管道中注入血管内皮细胞，让其附着在管道内壁，从而发育成血管。这项工作开始着手解决一个困扰人们多年的问题：在创造出用于测试药物或进行移植的人造器官时，如何创造出血管系统，从而让细胞存活。下一步，他们准备打印出一个功能性的肾脏。目前，他们已经能打印出肾脏的基本功能单元——肾元，不仅能帮助药厂加快筛选药物的速度，还能帮助科学家加深对肾脏细节的理解。

2016年3月，路易斯的团队再次取得重大突破，在《美国国家科学院院刊》上发表论文，用人体骨髓干细胞等多种材料作为"油墨"3D打印出带有血管的组

5 银纳米粒子油墨可以用来打印小至几微米的电极

6 与其他3D打印过程一样，本次操作也由计算机控制，被计算机监控

7 一个装有应变传感器的手套由内置打印电极的可拉伸弹性体制成

8 詹妮弗·路易斯的目标是打印整合了不同形状和功能的复杂结构

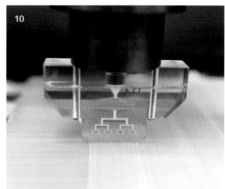

9 路易斯实验室最大的打印机可以制造 1 米 ×1 米的物体

10 为了完成这样的工作，这台打印机使用 64 或 128 喷嘴阵列来加速打印过程

11 一个带有分层微结构的测试样本在几分钟内被蜡油墨打印出来

织，将打印厚度提升了 10 倍，达到了 1 厘米。打印出的组织存活了 6 周时间，还在骨生长因子的作用下向骨细胞分化了一个月，让人们看到了器官打印的前景。[1]

在离路易斯办公室几百米的一间地下实验室里，有她的研究团队临时选用的 3D 打印机，装备了显微镜，可以精确打印出带有小至 1 微米特征的结构（一颗人类血红细胞的直径大约是 10 微米）。另一台 3D 打印机更大一些，使用多种打印喷头同时打印出不同的油墨，可以在几分钟里打印出包含所需的微结构、1 米见方的样品。

路易斯的发明的秘诀在于让油墨在制造过程中同时打印。每种油墨的材料都不同，但它们都可以在室温条件下被打印出来。不同的材料意味着不同的挑战：比如细胞在被挤出喷嘴时很脆弱，容易死亡。不管用什么材料，油墨的配方都必须调制得既能在压力下流出喷嘴，又能在目标位置保持形状——"想想牙膏"，路易斯说。

在 2013 年来到哈佛大学之前，路易斯在伊利诺伊大学香槟分校花了十几年时间来研究陶瓷、金属纳米颗粒、聚合物等非生物的 3D 打印材料。为了让材料在压力下（喷嘴处）流动但在压力去除后（挤出喷嘴后）又能很快硬化，她在材料中加入了微型颗粒来保持材料的形状。这些颗粒可以由各种材料制成，例如环氧树脂和陶瓷等耐高温的高强度材料，以及适合电阻器、电容器、电池、电动机、电磁体等各种元件的材料。

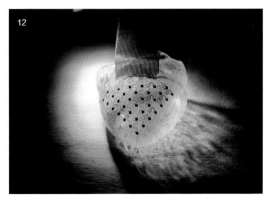

12 个性化 3D 打印心脏传感器

当她在哈佛设立新实验室并第一次开始使用生物细胞和组织来打印时，她希望用处理非生物材料的方法来处理这些材料。现在她承认，这个想法有些天真。对制造具有复杂生物功能的人造组织来说，打印血管是振奋人心的一步。但使用这些细胞材料"非常复杂"，她说，"在我们打印出功能完整的肝和肾之前，还有很多事情要做。但我们已经迈出了第一步。"

2014 年，路易斯成立了一家名为 Voxel8 的公司，用来商业化世界上第一台可打印嵌入式电子设备等新型器件的多材料 3D 打印机[2]。这种打印机并不能打印人体器官，但能同时打印多种材料，例如导电的含银油墨和塑料。这可以使工程师抛弃传统的电路板，创造出新颖轻巧的设计，这正是 Voxel8 的独特之处。这种新型油墨不仅拥有良好的导电性，还能在室温下打印并保持形态，可用来连接计算机芯片和电动机这类传统零件，打印出天线等电子元件。公司计划对路易斯开发的种种新材料进行测试，长期目标则是建造能同时打印多种专业材料的工业生产设备。正如 Voxel8 的联合创始人迈克尔·贝尔所说："长期的可能性是将无数的材料以超细的解析度同时打印到一起，这比单材料打印有趣得多。"路易斯还希望未来人们在自己家中就可以打印出计算机零件或机器人玩具。[3]

2015 年初，Voxel8 的第一种产品开始正式接受预订，售价 9 000 美元，被誉为"世界上第一台电子设备 3D 打印机"[4]。他们在 CES（国际消费电子展）上用这台设备展示了打印迷你四轴无人机的过程（尽管还需要手动装上电动机和叶片[5]），获得了 CES 2015 年最佳创意奖，还获得了 2015 年"爱迪生奖"的金奖[6]。2015 年，获得 1200 万美元 A 轮融资[7]的 Voxel8 被《麻省理工科技评论》评为 2015 年最聪明的公司之一。路易斯本人也获奖无数，除了学术上的奖项以外，还被《快公司》评为 2015 年最具有创造力的商界人物之一[2]，2016 年 3 月还获得了美国国防部 300 万美元的奖励[8]。

路易斯的团队在微型 3D 打印领域走在世界前列，

但他们并不满足。2016 年 2 月，他们将 3D 打印延伸向第四维——时间，研发出了微型 4D 打印。他们的灵感来自于大自然中的结构。例如，植物中的微结构会对环境刺激做出反应，让花和叶随时间改变形状。通过模拟卷须、叶片和花朵等植物器官对湿度、温度等环境刺激的反应，路易斯的团队用木头中提取的纤维和水凝胶"油墨"打印出了一种能在水中改变形状的水凝胶复合结构。这些纤维具有各向异性，可用计算机编码出遇水变形的细节。在未来，甚至可以用导电材料替换纤维，实现更多的可能性，有望在智能纺织物、柔性电子设备和组织工程学等新兴领域中大展拳脚。[9]

打印电子设备与人体器官，是路易斯聚焦的两大方向。如果把这两个方向结合起来，能开启前所未有的想象力。"在二者的结合处，可以植入传感器。"路易斯说。例如，打印出带有传感器的活体组织，可以方便地监测细胞的健康程度以及它们如何对刺激（例如新药物）做出反应。

如今，这位 51 岁的女科学家正管理着 Voxel8 公司和一个 25 人的哈佛实验室。她说，她最喜欢的事情就是团队带给她的惊喜——不管是小小的成功还是新发现。"那是我人生最好的时刻，"她说，"就是这个研究团队。他们正在让一切发生。"[10]

Mobile Collaboration
移动协作

智能手机的时代终于迎来了它所需要的办公软件。以 Quip 为代表的移动协作软件让团队合作更加紧密，极大提升了工作效率，具有取代传统文档处理软件和电子邮件的潜力，入选《麻省理工科技评论》2014 年度 10 大突破性技术之一。

撰文：泰德·格林伍德（Ted Greenwald），汪婕舒

突破性技术

可在移动设备上卓有成效地创建并编辑文件的服务。

为什么重要

如今很多工作都是在办公室之外完成的。

主要研究者

- Quip
- Quickoffice
- Box
- Dropbox
- 微软
- 谷歌
- CloudOn

2013 年秋天的一个下午，戴维·莱文（David Levine）坐地铁从他在曼哈顿下城的办公室前往市中心的洛克菲勒中心参加会议。莱文今年 35 岁，是创业投资公司 Artivest 的首席信息官。他和同事们与波士顿和克里特岛的自由职业者们正在合作写一篇博客文章。莱文在一个新出的 iPhone 应用程序 Quip 上输入这篇文章的内容。随着纽约地铁 F 线在隧道中穿行，他的无线信号也时消时长。通过 Quip，合作者们可以对文章进行更改、添加注释、进行文字聊天，所有信息都由一个风格和 Facebook 很类似的新闻提要呈现出来。当莱文重新连上无线网络的时候，Quip 即可将他的更改与其他人同步，以确保所有人都在同一个版本上工作。

如果他们使用传统的文字处理程序，这将很可能是一个冗长的过程：循环发送的电子邮件、不断增加的附件、分散的"贡献"需要手动整理。而现在，"当我走出地铁的时候，文章已经写好了。等我开完会，它已经在网站上发布了。"莱文回忆说。

办公软件用了一段时间才追赶上人们越来越多地在平板电脑和手机上工作的现状。现在，新的应用程序可以使人们随时随地并且更轻松地创建和编辑文件。同时，云存储服务（如 Box、Dropbox、Google Drive、微软的 OneDrive）的成本骤降，使用量大幅飙升。这样，即使多个用户同时对同一文件进行工作，结果也可以保持同步。为做到这一点，有些云服务在后台将文件转换成单独的条目，如段落、单词、甚至单个字符，并将其存储在易于操作的数据库中。这使得他们得以顺利跟踪与合并不同的人在不同的时间进行的更改。正如 Quip 的首席执行官布雷·泰勒（Bret Taylor）所说的那样，Quip 已经"抛却了文档的概念"，转而将其打碎为更小的模块。在 Quip 中，不同的人可以同时编辑同一个文档的不同部分，稍后这些更改会自动融合入新的文档，不会产生任何冲突。即使真的产生了冲突或者有修改错误的地方也没关系，所有历史版本都会保存在协作历史中，供用户随时查看和选择。同时，由于文档被打碎成了更小的模块，读取速度会比从云端读取传统文档的速度快，甚至能与本地读取相媲美[1]。

然而，这些新的移动协作服务最有趣的地方不只是复制我们习惯使用的计算机软件，它们还强调昔日办公室里团队合作的重要组成部分：沟通。这种往复的交流有时和内容本身一样具有价值。它可以使团队保持进度，通知后期参与进来的同事，激发新的想法。

在传统文字处理软件中，团队间的对话大部分都在"笔记"、评论或电子邮件中丢失了。但新的文件编辑应用程序可以记录这些协作交流的数据流，它们与传统的输出同样重要。Box 的文件协作服务 Box Notes 可在左侧页边上显示头像图标，标明谁贡献了什么；微软 Office 文档编辑软件 CloudOn 将对话（评论、消息）和任务（编辑、审批、许可）同时放在首要位置；而 Quip 可显示实时文本消息会话。这些特别的功能让 Quip 脱颖而出，被《时代》周刊[1]、《卫报》[2]、The Next Web[3] 等多家媒体评选为 2013 年最佳应用之一，被《麻省理工科技评论》评为 2014 年 10 大突破性技术之一。

Quip 的创始人兼首席执行官、前 Facebook 首席技术官布雷·泰勒说："这就像你走到别人的桌子前说：'你读一下这个，有问题告诉我。'这是我们从电子邮件时代起失去的一种非常个人化的亲切体验。"泰勒是谷歌地图的创始人之一，还曾创造出 Facebook 的点赞按钮，掀起了全世界的点赞浪潮[4]。而他也将"点赞"这一特征移植到 Quip。在几年的进化中，Quip 逐渐具备了点赞、评论、搜索、电子表格、聊天室等丰富的功能[5]。

通过加入有关目前工作的信息流，这些应用反映了一个事实，即现在的许多沟通是简短、非正式和快速的。泰勒指出："大多数年轻人习惯用手机短信交流，而电子邮件只在更正式的沟通中使用。"

2015 年 10 月，继首轮 1 500 万美元的融资后，Quip 又在 B 轮融资中获得 3 000 万美元，并招募了一些新鲜的血液，例如软件性能检测商 New Relic 的前首席营销官派特里克·莫兰（Patrick Moran）来到 Quip 担任首席客户官，顶级风投 Greylock 的约翰·李利（John Lilly）也加入了公司的董事会[6]。但泰勒在今年 2 月的一次采访中说，他们甚至到现在都还没有花完 2013 年融到的 1 500 万美元。[7]

目前，Quip 提供多档服务。你可以免费使用一些基本的功能，也可以按人（每月 12～25 美元）或小组（每月 10～40 美元）付款，享受一些额外的功能，包括公司管理功能以及一些定制的软件接口（API）[8]。不过，尽管 Quip 最初是为移动办公而创立，但到了 2015 年，为了满足并未衰退的电脑办公需求，他们推出了适用于 Mac 和 Windows 系统的电脑应用[9]。目前，Quip 的年收入增长了 2 倍，用户量增长了 4 倍（付费用户超过 3 万，免费用户上百万），大客户包括 Facebook、CNN、Pintrest 等，并可以在 8 个不同的平台上同步使用[10]。他们的野心是取代传统的文字处理软件和电子邮件，而这正是科技巨擘微软和谷歌长期盘踞的领地[4]。

对于总是喜欢在早上起床前写博客文章的莱文来说（他的妻子对此很无奈），这样的移动办公更加符合他的生活方式——尽力榨取每时每刻的生产力。"它让我能在不打扰日常流程的情况下完成需要做的事情。"莱文说。哪怕在地铁隧道里也是如此。

专家点评

刘敬思、黄一琨
"行距"创作平台联合创始人

从个人电脑开始，个人创作者进入了完全不同的世界。但这只是在更丰富的技术和工具层面，尚未延展到协作层面。相当一段时间里，创作进程仍然需要个人埋首。跨应用的交流和帮助，更像是传统行业中跨部门的通信升级和沟通提效。

逐渐地，互联网公司开始向桌面终端输送可以在一个产品内协作的应用。比如 Draftin、Penflip，为个人创作提供协作工具。可以分享，可以让别人帮忙修改。修改之后有比对功能，如果觉得好的可以采纳修改。都用了 Markdown 语言，没有复杂的编辑功能，也不突出社交性。使用这类产品的目标用户

行为，是不需要日常频繁通勤的安静的创作者。他们专注于写作，习惯以桌面和 web 为主创作平台。

Quip 的诞生，代表了"本人外出，恕难协作"的时间进一步被挤压，在用户移动中开启了"快捷写作"模式。于是，协作不再是需要预约或必然时滞的，个人在协作中的贡献也不再受限于事先任务的量化分配，而取决于真实进程中的实际产出对最终协作产品的影响。这也启发了专门为文学创作而开发的移动协作应用，如"行距"。中国的一些知名作家已经开始用它来尝试更有趣的创作形式了。

Smart Wind and Solar Power
智能风能和太阳能

面对全球气候变暖的严峻形势，减少化石能源的消耗、大规模开发和利用可再生能源迫在眉睫。然而，可再生能源的不确定性——风会突然减弱，阴云会突然密布——却长期制约电力公司拓展相关业务，并给电力公司带来额外的负担。不过，伴随大数据和人工智能技术的不断发展，我们现在已经可以获得对风力和光照的极为精确的预报，从而使得把更多可再生能源整合进电网成为可能。这样一来，可再生能源在电网中所占比重的纪录也随之不断被打破，被《麻省理工科技评论》评为 2014 年度 10 大突破性技术之一。

撰文：凯文·布利斯（Kevin Bullis），鞠强

突破性技术

极精确的风能和太阳能预报。

为什么重要

对可再生能源间歇性的处理将是扩张此类能源产业的关键。

主要研究者

-Xcel Energy

-GE Power

- 美国国家大气研究中心

在美国科罗拉多州东部开阔的平原上，风力发电正在蓬勃发展。开车沿着输电线路行驶，可以看到一列列高耸的风力涡轮机。最近几年，这个地区陆续建成数个风电场。这数百个涡轮机中，几乎每一个都会每隔几秒钟就记录一次风速和它自身的功率输出。每隔 5 分钟，它们都会把数据发送给位于博尔德（Boulder）的美国国家大气研究中心（NCAR）的高性能计算机。基于人工智能的软件会对来自气象卫星、气象站和周围其他风电场的数据进行分析，从而以前所未有的精确程度对风电功率进行预报。这使得科罗拉多州能够以低成本使用更多的可再生能源，远超电力公司过去的想象。

一直以来，电力公司发展风力发电面临的最大挑战之一就是风力的间歇性。电力需求会随季节改变，甚至每分钟都会发生变化。电力公司了解这一情况，而在少量利用风力时，这对电力公司也没什么问题。但是，如果想大规模地利用风力发电，电力公司就不得不做好预案，以防备风力突然减弱的情况发生。一般预案都是燃烧化石燃料，使发电设备空转，随时准备在几分钟内顶替所有的风电。这种方法成本昂贵，而且电力系统越是要依靠风力发电，它就越昂贵。更糟糕的是，运行后备的化石燃料发电厂意味着"把碳抛入天空"。NCAR 的研究应用实验室副主任威廉·马奥尼（William Mahoney）对此直言不讳："这么做不但费钱，还对环境有害。"

在精确预报技术发展起来之前，为科罗拉多州供应了

大部分电力的埃克西尔能源公司（Xcel Energy），曾经做广告反对一项要求其发电量中的 10% 由可再生能源提供的提案。它向客户邮寄传单，声称这样的任务会让未来 20 年的电力成本增加 15 亿美元。但是，很大程度上归功于预报技术的改善，作为美国最大的电力公司之一的 Xcel 对待可再生能源的态度已经彻底改变。这家公司不仅提供了比任何其他美国电力公司都要多的风电，而且还支持一个要求电力公司 30% 的发电量都要来自于可再生能源的法案。Xcel 同时表示，远多于这个份额的要求它也能够满足。

等风来

也许没有人比 Xcel 的电厂调度员戴顿·琼斯（Dayton Jones）更了解把风电纳入电网的挑战。坐在丹佛市中心的 Xcel 大厦 10 层的位子上，他负责给科罗拉多州带来光明。要完成这个任务，他需要通过启动和关闭发电厂并控制它们的输出功率来匹配发电量和电力需求。输出过多或过少的电力都可能损坏电力设施，甚至让电网断电。风力发电因其大幅度的波动，令他的工作变得非常困难。

NCAR 的预报系统的早期版本发布于 2009 年，但像琼斯这样的调度员最开始并不信任那些预测给定时间内电网会获得多少风电的预报，因为那些预报结果一般都要差 20%，而且有时风力发电情况与预报的完全不符。得益于大数据和人工智能对提升预报准确性的促进作用，预报系统在 2013 年取得突破性进展，现在 NCAR 的预报已经让琼斯对风电有了足够的信心，从而可以关闭许多空转的后备发电厂。视乎预报的确定性，后备电厂的数量也会有所不同。如果天气寒冷潮湿，风力涡轮机上可能会结冰，从而导致它们转动缓慢或停止转动，那么他可能就需要足够多的化石燃料后备电厂来完全取代风电。

但是在风既稳定又充足的好天气里，他可能会关闭所有的快速响应后备电厂，甚至包括那些通常为了响应电力需求的变化而保留的电厂。在这种情况下，琼斯可以利用风电场自身确保电力供应与需求相匹配：只需调节叶片的角度，使它们捕获到的风增多或减少，一台风力涡轮机的输出功率就几乎可以被

西门子 6 兆瓦风机叶片

瞬间改变。在丹佛市的 Xcel 大厦里,计算机可以告诉风电场要发多少电,自动控制协调数百个涡轮机,根据需要每分钟改变输出。

Xcel 公司最初的预报只使用每个风电场中一个或两个气象站的数据,随后为了提高预报的准确度,NCAR 开始从几乎每一台风力涡轮机收集信息。数据被输入一个高分辨率的天气模型,并与其他 5 个风力预报的输出结果合并。利用历史数据,NCAR 的软件了解到对于每个风电场哪个预报结果是最佳的,并相应地给预报分配不同的权重。由此得到的强化预报比任何原始预报都更准确。利用关于风电场中每台涡轮机在不同的风速下能发多少电的数据,NCAR 会告诉 Xcel 未来某个时间风电场预计能输出多少电力,预报的时间点间隔 15 分钟,最远可达 7 天。

早在 2013 年一个电力需求较低、刮着大风的周末,依靠 NCAR 提供的准确预报,Xcel 就创下了一个在当时看来有些不可思议的纪录:一小时内,这家公司为科罗拉多州提供的电力有 60% 来自风电。彼时 Xcel 负责可再生能源集成的德雷克·巴特利特(Drake Bartlett)说:"在几年前,这样的风电接入比例会让调度员心脏病发作。"他同时指出,过去电力公司不知道来自风电的电力是否会突然消失,而有了准确的预报,他们就能从容地处理这种状况。

以科罗拉多州为代表,风力发电近几年在美国呈现出非常良好的发展势头。2015 年,美国风力发电新增装机容量为 8.6 吉瓦(GW),在可再生能源新增装机容量中排名第一[1]。截至 2015 年年底,美国的风力发电总装机容量已经接近 75GW[1],年度发电量占可再生能源发电量的 35%,[2] 成为可再生能源中重要的组成部分。

除风力外,太阳能也是我们熟悉的可再生能源,但是在美国的能源系统中,太阳能所占比例仍然较低,2015 年的发电量只占可再生能源发电量的 5%。[2] 造成太阳能发电量和风力发电量比例如此悬殊有多方面的原因,其中重要的一点就是太阳能发电的预报曾经非常困难,甚至比风电预报更加棘手,因此在很长一段时间内太阳能发电的发展都比较缓慢。

通常情况下,电力公司没有得到私人屋顶太阳能电池板发电量的信息,所以也并不知道阴云密布时太阳能发电量的损失有多大。

不过这一情况现在已经得到很大的改观。除风电外,NCAR 和 Xcel 还在太阳能发电预报方面开展合作。NCAR 的太阳能预报系统可以利用来自卫星、天空成像仪、污染监测仪以及公有的太阳能电池板的数据来推断当前的太阳能发电量,然后预测发电量将如何变化。愈发精确的预报使得太阳能发电逐渐克服了自身的不确定性,因此虽然总量较低,但是太阳能发电的发展正在不断加速。2015 年,美国太阳能发电新增装机容量达到 7.3GW,仅次于风力发电,在可再生能源中位列第二,超过了天然气发电新增装机容量的 6GW。[1]

虚拟能源

极准确的风能和太阳能预报,怎样帮助我们充分利用可再生能源,以达到显著减少二氧化碳排放的气候目标呢?位于科罗拉多州戈尔登(Golden)的国家可再生能源实验室(NREL)新能源系统集成中心的研究人员从研究风能和太阳能发电能否相互补偿开始。例如,夜晚增强的风力在多大程度上可以弥补阳光的缺失?他们也在研究如何把预报与智能洗碗机、热水器、太阳能电池板逆变器、水处理厂和电动汽车充电器整合起来,让它们不仅适应风的变化,还要度过不可避免的无风时期和持续数周的多云天气,且无需求助化石燃料。

这里我们以电动汽车为例。取决于电池组的大小,一辆车储存的电足够任何地方的房子使用半天到数天。电动汽车的电池具有先进的电力电子技术,可以定时充电并调节充电速度,这可以提供一种帮助波动的风电与用电需求相匹配的方法。只需一些小的改动,汽车的电池就可以把存储的电力输送给家庭和电网。现在电动汽车还不多,但在可再生能源在电力供应中所占比例超过 30% 或 40% 之前还有很长一段时间,这样的状况很容易改变。

在 NREL,研究者把 30 辆电动汽车插入充电装置,让它们接入运行在一台超级计算机上的模拟电网，以此来预测如果有数千辆汽车连接到电网上时会发生什么。他们的想法是，让电动汽车储存来自太阳能电池板的电力，并在晚上的电力需求高峰时段用它为街区供电，然后在凌晨利用风电再为电池充电。NREL 的高级研究工程师布里·马蒂亚斯·霍奇（Bri-Mathias Hodge）认为，NCAR 的风力和太阳能预报非常关键，因为它们会帮助确定汽车电池应该在什么时候充电，以最大限度地提高它们能提供给电网的电力，同时不给驾驶者带来电力不足的问题。

巨头的竞赛

有了先进的风力预报技术，Xcel 近两年更加重视风电业务的拓展。2015 年，Xcel 的电力供应中可再生能源的比例已经达到 34%，超过此前提到的法案所要求的 30%，预计到 2020 年可再生能源在该公司电

力供应中的比重会上升到 43%。2015 年，Xcel 新建了 4 个风电场，风电装机容量增加了 15%。[3] 2016 年 5 月 13 日，Xcel 向科罗拉多州公共事业委员会（Public Utilities Commission）提交了一个新的风力发电项目（Rush Creek Wind Project）的文件[4]。该项目预计耗资 10 亿美元，在阿拉帕霍（Arapahoe）、夏延（Cheyenne）、埃尔伯特（Elbert）、基特卡森（Kit Carson）和林肯（Lincoln）5 个郡建设面积为 90000 公顷的风电场，配备 300 台功率为 2 兆瓦（MW）的风力涡轮机，产生的电力将足够 18 万个家庭使用。这也将成为科罗拉多州最大规模的风力发电项目之一。

Xcel 的发言人马克·施图茨（Mark Stutz）表示："如果该项目得到公共事业委员会的批准，将会在 2017 年年末动工，2018 年年末投入使用。"他同时表示："项目将会创造 350 个建筑工作的机会，以及 6 ~ 10 个长期性的工作岗位。"Xcel 在科罗拉

多州的负责人大卫·伊夫斯（David Eves）则从另外一个角度分析了这个项目的意义，他指出该项目每年将会减少大约 100 万吨的碳排放。

事实上，利用这些详细的预报来设计一个更加灵活和高效的电力系统，确实可以让我们更加经济地实现减少碳排放的宏大国际目标。布赖恩·汉尼根（Bryan Hannegan）是 NREL 中一个造价 1.35 亿美元的设施的主任，在那里，研究人员使用超级计算机模拟来研究扩大可再生能源发电规模的方法。他说："我们已经知道要实现我们的能源和环境目标应该往哪儿走，过去我们可不能这么说。"

另一家能源领域的巨头——通用电气能源公司（GE Power）在可再生能源领域同样展示出雄心和实力。2015 年，GE 开发出一套基于云计算的智能数字风电场（Digital Wind Farm）系统[5]。这套系统不仅可以收集和分析数据，还能通过从机器的表现中学习来提高自身的分析能力。利用这套系统，风力涡轮机的操作者可以实时调节机器以获得最优结果。GE 表示，如果全球的风力涡轮机都使用这套系统，那么每 100MW 的风电场就可以增加 1 亿美元的产值，而全球风力发电工业增加的总产值可以达到 500 亿美元。

Xcel、GE 以及其他能源公司在商业上的竞争大大拓宽了可再生能源未来的发展道路。我们很早就认识到开发和利用可再生能源是对抗全球气候变暖最有力的武器之一，然而受制于技术不足，很长时间里可再生能源在整个能源供应体系中只是一个陪衬。现在，大数据和人工智能等技术与电力技术的融合使得可再生能源可以与化石能源相提并论，由此我们可以畅想，更加清洁和美好的未来也许已经不再遥远。

Oculus Rift

虚拟现实技术已经问世 30 年了。今天，这种技术终于做好了广泛应用的准备。Oculus 公司推出的虚拟现实头盔 Rift 能带给你超乎想象的沉浸感，具有无穷的潜力，被誉为下一个最重要的计算和交流平台，入选《麻省理工科技评论》2014 年度 10 大突破性技术之一。如今，Rift 已经正式上市，几大竞争者也相继跃入蓝海，虚拟现实的大幕正式拉开。

撰文：西蒙·帕金（Simon Parkin），汪婕舒

1992 年，当描述虚拟现实（VR）技术的科幻片《割草者》上映时，帕尔玛·勒基（Palmer Luckey）还没有出生。但是当他看到这部电影的时候，却立刻对其中设想的由计算机生成的沉浸式体验产生了兴趣。从此，他梦想着能在三维的虚拟世界中玩电子游戏。在这个梦想的激励之下，他收集了世界上最齐全的头戴式显示器，并最终自己制作出了一台。16 岁那年，从未接受过工程训练的勒基在自家车库中设计出了第一台样机。

到今天，未满 24 岁的他已经是 Oculus VR 的创始人，这家公司推出了一款价格适中的虚拟现实头盔——Rift，可以支持极其逼真的沉浸式电子游戏。2014 年春天，脸书以 20 亿美元的价格收购了 Oculus VR 公司。

Oculus VR 已经募集了超过 9 100 万美元的风险投资。支持者趋之若鹜。游戏程序员约翰·卡马克（John Carmack）也加入了公司，担任 CTO——卡马克曾经领导开发了许多风靡一时的游戏[1]，比如《毁灭战士》、《雷神之锤》和《狂怒》。脸书的收购更是道出了它的信心，说明它认为 VR 技术已经足够敏锐和便宜，其潜力之大，足以超越视频游戏。例

突破性技术

高画质虚拟现实硬件的价格已经便宜到了可以在零售市场上销售的地步。

为什么重要

视觉沉浸式界面会催生新的娱乐方式和交际手段。

主要研究者

-Oculus VR
- 索尼
-Vuzix
-Nvidia
-HTC

内部一览

Oculus VR 的第一部商用头盔只用到了很少的零件,制作它的电子元件和简单的镜头都可以买到现成的。

结构

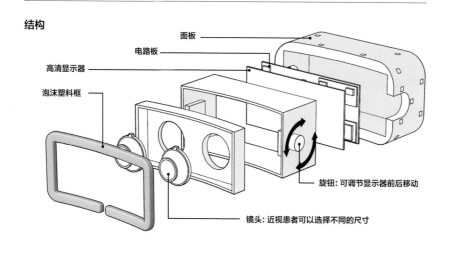

面板

电路板

高清显示器

泡沫塑料框

旋钮:可调节显示器前后移动

镜头:近视患者可以选择不同的尺寸

效果

软件将图像分解成两幅并列的弯曲画面,透过设备的镜头,佩戴者就可以看见一幅辽阔的三维全景了。

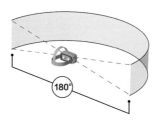

180°

如,将沉浸式 VR 技术和社交合二为一,就是一个有趣的想法。此外,这项技术也可以成为一件有力的工具,来支持电视会议、网上购物或是比较被动的娱乐方式。实际上,许多电影导演已经在试着为 Rift 定做电影了。

其实,在《割草者》公映的年代,虚拟现实头盔就已经在一些游戏厅中出现了,只是当时的技术尚不完善,未能流传开来。但这一次不同。勒基意识到,将廉价的智能手机零件互相组合,就能产生惊人的效果,这样创造出来的虚拟世界新鲜明亮,视觉效果远远超过早期 VR 头盔中常见的粗糙图像。

使用 Rift 的时候,你会觉得自己真正进入了那些世界。Rift 会随时跟踪你头部的运动:当你俯身去看一朵虚拟的花,或是抬头凝视一片虚拟的云,你的

心灵也会为虚拟图像所吸引。你几乎要相信自己的全副身心都已经沉浸在那个世界里了。

现在看来,众多家庭电子游戏的玩家对这种设备也是相当渴望的。2012 年 8 月,Oculus VR 在众筹网站 Kickstarter 上募款,仅仅几个小时就筹集到了 25 万美元,达成了目标。不出两天时间,这个数字就超过了 100 万美元。安德森·霍洛维茨基金会的合伙人克里斯·狄克逊(Chris Dixon)说:"我的一生中见过五六个让我认为即将改变世界的产品演示:苹果 II 电脑、网景浏览器、谷歌、iPhone……然后是 Oculus。实在太惊人了。"

2013 年 3 月,勒基开始向软件开发者出售开发者版本的 Rift,每部的售价仅 300 美元,鼓励他们开发适用于 Rift 的软件,为零售版本的正式上市做准备。

过去 3 年中，Rift 的硬件又有了显著的改善，推出了若干个原型机和第二代开发者版本。它的零售版本于 2016 年 3 月 28 日正式出货，分辨率达到单眼 1 200×1 080 像素，刷新率 90 赫兹[2]。如此清晰的图像，如此低廉的价格，这是直到最近才可能办到的事。

零售版本 Rift 的单价是 599 美元。除了头盔之外，用户还能得到一个遥控器、一个方便操纵复杂游戏的 Xbox 手柄，以及一个追踪头部运动的摄像头[3]。Rift 还不能单独使用，需要用 USB 线接到电脑上才行。此外，Rift 对电脑的配置要求很高，显卡至少要达到 NVIDIA GTX 970 或 AMD R9 290，处理器至少 Intel 酷睿 i5 4590，内存 8G 以上，还需要至少 3 个 USB3.0 接口和一个 USB2.0 接口，以便插上 Rift 头盔、手柄、摄像头等外接设备[4]。如果你的电脑不满足要求也没关系，Rift 与 PC 厂商共同推出了适于 VR 体验的电脑，只不过得花上大约 1 000 美元。除此之外，Oculus 还将于 2016 年年内推出一款名为"Touch"的 VR 专用手柄。

应用广泛

其实在有些领域，老式的 VR 技术已经有很多年的历史了。有的外科医生常用 VR 技术练习手术，有的工业设计师则用它来预见自己的设计变为成品时的样子。只是 30 年前，当杰伦·拉尼尔（Jaron Lanier）成立第一家销售 VR 眼镜的公司 VPs Research 的时候，这类产品的价格对主流消费者来说太过昂贵了（当时的一部头戴式显示器要 10 万美元）。

不过，早期的 VR 技术没有在商业上成功，也有售价之外的原因。任天堂在 20 世纪 90 年代中期推出过一款低端虚拟游戏"虚拟男孩"（Virtual Boy），结果玩家纷纷抱怨说玩久了会感到恶心。另一些玩家则觉得，置身于一个虚拟世界之中的奇妙感受不久之后就会消散。拉尼尔也指出："第一次在虚拟世界中游戏会觉得不可思议，可是玩到第 20 次，你就感到疲惫了。"

但现在不同了。虽然仍有测试者在试用 Oculus Rift

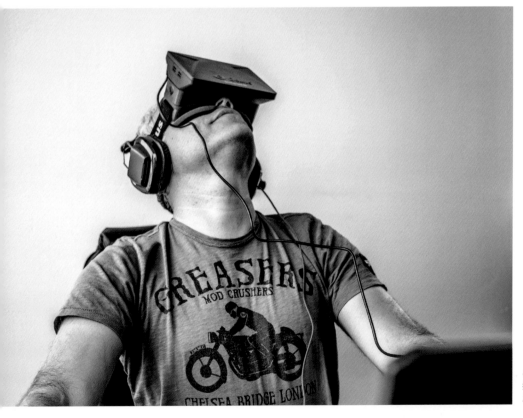

Oculus Rift 会把虚拟神奇变成商业现实吗

时觉得恶心，但 Oculus 公司表示，最新版本的 Rift 已经基本解决了这个问题。而且今天的虚拟环境要比以前逼真得多，即使玩很久也不会失去魅力。艺术家们已经有能力创造出一个个激动人心的虚拟世界，从严格仿照现实，到犹如绘画般抽象，五花八门，应有尽有。

勒基的梦想是在虚拟世界中玩电子游戏，因此这种改良的 VR 技术首先会在电子游戏领域掀起创新的浪潮。

2014 年，著名游戏工作室"顽皮狗"的联合创始人杰森·鲁宾（Jason Rubin）加入了 Oculus，担任环球工作室总监。这个工作室的目的是投资和帮助 VR 游戏开发者创造出适合 Rift 的游戏。2016 年 3 月 Rift 正式上市之时，已经有几十款 3A 级游戏在等着玩家体验。Oculus 更是承诺，到 2016 年底，可购买的游戏数量将增加到 100 多个，其中包括风靡一时的 Minecraft，还有 20 个 Oculus 独占的游戏[4]，例如 Crytek 团队开发的《攀登（The Climb）》、Harmonix 工作室开发的《摇滚乐队（Rockband VR）》、失眠者工作室开发的《无处可逃（Edge of Nowhere）》和《狂野仪式（Feral Rites）》等[5]。

以《刺客信条》系列游戏闻名的育碧还开发了名为《Eagle-flight》的 VR 游戏，让玩家可以用 Rift 体会老鹰翱翔天际的感觉[6]。尽管鲁宾所坚持的"独占游戏"方式引来不少争议（与 Oculus 不同，HTC 多次重申自己不会为他们的 VR 头盔 Vive 开发独占游戏，也不会鼓励开发者这么做）[7]，但毋庸置疑，Oculus 与众多游戏工作室的合作将灌溉出 VR 游戏的繁荣景象。鲁宾说："我们要做的事，就是让人们长期保持快乐的状态。"[17]

而在 VR 电影方面，2015 年初，Oculus 成立了"故事工作室"（Story Studio），旨在帮助电影人制作 VR 电影，正式进军 VR 电影领域。工作室聘请了诸多业界资深人士，包括来自皮克斯的创意总监萨施卡·昂塞尔德（Saschka Unseld），以及《机器人总动员》《飞屋环游记》等著名动画片背后的技术专家马克斯韦尔·普朗克（Maxwell Planck）担任技术总监[8]。该工作室已经发布了一些令人惊艳的作品——略带暗黑风格的《迷失》讲述了一个庞大的机械臂在森林中寻找身体其他部分的故事[9]，温情的《亨利》则描述了一只渴望拥抱的刺猬[10]。故事工作室还与纽约大学和南加州大学共同组织了一系列

研讨会和课程，旨在进一步启发创作者的灵感和培养新一代 VR 电影人。[11-12]

在 Oculus 之外，还有越来越多的内容创作者将触角伸到了 VR 的世界。例如，20 世纪福克斯正在制作科幻电影《火星救援》的 VR 版本，你可以用 Rift 生动地体验马克·沃特尼（Mark Watney）在火星上险象环生的经历[13]。其他有望制成 VR 版本的福克斯电影还包括《异形》、《少年派的奇幻漂流》、《消失的爱人》和《黑天鹅》等。到时候，Rift、Vive 和 PlayStation VR 的用户都可以通过各自的平台进行购买[14]。再如，2016 年 4 月，切尔诺贝利核事故 30 周年纪念日之时，波兰游戏工作室 Farm 51 推出了 VR 版本的纪念视频。当日，还有一个同主题的众筹项目在 Kickstarter 上线，预计最终作品将会在 2016 年 12 月登陆 Rift 等平台。[15]

除了游戏和电影之外，VR 还可以让你体验沉浸式的新闻故事。许多新闻媒体都已经开始尝试 VR，例如 Vice、ABC 和 The Verge。2015 年 11 月，《纽约时报》

豪掷千金，送出了几百万个谷歌 Cardboard（一款简易 VR 头戴式显示器），只为推出自己的 VR 新闻应用——NYT VR。它们计划于 2016 年 5 月再次送出 30 万个 Cardboard，以推广它们的第 8 个 VR 产品——《寻找冥王星的冰冻心脏》（Seeking Pluto's Frigid Heart），这个短片是基于"新视野"号探测器拍摄到的冥王星图片，由电脑制作而成的[16]。

在医疗方面，心理学家正用 VR 来治疗社交恐惧症[17]。2016 年 4 月，皇家伦敦医院还直播了全世界第一场 VR 肿瘤手术，允许全世界的医生和医学院学生用 VR 头盔实时"现场"观摩手术过程[18]。Oculus Rift 甚至可以用来降低疼痛。华盛顿大学麻醉学教授山姆·沙拉尔（Sam Sharar）说，人的注意力是有限的，因此他正在研究用 VR 来转移病人的注意力，控制他们的疼痛感。英国约克圣约翰大学的研究者则用一台 Rift 开发者版本头盔进行了验证。他们发现，如果不戴任何 VR 头盔，被试者的双手忍耐冰水的平均时间为 30 秒；如果让被试者戴上 VR 头盔，并在无声音的情况下玩 VR 游戏，忍耐的时间延长

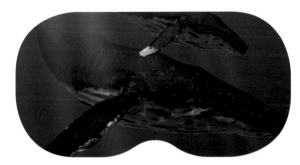

到 56 秒；而加上声音以后，沉浸在 VR 中的人们能忍耐冰水达 79 秒。这个研究证明 VR 确实能降低痛感。或许在未来，当你去拔牙时，为了避免你疼得哇哇大叫，医生会给你戴上一个 Rift 头盔。

将来，VR 也可以在远程呈现、建筑、计算机辅助设计、应急训练甚至成人娱乐等方面发挥作用。一些公司正在用 Rift 对建筑设计进行可视化展示，让设计师能更加直观地体验自己的作品。奥迪用 Rift 来帮助用户选购汽车和体验赛车 [19]。挪威军方甚至用 Rift 来帮助士兵开坦克——因为坦克驾驶员的视线容易受阻，于是他们在坦克外部装上摄像头，把其拍摄到的视频流与士兵头戴的 Rift 连接起来⋯⋯ [20]

除了内容之外，VR 周边硬件的研发也如雨后春笋般涌现。实景拍摄 VR 内容的巨大潜力，促使诺基亚开发出了名为 OZO 的球形 VR 相机。光场相机制造商 Lytro 更是对公司的战略做出了重大改变——撤出消费级相机市场，大力转向虚拟现实，发布了用于专业电影制作的 VR 相机 Immerge [21]。还有

一些公司正在研发 VR 头盔的配套设备，想把用户从头武装到脚。例如，华盛顿大学和 Oculus 合作的 Finexus 项目正在研究用磁传感器来追踪用户的手指运动。这项技术可以集成到 VR 手套和腕带中，让用户在虚拟世界中完成超乎想象的精巧任务，包括演奏虚拟的钢琴、书写和绘画等。一家名为 Tactonic Technologies 的公司正在生产 VR 专用的感应脚垫，能让用户体会到更自然的运动感，还能更准确地控制虚拟世界中的人物。

科学研究者也发现了 VR 世界的巨大潜力。成立于巴塞罗那的 BeAnotherLab 的神经科学家让人们通过 Rift 头盔体验另一个人（例如不同性别的人、苏丹难民或残疾人）的人生，来研究被试者在"具身"（embodiment）状态下的共情心理 [22]。瑞典卡罗琳学院的神经科学家用 VR 头盔创造出"身体消失"的错觉，并研究人在这种"幻肢综合征"作用下的心理反应和社交行为 [23]。止疼药厂商埃克塞德林（Excedrin）则用 Rift 开发了一个"偏头痛模拟器"，让健康人体会偏头痛患者眼中的世界。[24]

虚拟社交的野心

游戏、电影、医疗……这些用途似乎与脸书没什么关系。许多人疑惑脸书 CEO 马克·扎克伯格（Mark Zuckerberg）重金收购 Oculus 的目的。扎克伯格曾说，虚拟现实将是下一个最重要的计算和交流平台。那么，脸书究竟在下一盘什么棋？这背后的野心正悄悄浮出水面。

2015 年，Oculus 发布了一款名为 Toybox 的测试平台，在其中，人们可以用 Rift 和控制手柄 Touch 在虚拟世界中与朋友远程聊天和玩游戏，甚至打乒乓球。演示视频中的两名用户还互相往对方头上扔虚拟的烟花，玩得不亦乐乎，让人们初次窥见了 VR 社交的潜力。[25]

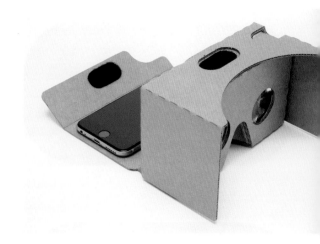

2016 年 4 月，扎克伯格在脸书年度开发者大会上介绍了脸书接下来 10 年的宏伟计划，进一步展现了他在 VR 上的勃勃野心——原来，他的目标是把 VR 变成人们的日常社交工具，颠覆人们分享和交流的方式。脸书 CTO 麦克·斯科洛普夫（Mike Schroepfer）展示了一个初步的版本：他戴上 Rift 头盔，与一名身处远方的朋友一起游览了虚拟世界中的伦敦，还用一个虚拟的自拍杆拍下了一张虚拟的自拍照，并即时发布在自己的脸书上。[26]

除了头盔之外，Oculus 还在积极探索虚拟社交的其他可能性。来自卡耐基梅隆大学的亚瑟·谢赫（Yaser Sheikh）正在帮助 Oculus 开发一种强大的方法，或许可以让虚拟社交更加真实——在一个名为"全景工作室"（Panoptic Studio）的大圆球中装上 500 多个摄像头，捕捉人们动作的细节。在未来，或许人们可以戴上 Rift 头盔，在这个圆球中与朋友远程互动，与此同时，你们的一举一动都将细致地呈现在虚拟世界中，与并肩行走无异。他说："这将是目前最吸引人的电子社交体验。你和你关心的人之间的距离即将消融。"

竞争的崛起

Oculus 的成功已经引来了模仿者。比如索尼在 2014

年展示了一款虚拟现实头盔，能够和 Playstation4 配合使用。这款头盔将于 2016 年 10 月正式发售，价格为 399 美元[27]。索尼承认其灵感就是源于 Rift。索尼还在和美国国家宇航局合作，利用火星车拍摄的图像制作火星的现实模拟。索尼还准备将 VR 用在电子竞技上[28]。他们还打算让旅行者在预订旅馆房间之前，先到其中做一番虚拟的考察——如果他们还愿意脱下头盔去旅行的话。

其他合作与竞争也层出不穷。2015 年，Oculus 与三星共同开发了一款售价 99 美元的 VR 头盔 Gear VR，用三星的智能手机作为显示屏。2016 年 4 月，HTC 也发布了虚拟现实头盔 Vive。

然而，最独具一格的当属谷歌的 Cardboard。当其他公司都在花重金改善每个环节的体验时，谷歌却背道而驰地推出了一个玩具般的 VR 产品。他们在网站上免费公开了 Cardboard 的设计，你可以用硬纸板、橡皮筋和魔术贴等简单的材料 DIY，也可以花几美元买到塑料、金属或木质的版本。无论用什么材料，你都可以用任何一台智能手机作为显示器。Cardboard 的背后是谷歌庞大的生态链。你可以用它在谷歌地球中飞越崇山峻岭，也可以在谷歌街景中漫游巴黎，在 Youtube 上观看现场音乐会……为此，谷歌还开发了一个名为 Jump 的 VR 拍摄平台，上面装有 16 个 GoPro 相机。[29]

结语

随着几大 VR 头盔的陆续上市，乐观者将 2016 年称为"虚拟现实元年"。然而，2016 年 2 月，扎克伯格在一次采访中说，他认为虚拟现实至少还要花 10 年时间才能被大众市场所接受。看来，脸书已经做好准备，要在 VR 领域打一场持久战。而这场战役的主角，无疑正是勒基和他的 Oculus Rift。

心理学家把专注和沉浸于某一时刻的境界称为"心流"（flow）。匈牙利心理学家米哈利奇·克森特米哈伊（Mihaly Csikszentmihalyi）认为，一生中所经历的心流次数对人生的成功与幸福至关重要。而当今的虚拟现实技术以其以假乱真的临场感和沉浸感，能带给人们强烈的感官体验，正是激发心流的最佳诱因，为创新提供了无限的潜力。把心流的力量与虚拟现实结合起来，人类将有能力按需炮制各种体验，达到创造力的巅峰。畅销书作者斯蒂文·科特勒（Steven Kotler）甚至把 VR 与心流的结合称为"合法的海洛因"。[30]

如今，VR 的序幕已经拉开，请戴好你的头盔，一起屏息凝视。因为这才是未来的正确打开方式。

专家点评

田丰
阿里云研究中心主任

这一轮 VR 科技浪潮起始于 2014 年的标志性事件——Facebook 以 20 亿美元收购了 Oculus VR 公司，其首席执行官马克·扎克伯格更多次阐述了"下一代计算平台是 VR"。随后 AR/VR 领域的投资创业风起云涌，并迅速进入影视、游戏、教育、旅游、房地产、汽车等行业应用。

从目前的发展阶段来看，受益于手机零配件红利，VR 会逐步发展演变为下一代显示设备、下一代交互设备、下一代计算设备。Unity 等科技公司已经用 VR 替代桌面显示器供员工每天使用。而伴随声音、手势、眼球、动作等自然控制方式引入 VR 设备，传统的鼠标键盘、触摸屏都会被颠覆。而将前后端计算任务融入 VR 和云，则取决于是否能够攻克计算芯片能力与能耗散热。

目前 VR 处于"大哥大"、"红白机"时代。VR 头盔较重较大，绝大多数 VR 应用是单机版，VR 内容生产昂贵。一旦 VR 拍摄设备、显示设备普及，并且 VR 与社交网络、网络游戏结合，将爆发出巨大的多边平台效应和用户增长潜力。目前全球 VR 产业是内容竞争，几分钟的 VR 电影要投资千万，30 分钟的成本则上亿元。VR 内容生产上云能够有效降低成本，而千元以下的大众版的 VR 摄像机也面世了，UGC(User Generate Contect) 会让 VR 内容快速丰富起来，而更多应用开发者从移动手机跃迁到 VR 平台，则会吸引更多普通消费者购买终端设备。

VR 商业模式正在不断创新，VR 应用市场、VR 广告、VR 电商、VR 直播、VR 教育、VR 样板间、VR 游戏都在尝试变现，而有效的变现模式、成熟的开发平台是开发者投入时间的根本保障。PC 版 VR（Oculus、HTC Vive）、一体机 VR（SONY PS VR）、手机版 VR（三星 Gear、Google Cardboard）在高、中、低端市场差异化发展，360 度全景视频也激活了大量没有 VR 功能的电脑和手机，VR 已经进入新一代移动产业快速发展的初期。

Neuromorphic Chips
神经形态芯片

年初的 AlphaGo 着实让人眼前一亮，类似电脑毁灭人类的担忧又风声四起，但是人脑还是比电脑聪明。近几年飞速发展的人工智能除了得益于电脑超高的运算能力和处理数据的能力，也得益于模拟人脑神经抑或学习记忆机构的设计理念。大脑"工作"时的功率为 20W，其实就是一台非常节能而且高效的生物电脑，冯诺依曼也就是利用这样的生物电脑创造了著名的"冯诺依曼体系"。那么类似人脑的系统的研发也就显得十分有意义了，这就是"神经形态芯片"——模拟人眼与人脑神经元的芯片。自 2014 年来，高通就开始研发承载人工智能的下一代载体，即"神经形态芯片"，并希望在 2018 年以前将这种芯片拓展到嵌入式应用，例如穿戴式装置与无人机。除了高通，另外像 IBM、英特尔（Intel）、惠普（HP）等巨擘都在着手研制"神经形态芯片"。知名咨询公司 Markets-and-Markets 也预测，神经形态市场将从 2016 年的几百万美元快速成长，在 2022 年以前达到几亿美元的市场规模。"神经形态芯片"也成功入选《麻省理工科技评论》2014 年度 10 大突破性技术。让我们从高通的成功开始，了解这样神奇的技术。

撰文：罗伯特·霍夫（Robert D. Hof），杨一鸣

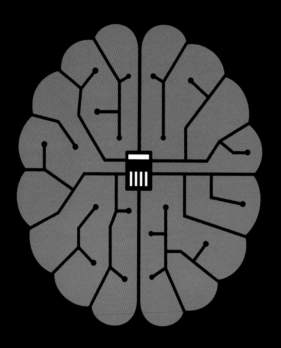

突破性技术

这种替代性的计算机芯片设计方案将能够提升人工智能。

为什么重要

传统芯片正接近基本性能的极限。

主要研究者

- 高通
- IBM
- HRL 实验室
- 人脑计划

和一头哈巴狗一般大小、名叫"先锋"的机器人慢慢向前翻滚着，逐渐靠近地毯上的玩具"美国队长"，它们对峙着站立的地方是一间儿童卧室。无线芯片制造商高通（Qualcomm）在一辆房车中搭建了这个空间。"先锋"的动作停顿了下来，好像在评估周遭环境，然后，它用自己身前像雪铲一样的工具把美国队长揽入怀中，转个身，把它向三个矮矮的玩具箱推去。高

级工程师章艾乌（Ilwoo Chang）抬起两只手臂，指向应该投放"美国队长"的那个箱子。"先锋"的摄像头看到了这个动作，乖乖地照做了。然后它又翻滚着折返，发现了另一个动作片人物"蜘蛛侠"。

这次它直线向蜘蛛侠靠拢，完全无视附近摆放着的一个围棋盘，在无人指挥的情况下，把"蜘蛛侠"运送

到同一个箱子里。这次演示在高通位于圣地亚哥的总部完成，看起来没什么大不了的。不过，你却可以从中窥见计算的未来。机器人完成的这些任务过去通常需要强大的、经过专门编程的计算机完成，耗费的电力也多得多。而"先锋"只是配备了一个智能手机芯片和专门的软件，就能识别从前机器人无法识别的物体，根据它们和相关物体的相似程度来做分类，再把它们传送到房间中正确的位置。这一切并不是源于繁复的编程，而只是因为人向它演示过一次它该往哪里走。机器人可以做到这些，是因为它模仿了人脑的运作，尽管这种模仿非常有限。

2016 年下半年，高通会开始对外透露如何把这项技术镶嵌进各种电子设备使用的硅片中。这些"神经形态"芯片——如此命名是因为它们是以生物脑为基础来构造的——会被设计成能够处理图片、声音等感官数据，并以未经特殊编程的方式来应对这些数据中发生的变化。它们承诺会加速数十年来断断续续发展的人工智能，并使得机器能以和人类相似的方式来理解这个世界并与之互动。医疗传感器和设备将长期追踪个人的生命体征并对治疗做出反馈，学会调整剂量，甚至尽早地捕捉到问题。你的智能手机将学会预期你下一步想干什么，比如，发送给你将要会面的人的背景资料、提醒你到时间出发去开会了。那些谷歌正在试验的自动驾驶汽车可能完全不需要你的帮助，而更灵敏的家用吸尘器不会再卡在你家的沙发底下。"我们正在把硅片和生物系统间的界限变模糊。"高通的技术总监马修·格罗布（Matthew Grob）说。

高通研发的这种芯片已经在 2015 年 3 月面世。这个名为 Zeroth 的项目将成为神经形态计算首个大规模的商业平台，集成到了高阶处理器 Snapdragon 820。高通也在 2015 年世界移动通信大会（Mobile World Congress）现场展示了 Zeroth 电脑认知平台的一些简单操作，例如通过摄像头捕捉的图像识别其中的实时手写文字，或是识别图像的内容并按照一定规律将照片分类排列。

除高通的这个项目外，美国的大学和企业实验室也在开展充满前景的努力，比如 IBM 研究院和 HRL 实验室各自都在美国国防高等研究计划署的一个耗资 1 亿美元的项目下开发了神经形态芯片。类似地，欧洲的人脑项目正在神经形态项目上花费约 1 亿欧元，其中包括海德堡大学和曼彻斯特大学的项目。另外，德国的一个团队近来报告称，他们使用的一个神经形态芯片和软件模仿了昆虫的气味处理系统，能根据植物的花朵来识别植物所属的种类。

今天的计算机用的都是所谓的冯诺依曼结构，在一个中央处理器和记忆芯片之间以线性计算序列来回传输数据。这种方式在处理数字和执行精确撰写的程序时非常好用，但在处理图片或声音并理解它们的意义时效果不佳。有件事很说明问题：2012 年，谷歌展示了它的人工智能软件在未被告知猫是什么东西的情况下，可以学会识别视频中的猫，而完成这个任务用到了 1.6 万台处理器。

要继续改善这类处理器的性能，生产商需要在其中配备更多更快的晶体管、硅存储缓存和数据通路，但所有这些组件产生的热量限制了芯片的运作速度，尤其在电力有限的移动设备中。这可能会阻碍人们开发出有效处理图片、声音和其他感官信息的设备，以及将其应用于面部识别、机器人，或者交通设备、航运等任务中。

对于攻克这类物理挑战，没有什么企业的兴趣赶得上高通。这家公司是许多手机和平板电脑使用的无线芯片的制造商。移动设备用户对于自己手中的机器的需求日益增多，但今天的个人辅助服务比如苹果的 siri 和 Google Now 都有局限性，因为它们必须向云端要求更多更强大的计算机来回答或预估人们的提问。"我们正迎难而上。"领导 Zeroth 工程师团队的高通技术副总裁杰夫·格尔哈尔（Jeff Gehlhaar）说。神经形态芯片尝试在硅片中模仿人脑，以大规模的平行方式处理信息：几十亿神经元和千万亿个突触对视觉和声音刺激物这类感官输入做出反应。这些神经元也就变化的图像、声音等内容改变它们相互间连接的方式。我们把这个过程叫作学习。神经形态芯片纳入了受人脑启发的"神经网路"模式，因此能做同样的事。这是为何高通的机器人——即使目前它还只是运行模拟神经形态芯片的软件而已——能在没见过"蜘蛛侠"的情况下，把它放到投放"美国队长"的同样地点。

即使神经形态芯片远不如人脑能干,在处理感官数据和从中学习这个方面,它们比现有的计算机速度快得多。人工智能的顶尖思想家杰夫·霍金斯(Jeff Hawkins)说,在传统处理器上用专门的软件尝试模拟人脑(谷歌在猫的实验中所做的)、以此作为不断提升的智能基础,这太过低效了。霍金斯创造了掌上电脑(Palm Pilot),后来又联合创办了 Numenta 公司,后者制造人脑启发的软件。"你不可能只在软件中建造它,"他说到人工智能,"你必须在硅片中建造它。"

神经通道

随着智能手机的广泛流行,高通公司也宏图大展,该公司的市场资本如今已经超过英特尔。在某种程度上这要归功于高通取得的数百项无线传播专利。这些专利就陈列在其总部大堂 7 层楼道的其中两层。现在,高通又在等待再次突破的一刻。它和一家神经科学创业公司 Brain Corp 合作,投资了这家公司(该公司就设在其总部大楼里),也和自己不断扩大的员工队伍合作。过去五年,该公司已经悄无声息地开展工作,创造出模拟脑功能的算法以及执行这些算法的硬件。Zeroth 项目最初专注于机器人应用,因为机器人和真实世界互动的方式为人脑的学习过程提供了广泛教程——这些教程然后可以被应用于智能手机和其他产品。这个项目的名称取自艾萨克·阿西莫夫(Isaac Asimov)的机器人"零规则"(Zeroth Law):"机器人不得危害人类,也不能眼见人类遭到危害而袖手旁观。"

神经形态芯片的创意可以追溯到几十年前。加州理工大学的退休教授、集成电路设计的传奇人物卡弗·米德(Carver Mead)在 1990 年发表的一篇论文中首次提出了这个名称。这篇论文介绍了模拟芯片如何能够模仿脑部神经元和突触的电活动。所谓模拟芯片,其输出是变化的,就像真实世界中发生的现象,这和数字芯片二进制、非开即关的性质不同。不过,米德设法建造可信赖的模拟芯片设计的过程并不容易,只有 Audience 制造的降噪芯片——一个可算作神经形态的处理器——的销售达到几亿美元。这个芯片基于人的耳蜗的构造,已经在苹果、三星等公司的手机中使用。

作为一家商业公司,高通更看重实用性而非纯粹的设计性能。所以该公司开发的神经形态芯片仍然是数字芯片,要比模拟芯片更容易预估和制造。这些芯片编码和传输数据的方式模仿了脑部在对感官信息做出反应时生成的电波动。"即使是使用这种数字化的呈现,我们也能复制在生物学中看到的大量行为。"Zeroth 项目工程师安东尼·路易斯(Anthony Lewis)说。

这些芯片将完美地融合到高通现有的业务中。高通主导了手机芯片市场,但近年来收益成长缓慢。它的 Snapdragon 手机芯片包含了图像处理单位这样的组件。高通可以在芯片中添加"神经处理单位",以处理感官数据和类似图像识别、机器人移动等任务。而鉴于高通在向其他企业授权技术许可方面获利丰厚,它可能也会出售对神经形态芯片上运行的算法的使用权。这可能会导向视觉、运动控制等应用的感知芯片的问世。

处理能力

	擅长做的事	好处
神经形态芯片	探测和预测复杂数据中的规律和模式,使用相对较少的电	视觉或听觉类数据丰富的应用,需要机器来调节其和世界互动中的行为
传统芯片 (von Neumann architecture)	可信赖地执行精确计算	任何可被简化为数字问题的事物,尽管更复杂的问题会要求大量耗电

认知友伴

高通尤其对于神经形态芯片的这一种可能性感兴趣：能够改造手机和其他移动设备，使之成为我们的认知友伴，注意到我们的行为和周遭环境，并逐渐了解我们的习惯。"如果你和你的设备可以用同样的方式感知周遭环境，它将能更好地领会你的意图，预期你的需要。"高通研究实验室的业务开发主管萨米尔·库马尔（samir Kumar）说。

库马尔随即举了一系列的简单应用：如果你在一张照片中把你的狗狗圈出来，你的手机摄像头会在接下来的每张相片中都认出你的宠物；在足球比赛中，你可以告诉手机，只在你的孩子射门时才要抓拍照片；在你睡觉时，不用你告诉它，它也知道应该把所有来电都转入语音信箱。而格罗布说，一言以蔽之，你的手机会拥有第六感。

在这种芯片尚未问世前，高通的主管们不愿过多地夸夸其谈。但其他地方的神经形态研究人员却不介意做些揣测。圣何塞的 IBM 顶级研究员达蒙德拉·穆扎夫（Dharmendra Modha）说，这类芯片可能会带来给盲人戴的眼镜，用视觉和听觉传感器来识别物体并提供声音线索；能检测生命体征、就潜在问题及早发出警告、建议个性化治疗方式的医疗保健系统；利用风的模式、潮汐和其他指标来更准确地预测海啸，诸如此类。

程序员将花些时间弄明白利用这些硬件的最佳方法。"硬件企业现在开始研究并不嫌早，"人工智能创业公司 Viarious 的联合创始人迪利普·乔治（Dileep George）说，"商品可能要等等。"对此，高通的高层们并无异议，但他们相信，公司预期于今年启动的技术会大大缩短实现这些产品所需的时间。

专家点评

姚颂

深鉴科技创始人、CEO

人工智能必将在不远的未来逐渐融入大众的生活，在可以预见的未来，每一部手机、每一台 PC、每一个电子设备，都可能具有智能的能力。而传统的通用平台，如 CPU 与 GPU，在处理人工智能算法的计算时极其低效，神经形态芯片便是在这样的背景下应运而生的。

神经形态芯片的计算机受到人脑神经网络的启发，对于信息使用一个个脉冲信号进行表达。每个神经元接收到脉冲信号，在一定条件下向后级的神经元释放新的脉冲信号。这种计算也被称为"脉冲神经网络"（Spiking Neural Network）。由于每个神经元只在接收到脉冲的时候才进行计算，神经形态芯片可以实现超低功耗，如 IBM 的 TrueNorth 芯片，仅有数十毫瓦。使用神经形态芯片已经可以高效地运行多种智能识别算法。

神经形态计算还存在诸如训练方法不成熟的问题，限制了其大规模的应用。一种典型的做法是，先训练一个深度神经网络，再将其转化为脉冲神经网络表示。然而这一类训练算法也仅对于小规模的网络可用，对于大规模的网络还不能实用。

目前，实际主流使用还是深度学习，其凭借着成熟的训练方法和优化方法已经能达到非常高的准确度，而专用的体系结构也逐渐进入人们的视野。而神经形态芯片，虽然目前还存在一些技术难题亟待解决，但凭借其更强的生物学基础，具有非常大的潜力，在追求极限低功耗的情况方面有很大的优势。相信在不远的未来其应用也会越来越多。

Agricultural Drones
农用无人机

价格相对便宜的无人机装有先进的传感器，具备成像功能，为农民提供了增加产量、降低作物损失的新途径，入选《麻省理工科技评论》2014 年度 10 大突破性技术之一。

撰文：克里斯·安德森（Chris Anderson），汪婕舒

突破性技术

易于使用的农用无人机装有摄像头，价格还不到 1 000 美元。

为什么重要

对作物的近距离监测可以改善用水状况和病虫害治理。

主要研究者

- 3D Robotics
- 雅马哈
- PrecisionHawk

酿酒师瑞安·孔德（Ryan Kunde）的家中；风景如画的葡萄园就坐落在旧金山北部的索诺玛谷中。不过孔德不是一般的农民，他还是一名无人机驾驶员，而且不是唯一的一个，他是一个前卫农民群体中的一员，这些农民使用曾经的军用航空技术，从空中拍摄图片，来种出品质更好的葡萄。这体现出使用传感器和机器人技术，引入大数据服务于精准农业的更广泛的趋势。

对于孔德和越来越多像他一样的农民来说，"无人机"只是低成本航空拍摄平台的代名词：它们要么是微型固定翼飞机，要么是更常见的四翼飞机，或是其他小型的多翼直升机。这些飞机装有自动驾驶仪，使用 GPS 和由自动驾驶仪控制的标准傻瓜相机，地面上的软件能将这些航拍图片合成高分辨率的马赛克地图。传统的无线电控制飞机需要地面人员控制飞行，而孔德使用的飞机则由自动驾驶仪（由笔者所在的 3D Robotics 公司制造）完成从起飞到降落的所有飞行工作。驾驶仪的软件负责规划飞行路线，旨在最大限度地覆盖葡萄园的范围，控制摄像头对照片进行优化，以备进一步的分析。

低空观察（即从葡萄园起几米至大约 120 米高的范围，这一高度范围内的无人机飞行作业在美国无需联邦航空管理局的特别许可）为农民提供了以前很少有的观察角度。和卫星图片相比，这一高度范围内拍的照片要便宜得多，而且分辨率更高。因为照片是在云下方拍摄的，所以没有阻碍，在任何时候都可以拍到。同时，它比人工驾驶飞机拍出的作物照片也便宜得多。有人驾驶的飞机每小时就要耗资约 1 000 美元，而农民购买的无人机每架全套价格还不到 1 000 美元。

3D Robotics 的无人机飞过孔德家的酿酒园

这种小巧便宜、使用方便的无人机的出现，很大程度上是非凡的技术进步的结果：这包括小型微机电系统传感器（比如加速度计、陀螺仪、磁力仪，以及压力传感器）、小型 GPS 模块、超强性能的处理器和一系列数字无线电设备。现在，所有的这些组件正以前所未有的速度变得越来越便宜，这要归功于它们在智能手机上的广泛应用以及这些行业极其巨大的规模经济效益。无人机的核心部分是装有特殊软件的自动驾驶仪，软件通常是由"无人机DIY"（DIY Drones，由笔者所创立）这样的网络社区编写的开源程序，而不是来自航空航天业界的昂贵代码。

意大利农用无人机公司 AeroDron 的联合创始人马夏·福斯基（Mascia Foschi）说，无人机会源源不断地将数据传输给电脑中的数学模型，生成预测性的数据，帮助农民做出最有效的资源分配决策，估计最佳的收获时间，以及如何应对害虫等。这样，农民就能早早地进行害虫防治，预测土壤和空气的湿度水平。[6]

PrecisionHawk 公司制造的一架无人机装有多个传感器，来拍摄田野的画面

无人机能为农民提供三种详细的观察方式。第一，从空中观察作物的形态可以显露出作物的问题，如灌溉中存在的问题、土壤的变化，甚至是肉眼不易观察到的病虫害和真菌感染问题，以及如何应对害虫等。无人机甚至能确定出某一块具体的土壤是否需要施肥、播种或除草，不管对玉米、燕麦、大豆、棉花还是葡萄都同样有效——无人机制造商PrecisionHawk 的总裁厄内斯特·亚伦（Ernest Earon）介绍说[6]。其次，航拍摄像头可以多谱段拍摄，同时从红外光谱和可视光谱中捕捉信息，将这两段光谱相结合，可以生成一幅着重突出健康作物和受损作物之间区别的作物视图，而这种区别用肉眼是难以发现的。最后，无人机可以每周、每天甚至每小时都对作物进行勘查。将观察结果组合起来能得到时间序列动画，这些动画影像能够显示作物的变化情况，揭示出现问题的位置，为作物管理的改善创造机会。

这就是数据驱动型农业趋势的一部分。今天，农场上正在爆发工程学的奇迹。多年来，自动化及其他形式的创新成果不断涌现，旨在让人们用更少的劳动力收获更多的食物。拖拉机可以自动播种，误差仅几厘米。由 GPS 引导的收割机以同样的精度收割作物。无线网络把大量关于土壤水合作用和环境因素的数据回传给远端的服务器以供分析。但是如果我们能在此基础上再加入更多功能，全面评估土壤的含水量、更严密地找出灌溉和病虫害的问题，并每天甚至每小时都能获知农场的总体状况，那又是一番怎样的场景呢？这一创新大趋势的意义再怎么强调都不为过。到 2050 年时，世界人口预计将达到96亿，食物的产量需要提高70%才能养活这些人口[11]。农业就是一个投入与产出的问题。如果我们可以减少投入（比如减少水和杀虫剂的投入），同时保持产出不变，就能成功应对这个世纪挑战。而精准农业正是实现这一目标的有力途径。根据世界最大的种子公司孟山都估计，数据驱动型的精准农业每年将为全球作物产量带来 200 亿美元的增长，相当于

这张图片用近红外光显示出蔬菜的叶绿素水平

2013 年美国玉米类作物总价值的 1/3。[6]

最近的研究报告指出，由于精准农业概念的推广和市场的成熟，2016 年到 2022 年之间，农用无人机将处于高速发展的阶段。到 2022 年，全球农用无人机市场将从目前的 4.94 亿美元增长到 36.9 亿美元。根据无人驾驶载具国际协会（Association for Unmanned Vehicle Systems International）估计，在未来，农用无人机在所有商用无人机市场中将占到 80%[1]。高效低价的传感器、智能软件、大数据、云计算等新兴技术更是为无人机系统注入了变革农业生产的无限潜力。目前，美国在农用无人机的研发和测试上的花费最多，占到了全球的 73%，紧随其后的是日本[2]。据估计，日本应用在农业上的无人机（包括直升机）已达到了 1 0000 架[1]。实际上，日本的稻农在过去 30 年里一直使用雅马哈的 RMAX 型农用无人机喷洒农药[6]。而英国政府甚至会对愿意购买无人机

的农民给予拨款[6]。近两年来，中国的无人机制造商极飞[3]和大疆[4]也陆续推出了用于精准喷洒作业的农用无人机。而在美国，随着政府对无人机的监管逐渐松动，农用无人机将迎来蓬勃的发展，创造出可观的经济效益和工作机会。美国农业局联合会估计，农民在无人机上将获得丰厚的投资回报，每英亩玉米地的投资回报将达到 12 美元，而大豆和小麦的每英亩回报将达到 2 ~ 3 美元[1]。农业遥感数据分析公司 Descartes Labs 的联合创始人斯蒂芬·布伦比（Steven Brumby）认为，农用无人机还能为发展中国家的农民带来极大的益处，因为那里的农田广阔，对廉价技术的需求非常高。[6]

堪萨斯州立大学的植物生态学家、同时也是农用无人机公司 AgPixel 高管的凯文·普莱斯（Kevin Price）说："整件事的优美之处就在于，无人机既能为农民省钱，又帮助保护了环境。"普莱斯在美国西部

农场种植苜蓿。他说，农用无人机的分辨率可以让你看清每一英寸（约为2.54厘米）土壤，数清每一株作物——在过去，这对大型农场来说是不可能完成的任务，让许多农民和农业专家惊叹不已。普莱斯的公司目前正在研究农用无人机在小麦和玉米栽培中的应用，并计划对西瓜和西红柿等进行实验。而来自卡耐基梅隆大学、麻省理工学院、普渡大学和俄勒冈州立大学等高校的研究者也正在帮助这个领域开发更好的技术，让农民们可以更好地分析马铃薯的数据、收集水样，以及修剪苹果园和桃园[1]。2015年，一名22岁的新西兰农民迈克尔·汤姆森（Michael Thomson）甚至用无人机来放羊。英国、美国和澳大利亚等地的牧民也正在尝试用无人机来进行放牧。[5]

有可能，在未来，由于有了无人机，你的食物会更加美味，或者味道更加一致。聚焦于葡萄种植的无人机公司VineRangers已经在探索用无人机来生产更美味的红酒[1]。而对瑞安·孔德来说，他是他的酿酒家族中第一个使用无人机的人。"'蜘蛛侠'真的很棒，它帮我更好地监测葡萄园，比以前好太多了。"他说。"蜘蛛侠"正是他为自己的型号为X8的3D Robotics无人机起的昵称。在过去几年里，无人机成功帮助他定位了哪里的葡萄成熟了以及哪里需要浇水。[6]

农用无人机正在变为像其他消费设备一样的工具，我们已经开始讨论能用它来做些什么事了。瑞安·孔德想减少灌溉、降低杀虫剂的用量，最终生产出品质更好的葡萄酒。数量越来越多、质量越来越高的数据可以降低用水量，提高浇水施肥的效率[1]，减少对食物和环境的化学药品用量。从这个角度来看，尽管无人机这项技术始于军用，但可能演变成极好的绿色技术工具，而我们的孩子们将在这些翱翔于农场上空的小飞机的蜂鸣声中慢慢长大。

克里斯·安德森（Chris Anderson）是《连线》（Wried）杂志的前主编，3D Robotics公司联合创始人兼首席执行官，DIY Drones社团创始人。

专家点评

姚正昌

湖南省农业技术推广总站前站长，湖南农业大学客座教授

现在的农用无人机主要应用于植物保护，即农作物和森林的病虫害防治，发展较快。应该说它的发展前景还是好的。随着劳动力成本的上升，人民对健康的关注度的提高，农作物、森林、果园甚至城镇绿化树木花草的病虫害防治人工成本越来越高，特别是森林、草原的病虫害尤其是虫害往往是爆发式的，人工防治难度很大，无人机就可以较好地解决问题。

目前农用无人机的应用范围较窄，还有很大的应用空间。产品也比较单一，同质化情况严重，智能化有待进一步提高；应用于低空的（几米、几十米高）的有效载荷也不高，还离不开人工遥控操作，导致操作成本上升。

湖南已把植保无人机纳入了农机补贴范围，有几千架了。

我个人认为：在不影响国防、治安的前提下，功率大一点、续航距离远一点、智能化程度高一点的农用无人机的发展前景还是比较好的。

Brain Mapping
脑部图谱

还记得人类基因组计划这一浩大的工程么？这一工程对人类生物学的研究有着不菲的价值。人类基因组计划耗时 20 年，完成了对人体 2.5 万个基因的 30 亿个碱基对的测序，而这里介绍的"脑部图谱"的绘制与之类似，耗时 10 年，也将是脑神经学界里程碑式的计划。"脑部图谱"绘制计划于 2004 年启动，这也是一个跨国的科学探索工程，其主要参与者有德国于利希研究中心（Jülich Research Centre）和蒙特利尔神经疾病研究所（Montreal Neurological Institute）。他们绘制了一幅新图谱，以前所未有的精度显示了脑部结构，为神经科学家研究脑部的复杂性提供了指南，对于脑科学、神经解剖学、神经影像学、认知科学和心理学都是意义非凡的，而对临床医学的意义更是重大。"脑部图谱"拥有能刷新人类对大脑认识的能力，并以此跻身《麻省理工科技评论》2014 年度 10 大突破性技术，是首次将人类大脑的整体图像整合成 3D 结构并且精度超越 1 毫米的一次尝试，这也将引领神经影像学朝着 3D 成像以及高精度成像发展。

撰文：考特尼·汉弗莱斯（Courtney Humphries），杨一鸣

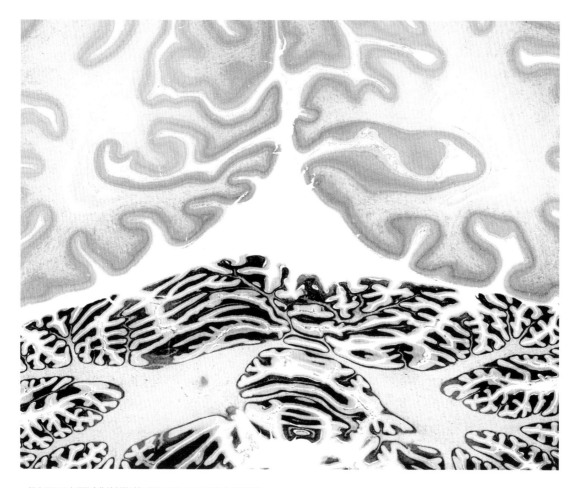

一幅由国际研究团队合作绘制的脑切片图可以显示 20 微米大小的结构

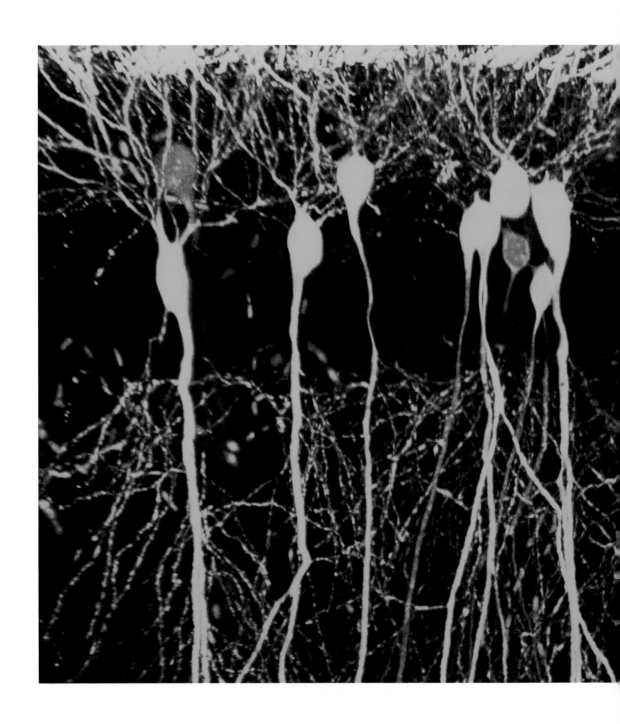

突破性技术

高清晰的人脑图谱可以显示小至 20 微米的结构。

为什么重要

因为神经科学家希望了解脑部是如何工作的，所以他们需要一幅显示解剖细节的图谱。

主要研究者

- 卡特伦·阿穆兹 (Katrin Amunts)，于利希研究中心
- 艾伦·埃文斯 (Alan Evans)，蒙特利尔神经疾病研究所
- 卡尔·代塞尔罗思 (Karl Deisseroth)，斯坦福大学

斯坦福大学研发出的新技术Clarity可以为小鼠的脑部拍摄神经元和神经环路的图片

中国中科院也开设了"脑网络组图谱"（Brainnetome Atlas）项目。在这些科研项目中，由德国于利希研究中心（Jülich Research Centre）和蒙特利尔神经疾病研究所（Montreal Neurological Institute）共同参与绘制的"BigBrain"脑部图谱在 2013 年横空出世，得到了业界的广泛回响。此项目历时 10 年，绘制了一幅 3D 的全方位的脑部神经图谱，而且此图谱的精度极高，几乎能看清每一个细胞。

脑部图谱可以说是人类探索大脑结构以及脑神经的地图，地图上的标注越多，精度越高，我们探索起来才会更加方便。最早的脑部图谱其实可以追溯到 20 世纪初，德国神经解剖学家科比尼安·布洛德曼（Korbinian Brodmann）在显微镜下观察了脑切片的结构和组织后，把人脑皮层分成了每个半球的 52 个区域。而在过去的 100 年中，这个图谱也被奉为脑神经学科的重要参考资料。如今，临床扫描大脑的技术还是 Magnetic Resonance Imaging（MRI）——脑部核磁共振。

其精度尚可，分辨率为 1 毫米，虽然还未高到能看清细胞的程度，却是临床医学扫描大脑的重要手段，也是脑神经学研究的主要成像工具。而 MRI 还是有它的局限性，只能提供二维的平面结构图，而且精度也不高。穷则思变，车到山前必有路。从 2004 年提出，到 2014 年，德国和加拿大科学家站在布洛德曼的肩膀上，将这条路重走了一遍，提出了新的 3D 脑部图谱。其主要的革新点有三：三维的重建脑部图谱；更好的精度，分辨率高达 20 微米，接近人体大多数细胞的尺寸；更精细的分区划分，也许能细分到 100 ~ 200 个功能区域。这毫无疑问将是脑神经学科里程碑式的科学探索项目，它提供了脑部结构和不同脑区的全面详细的图谱。

聚沙成塔

和光场摄影术类似，三维脑部图谱也只是将许多二维图片有序叠加在一起，就成了三维的图像。BigBrain脑部图谱将一颗大脑（来自 65 岁的一位老婆婆）切成了 7 404 个切片，厚度为 20 微米，然后依次成像，再将这些图片接合起来，成为一个完整的三维图形。

最近几年，脑神经的研究受到越来越多的关注，多角度的脑部图像以及更加细分的分区是其中的关键。特别是在神经网络和深度学习引领的火热趋势之下，脑神经的研究也日趋火热。世界各国都在积极开设有关脑部神经成像的研究项目，例如美国的BRAIN 项目将为脑部活动绘制一幅大范围的图像，这项工程说起来貌似十分简单，但是实施起来却是困难重重。首先，科学家要克服的难题就是脑部切片的技术。切片的厚度与重建三维图的分辨率息息相关，而且也将影响重建步骤的复杂度。考虑了数据的存储空间和处理速度之后，他们决定使用20微米的切片技术，这也将和切片的厚度相匹配。这样做出来的三维图像，它的各个方位的分辨率是一样的——20微米，也消除了一些因为分辨率各向异性带来的畸变。

确定了主要的技术参数，剩下的就是体力活了。由德国于利希研究中心（Jülich Research Centre）的卡特伦·阿穆兹（Katrin Amunts）领导的研究团队为脑切片染色后在平台式扫描仪上一片一片地成像。7 404片脑部图形就这样产生了，数据的总大小约为1TB，数据采集时间为1000小时左右。那么第二步就是要将这些二维图片整理成一个三维图像，这一步由蒙特利尔神经疾病研究所（Montreal Neurological Institute）的艾伦·埃文斯（Alan Evans）的研究团队完成。这个过程并不是简单地将7 404张图片依次叠起来，它们的连接处其实或多或少都存在着不匹配的偏差。因为在切片过程中产生了组织的扭曲和破坏，所以在图片叠加时就会出现对接不上的问题。因此埃文斯必须在图片中修正这些问题，并且他还需要把所有图片调整到它们对应在脑部的原始位置上。为了指导脑部的数字重建工作，在脑切片之前，卡特伦·阿穆兹（Katrin Amunts）领导的研究团队需要使用MRI给这颗大脑做扫描。然后埃文斯研究小组以MRI图像为基准调准各个图形的位置，以及修复图形之间的不匹配误差。所有的数据计算由加拿大计算网络（the Compute Canada Network）和于利希超级计算机中心（Jülich Supercomputing Centre）的超级计算机完成。

不断进步

BigBrain脑部图谱于2004年提出，而最早的构想就是建造一个高精度的脑部图谱。十年磨一剑，阿穆兹研究小组和埃文斯研究小组向我们呈现了一幅三维的高精度脑部图谱，而他们希望能不断改进，将精度进一步提高。"我们希望在未来能有一个真正意义上的细胞精度的脑部参照。"阿穆兹说——不

是20微米，而是1～2微米。因为几个原因，这仍然是一个看不到岸的目标。一个是计算方面的原因，分辨率为20微米的脑部图谱已经占了1TB，而分辨率为1微米的脑部图谱则大约需要几PB的数据（1PB约为1 000TB）。这已经接近现在的计算机存储的极限了，而且处理数据的时间也只会更长，至少也需要十年，可是人生还能有几个十年啊。另一个则是物理方面的问题：脑组织只能被切得这么薄了，再往下做切片可能会大面积损伤脑部的神经细胞，因为它们的尺寸就是几个微米。

所以，BigBrain开发团队把目光转向了新技术。阿穆兹正在研发这样一种技术：利用偏振光重建脑组织中神经纤维的三维结构。此外，斯坦福大学的神经科学家和生物工程学家卡尔·代塞尔罗思（Karl Deisseroth）开发出了Clarity技术。这项技术可以让科学家在完整的脑子里直接看到神经元和神经环路的结构。

和其他组织类似，脑子一般是不透明的，因为细胞中的脂肪会阻挡光线。Clarity会融化脂质，用胶状物质取代脂质，并让其他结构完整可见。尽管Clarity可以用来研究完整的小鼠脑部，但完整的人脑对现在的Clarity技术来说仍然太大了。但是代塞尔罗思表示，这项技术目前已经可以固定比脑组织的薄切片要大数千倍的人脑组织，让3D重建工作更方便，误差也更少。埃文斯说，虽然Clarity和偏振光成像技术目前可以给小块脑组织拍出像素极高的照片，未来我们还是希望这些技术应用可以扩展到完整的人脑上。

BigBrain脑部图谱的推出标志着脑神经成像从宏观图形到高精度微观图像的转变。人们可以不用在背光板面前看着MRI底片、看着似是而非的大脑图形来判断病情或是研究脑部的分区结构，而是查看更加精确的三维脑部图谱。BigBrain的研究团队也为他们的实验结果建立了数据库和对应网站，这是一个公开的免费的脑部图谱查看中心（https://bigbrain.loris.ca/main.php），就像知名半导体资料数据库"ioffe"（http://www.ioffe.rssi.ru/SVA/NSM）一样。笔者相信，由BigBrain引领的三维高精度脑神经立体成像数据库一定会做越来越好，而三维高精度医学立体成像数据库也将逐渐进入人们的视野，医学的信息革命即

将爆发。

而不久前，数据和脑部图谱交汇的萌芽出现了：华盛顿大学医学院的神经科学家创造的新型"大脑地图"，不仅定义了更多脑区，还建立了一个机器学习项目，以便于重建任何大脑的分区图。他们的成果已经刊登在知名学术期刊《自然》上。该研究于2010年启动，由美国国立卫生研究院赞助了4 000万美元。参与该项目的研究员马修·格拉瑟（Matthew Glasser）表示，与以往的许多研究不同，这张地图在标定分区的边界时，同时考虑了多个变量，如皮质厚度、脑区功能、脑区间的联系等。而在给一组

大脑分区绘图之后，根据开发的算法，该"脑部图谱"可用于自动识别新的大脑，其分区大小和边界变化因人而异。"这不只是一张用来挂着看的地图，"格拉瑟说，"你可以明确地标定每个个体的特定脑区。"的确，如果说本文介绍的"Bigbrain"是一张精美的三维地形图的话，那么华盛顿大学开发的脑部图谱就提供了一个地图的框架以及绘制地图的工具，而经过机器学习和大数据的雕砌，绘制的时间一定会大大缩短。如果这两个科研项目互相借鉴或者有一些学术合作的话，新一代脑部图谱的绘制一定会变得更加便捷和精确。

专家点评

王立铭

浙江大学生命科学研究院教授，国家青年千人计划入选者。先后于北京大学和加州理工学院获得学士和博士学位，并曾在加州大学伯克利分校及波士顿咨询公司任职。王立铭实验室的研究专注于动物能量和营养物质代谢的神经生物学调控机理。在科学之外，王立铭博士还是积极的科普创作者，著有《吃货的生物学修养》。

在数万年前走出非洲之后，我们这种分类学上属于人科人属智人种（Homo sapiens）的物种逐渐成为整个地球的主宰。这并非因为我们能够跑得更快、更强壮、更能抵抗病原体的侵袭，或者更能生育，而是因为我们独一无二的大脑——这颗重量大约1 400克、由上百亿神经元相互连接形成，赋予我们独特的语言和社交能力、逻辑思维、情感和好奇心的复杂结构。因此，理解人类大脑的功能几乎注定将成为人类科学发展最后的前沿和远方。在当下，理解人类大脑功能的主要手段可能有如下几个：功能记录——利用脑电图、功能性核磁共振、正电子断层扫描方法，记录人类大脑在执行不同功能时的活动性变化；结构观察——利用计算机断层扫描（CT）和尸体解剖等技术，分析大脑结构在不同条件下的变化；大脑干预——利用深部脑刺激等技术，直接改变大脑的工作状态，并观察相应的行为和认知功能的变化。可想而知，我们需要有一套精细的大脑"地图"，这样，不同的科学家在发布和比较各自的研究成果的时候，能够确切地知道各自研究的究竟是大脑哪个部位的什么功能区域。

上文所述的脑部图谱正是这样一套人类大脑的精细地图。这张1TB大的三维地图由七千多张人类大脑切片图像构成，分辨率达到创纪录的20微米——接近单个神经细胞的尺寸。利用这套地图，神经科学家们可以更精细地标识出人类大脑不同功能分区的结构和活动，从而更好地理解人类大脑的功能和相关疾病。

而展望未来，我们还需要更细节、信息更全面的大脑地图。要知道，神经细胞往往具有极其复杂的显微结构，用于信息的传递和处理：分叉的树突（以及密布其上的数万树突棘），细长的轴突，以及和其他神经细胞形成的成千上万的突触。最终理解大脑功能，我们需要的地图可能要有纳米级别的分辨率，可能需要我们能够同时记录神经元使用的化学信号分子和信息处理模式。而相应的，在大脑无损处理、图像获取、数据存储、图像自动分析等方面我们都还有很多技术障碍需要解决。人类理解自身大脑的漫漫征程，我们才刚刚开始出发。

10 Breakthrough Technologies

2013

2013 年 **10 大突破性技术**

Deep Learning
深度学习

被评为《麻省理工科技评论》2013 年度 10 大
突破性技术之一的深度学习是人工智能的一个分
支，利用多层人工神经网络，能从极大的数据量
中学习，对未来做出预测，让机器变得更加聪明，
已被运用在图像和语音识别、虚拟助手、生物医
药、交通运输等诸多领域。此项技术近年来发展
迅速，大公司和创业公司都趋之若鹜。2016 年，
谷歌的围棋软件利用深度学习击败了世界围棋冠
军，成为人工智能的又一个里程碑。

作者：罗伯特·霍夫（Robert D.Hof），汪婕舒
插图：吉米·特里尔（Jimmy Turrel）

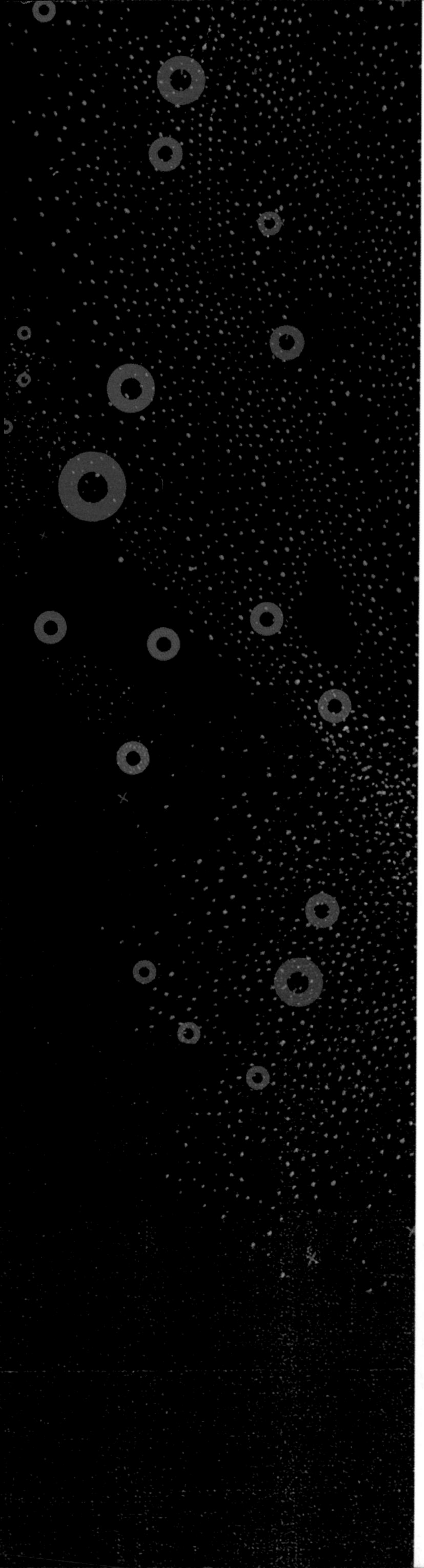

突破性技术

人工智能的方法之一，可以推广到多种应用。

为什么重要

如果计算机能可靠地识别模式、做出关于这个世界的推论的话，它将为人类提供更有效得多的辅助。

主要创新者

- 谷歌（Google）
- 微软（Microsoft）
- IBM
- Facebook
- 杰弗里·辛顿（Geoffrey Hinton），多伦多大学

2012 年 7 月，当雷·库兹韦尔（Ray Kurzweil）去见谷歌首席执行官拉里·佩奇（Larry Page）时，他没想找工作。库兹韦尔是受人尊敬的发明家，当时已成为机器智能领域里有名的预言家。他想和佩奇聊聊自己即将出版的新书《如何创造思维》（How to Create a Mind）。佩奇读过这本书的草稿。他对佩奇说，自己想开个公司，专研如何建造一台真正聪明的计算机：它不仅能理解语言，还能自行做出推断和决策。

但他很快发现这件事需要大规模的数据量和计算能力，而这正是谷歌所拥有的资源。"我可以试着给你一些支持，"佩奇对他说，"但对一家独立的公司来说，做这件事会非常难。"佩奇建议他加入谷歌。库兹韦尔以前都是自己开公司，从没在其他公司干过。他没花很多时间就做出了决定：2013 年 1 月，他成了谷歌的工程主管。他说："这是我专注人工智能领域 50 年以来的顶峰。"

吸引库兹韦尔的不只是谷歌的计算资源，还有该公司在人工智能中一个名为"深度学习"的分支所取得的惊人进展。深度学习软件试图模仿大脑新皮层

人工智能的进化

1948	1950	1955

曼彻斯特小型实验机是第一台执行存储在电子存储器中的程序的计算机。

阿兰·图灵的论文《计算机器与智能》提出了"图灵测试"的概念。

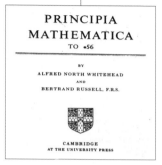

研究人员启动了"逻辑理论家"这个被许多人视为第一个人工智能程序的项目。它证明了《数学原理》前 52 个定理中的 38 个。《数学原理》出版于 20 世纪早期，尝试总结出对所有数学定理都适用的一套规则。

中多层神经元的活动。皱巴巴的新皮层正是思维诞生之处，占大脑总重的 80%。深度学习软件能够学习识别以数字化方式呈现的声音、图像等数据中的模式。这是实打实的"学习"。

这里涉及的基本方法是这种软件能在人工"神经网络"中模拟新皮层中的大量神经元阵列。这个创意已经存在数十年，它带来的失望和突破一样多。但是，得益于数学公式的改进和计算机的日益强大，计算机科学家们现在可以模拟比以往任何时候都更多层的虚拟神经元。

有了这种更深入的能力，科学家们在语音和图像识别上取得了显著的进展。2012 年 6 月，谷歌给它的深度学习系统展示了 1 000 万张来自 YouTube 视频的图片，让它识别物体（例如猫），结果显示其识别效果比之前的类似系统提升了差不多一倍。谷歌也用这种技术来降低安卓手机软件中语音识别的错误率。2012 年 10 月，微软首席研究官里克·拉希德（Rick Rashid）在中国演讲时展示了一款语音识别软件，引发了观众的赞叹。这款软件把他说的话转录成英文文本，错误率仅 7%，之后再将文本翻译成中文，

并且模拟他的声音以普通话读出来。同月，由三个研究生和两位教授组成的一个团队在默克公司举办的竞赛中获胜，竞赛内容是识别导向新药物开发的分子。这个团队采用深度学习技术瞄准了那些最可能符合他们目标的分子。

谷歌尤其成了吸引深度学习和人工智能人才的磁石。2013 年 3 月，谷歌收购了一家创业公司。多伦多大学的计算机科学教授杰弗里·欣顿（Geoffrey Hinton）是该公司的联合创始人，也是赢得默克公司那场比赛的团队成员。欣顿兼顾大学和谷歌的工作，他说自己计划"把这一领域中的创见应用到真正的问题上"，比如图像识别、搜索和自然语言理解。2014 年，谷歌又收购了一家用深度学习来教计算机玩游戏的英国创业公司 DeepMind——那时候谁也想不到，这家公司两年后用深度学习颠覆了全世界对人工智能的认知。

所有这些进展让一贯谨慎的人工智能科研人员充满了希望：智能机器终于不再停留在科幻小说中。确实，从通信、计算，到医药、制造、交通运输和金融，机器智能正开始改变一切。IBM 的计算机"沃森"

在《危险边缘》节目中的胜利彰显了这种可能性。"沃森"使用了一些深度学习技术，目前正在接受训练，帮助医生做出更好的决策，例如更准确地识别恶性肿瘤。微软已经在 Windows Phone 系统、必应语音搜索和聊天机器人小冰[1]中运用了深度学习技术。Facebook 也在使用深度学习技术来分析社交网络和识别照片中的人脸[13]。eBay 的研究者用其来识别和分类商品。加州大学的研究者则用这种技术来帮助无人驾驶汽车探测路上的行人[2]。

要将深度学习扩展到语音和图像识别之外的应用上，需要更多概念和软件上的突破，当然还有处理能力上的更大进步。可能在很多年内，我们都不会看到大家公认的能自行思考的机器，也许数十年内都看不到——如果不是永远的话。但正如美国微软研究院的负责人彼得·李（Peter Lee）所说："深度学习让人工智能领域中的一些重大挑战重新成为人们关注的焦点。"

造出个大脑

如何应对这些挑战呢？目前已经出现了许多不同的方法。其中一种方法是给计算机灌输有关世界的信息和规则。这需要程序员辛苦地编写软件来让计算机熟悉那些属性，比如一条边或一个声音的特征。这需要耗费大量的时间，而系统仍然无法处理模糊的数据。这些系统仅能用于狭隘的、受控制的应用，比如要求你说出特定词汇才能进行查询的手机菜单系统。

神经网络的研究始于人工智能刚起步不久的 20 世纪 50 年代。这种方法看起来前途十分光明，因为它试图模拟大脑的工作方式——虽然做了极大的简化。程序绘制出一组虚拟神经元，然后给它们之间的连接分配随机数值或称"权重"。这些权重确定了每个模拟神经元对数字化特征的响应，并以 0 到 1 之间的值来表示。数字化特征包括图像中的一条边或某种蓝色，或者某种音素频率的能量水平（音素是语言音节中声音的最小单位）。

程序员会用包含了某些对象的数字化图像或包含了

某些音素的声波来集中冲击这个神经网络，以此训练它识别这个对象或音素的能力。如果网络没能准确地识别出特定模式，算法就会调整权重。这种训练的最终目标是让神经网络能够一以贯之地识别出语音或一组图像中的模式，而这种模式是我们人类熟知的——比如说音素"d"或一只狗的形象。这很像孩子们学习"什么是狗"的方式：观察它头部形状的细节、它的行为，以及这种别人称之为"狗"的毛茸茸、会汪汪叫的动物的其他特征。

但是早期的神经网络只能模拟为数不多的神经元，所以不能识别太复杂的模式。这种方法在 20 世纪 70 年代陷入了沉寂。

在 20 世纪 80 年代中期，欣顿等人用所谓的"深度"模型重新激发了人们对神经网络的兴趣。这种模型能更好地利用许多层的软件神经元，但是该技术仍需要大量的人力参与：程序员在把数据输入神经网络之前，需要给数据加上标签。而且复杂的语音或图像识别需要更多的计算能力，这在当时还不具备。

1956   1968   1973

约翰·麦卡锡组织了一些领域内杰出的头脑一起在达特茅斯学院开会。他提出了"人工智能"这个词。

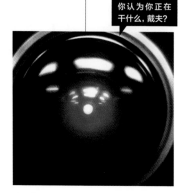

你认为你正在干什么，戴夫？

电影《2001太空漫游》通过计算机 HAL 将人工智能的概念介绍给大众。

詹姆斯·莱特希尔爵士向英国官方提出报告，称对于人工智能的成就"感到明显的失望"。该报告支持政府削减拨款。20 世纪七八十年代被称为"人工智能的冬天"。

不过，在过去十年中，欣顿和其他研究人员最终取得了一些基本概念上的突破。2006 年，欣顿开发了一种更有效的方式来训练多层神经元。第一层神经元学习初级特征，例如分辨图像边缘或语音中的最小单元，方法是找到那些比随机分布出现得更多的数字化像素或声波的组合。一旦这一层神经元准确地识别了这些特征，数据就会被输送到下一层，并自我训练以识别更复杂的特征，例如语音的组合或者图像中的一个角。这一过程会逐层重复，直到系统能够可靠地识别出音素或物体为止。

以猫为例。2012 年 6 月，谷歌展示了当时最大的神经网络之一，拥有超过 10 亿个连接（当今最大的神经网络当属美国 Digital Reasoning 公司于 2015 年公布的神经网络，包括 1 600 亿个参数[3]）。由斯坦福大学计算机科学教授吴恩达（Andrew Ng）和谷歌研究员杰夫·迪安（Jeff Dean）带领的团队给这个系统展示了 1 000 万张从 YouTubu 视频中随机选择的图片。软件模型中的一个模拟神经元专门识别猫的图像，其他神经元专注于人脸、黄色的花朵及其他物体。凭借深度学习的能力，系统识别出了这些相互独立的对象，即使没人对它们进行过精确的解释或标记。

图像识别能力的提升幅度让一些人工智能专家感到震惊。这个系统对 YouTube 图像中物体和主题的分类准确度达到了 16%。这听起来可能没什么大不了，但比之前的方法要好 70%。迪安指出，让系统选择的类别多达 22 000 个；要正确地把物体放到某些类别中，即使对大多数人来说也具有挑战性——例如区别两种相似的鳐鱼。当图像减少到 1 000 多个更宽泛的类别时，系统的准确率跃升到超过 50%。

大数据

该实验中对多层虚拟神经元的训练用到了 16 000 个计算机处理器，相当于 Google 为其搜索引擎和其他服务开发的计算基础设施规模。机器学习创业公司 Vicarious 的联合创始人迪利普·乔治（Dileep George）认为，在人工智能研究的最新进展中，至少有 80% 可以归因到更强大的计算能力。

但是，除了谷歌数据中心的规模，还有一些其他因素。深度学习技术也得益于谷歌在多台机器之间分配计算任务的方法，这极大地提高了计算速度。在谷歌工作了 14 年的迪安帮助开发了这项技术。它也让深

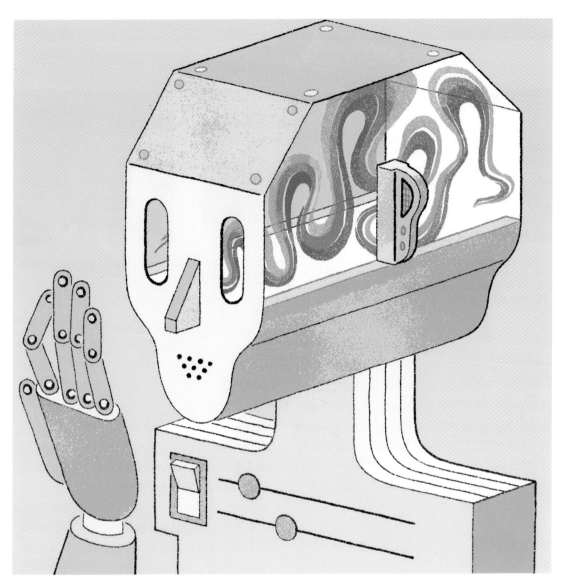

谷歌收购 "DeepMind Technologies"，这
是一家位于伦敦的小型创业公司。其专业领域
为深度学习，是时下最前沿的人工智能技术，旨
在实现图像识别和语音识别。

度学习神经网络的训练大幅提速，使谷歌可以运行
更大型的神经网络，并给它们输入多得多的数据。

深度学习已经改善了智能手机上的语音搜索功能。
直到 2012 年，谷歌安卓系统上的软件还会听错许多
词，但 2012 年 7 月，该公司为一个新版本安卓的发

布做准备时，在迪安及其团队的帮助下，用基于深
度学习的技术替换了语音识别系统的一部分。多层
神经元能够对声音的诸多变化进行更精确的识别训
练，所以该系统可以更可靠地识别声音片段，尤其
是在地铁站台这种嘈杂的环境中。因为系统听懂对
话的能力提升了，结果的准确性也提高了。几乎在

| 1977 | 2011 | 2016 |

IBM 的"深蓝"超级计算机在一次六局比赛中击败了国际象棋世界冠军加里·卡斯帕罗夫。在之前的两次比赛中，卡斯帕罗夫都击败了 IBM 电脑。

IBM 的"沃森"在《危险边缘》中胜出，击败了该节目历史上两个最成功的选手。

谷歌的"AlphaGo"机器人以 4:1 大胜曾经的围棋世界冠军李世石。

一夜之间，错误量减少了 25%。这个结果如此之好，以至于当时的许多评论人士认为安卓的语音搜索功能比苹果的 Siri 语音助手更聪明——虽然 Siri 更出名（2015 年 10 月，苹果收购了一家英国深度学习公司 VocalIQ，旨在让 Siri 变得更聪明[4]）。到了 2013 年，安卓系统语音识别的错误率减少到 23%；到 2015 年 5 月，这一数值已降低到 8%。[5]

谷歌的搜索引擎、无人驾驶汽车等也都依赖于深度学习。他们还用深度学习从每段 YouTube 视频中截取最吸引人的画面作为缩略图。2015 年底，谷歌还发布了一个基于深度学习的软件 Smart Reply，可以帮你回复简短的邮件[6]。

除了谷歌，还有许多公司也正在将深度学习运用在各行各业。英国 MAN AHL 基金正在探索深度学习在金融方面的应用。波士顿丹那法伯癌症研究所的科学家用深度学习研究病人的肿瘤图像，以预测结果。北卡罗来纳大学教堂山分校的研究者用深度学习算法来搜寻有用的药物分子。2015 年，加拿大创业公司 Atomwise 利用深度学习来加速药物的研发过程，仅用了短短 4 个月时间就研发出了一款能极大降低埃博拉病毒感染率的新药物，目前已进入临床实验阶段[7]。

2016 年 3 月，就在人工智能的发展如火如荼之时，谷歌再次用深度学习轰动了全世界。谷歌旗下的人工智能公司 DeepMind 将深度学习、强化学习和蒙特卡洛树搜索等方法相融合，开发了一个叫作 AlphaGo 的围棋程序。一直以来，围棋都被认为是人工智能无法翻越的高峰。这是因为，与象棋不同，围棋的可能性走法比整个宇宙的原子数量还多。2015 年 10 月，AlphaGo 战胜了欧洲围棋冠军樊麾，成为第一个无需让子即在 19 路棋盘上击败职业棋手的电脑程序。此消息在 2016 年 1 月一经公布，立即受到全世界瞩目。AlphaGo 继而向来自韩国的世界围棋冠军李世石挑战。李世石原本并不在意，谁知在 3 月的对弈中，竟以 1:4 惨败。赛后，韩国棋院授予 AlphaGo 为有史以来第一位名誉职业九段。这次对战在全球互联网上引起了强烈的关注，引发了人们对于人工智能的大讨论。有人称这是深度学习的胜利，但谁说这不是人类的胜利呢？

DeepMind 还将用类似的方法继续探索扑克牌、随机迷宫和电子游戏《星际争霸》。他们目前还与谷歌的其他部门合作，改善虚拟助手和包括 YouTube

在内的推荐系统，同时还与英国国民保健署一起，训练软件来识别容易忽略的肾脏问题。

批评

尽管有了这么多的进展，但并非每个人都认为深度学习能把人工智能变成某种能与人类智慧相匹敌的东西。主要的批评者认为，深度学习像一个黑盒子，无从得知其中发生了什么，经验过多，理论不足。还有一些人认为，深度学习和人工智能总体而言忽略了大脑的生物学特征，而更倾向于蛮力计算。

持这种观点的批评家之一是杰夫·霍金斯（Jeff Hawkins），Palm 计算公司的创始人。霍金斯最新创建的企业 Numenta 正在研发机器学习系统，其灵感来自于生物学，并不使用深度学习技术。Numenta 的系统可以帮助预测能源消耗模式，以及风车之类的机器即将发生故障的可能性。霍金斯在 2004 年出版了《人工智能的未来》（On Intelligence）一书，介绍了大脑是如何工作的，以及这种原理将可能如何指导建造智能机器。他认为，大脑处理感官数据流，人类的学习依赖于我们回忆模式序列的能力：当你看到视频中的猫正在做些有趣的事时，重要的是其动态，而不是谷歌在实验中使用的一系列静止图像。"谷歌的态度是大量数据解决一切。"霍金斯说。

但是，就算数据不能解决一切，像谷歌这样的公司在这些问题上投入的计算资源也不能被忽视。深度学习的倡导者认为，这些资源是至关重要的，因为大脑本身仍然比今天的任何神经网络都复杂得多。"你需要大量的计算资源来让设想有所实现。"欣顿说。

还有的研究者认为贝叶斯式的学习方法优于深度学习，因为他们认为这符合人类学习的方式，而且不需要那么多数据来训练。2015 年 12 月，来自麻省理工学院、纽约大学和多伦多大学的三名研究者在《科学》杂志上发表封面论文，阐述了一种"只看一眼就会写字"的计算机系统，采用了贝叶斯式的方法，仅用少量的例子就能让计算机学习到字体的

本质特征，并声称在某些方面比深度学习表现得更好。欣顿认为，这种方法若能与深度学习相结合，一定能有更大的提升——在数据量巨大但较混乱的情况下，让深度学习发挥优势；而在数据量少而清晰的情况下，贝叶斯学习占据上风。

还有一些"强人工智能"的支持者认为，仅靠深度学习无法实现真正的人工智能。纽约大学心理学教授盖瑞·马库斯（Gary Marcus）在《纽约客》上撰文说，深度学习缺乏因果关系的表达，也无法进行逻辑推理，因此不能形成抽象的知识[8]。作为纽约大学婴儿语言中心的主任，他认为实现人工智能的路径不在深度学习中，而是藏在人类儿童的学习模式中。

展望

虽然谷歌在未来应用上尚未达到唾手可得的阶段，但前景引人入胜。比方说，更好的图像搜索显然对 YouTube 有利。迪安说，深度学习模型能够使用英语音素数据来更快地训练系统识别其他语言的语音。更复杂的图像识别也可能让谷歌的自动驾驶汽车变得更好。如今，利用了深度学习技术的谷歌自动驾驶汽车已经安全地行驶在加州等地区[9]，并计划在 2020 年向公众出售[10]。还有谷歌的搜索引擎和支撑搜索引擎服务的广告。任何技术若能更好更快地识别用户真正在找什么——甚至是在用户自己意识到之前——都会给这两者带来极大的改进。

正是这些前景吸引了库兹韦尔。时年 65 岁的他对智能机器的期望由来已久。上高中时，他写了一个软件，能让计算机创作各种经典风格的原创音乐。1965 年他在电视节目《我有一个秘密》中展示了这款软件。从那时起，他发明出了好几个第一：印刷品朗读机、能扫描任何打印字体并将其数字化的软件、能重现管弦乐队合奏的音乐合成器，以及一个词汇量庞大的语音识别系统。

现在，他设想了一个"电子朋友"，它能倾听你的电话聊天，阅读你的电子邮件，追踪你的一举一动——当然，是在你允许的情况下。所以，这个朋友甚至可以在你发问前就告诉你想知道的事。这不

DeepMind 的员工在首尔

是他在谷歌工作的近期目标，但它符合谷歌联合创始人谢尔盖·布林（Sergey Brin）的愿景。布林在公司早期曾说想建造一台有感知能力的计算机，就像电影《2001 太空漫游》里的 HAL 那样，只不过这部机器不会杀人。

库兹韦尔目前的目标是帮助计算机理解自然语言，甚至用自然语言说话。他说："我的任务是让计算机对自然语言有足够的理解，以此来做些有用的事——更好地搜索，更好地回答问题。"从实质上讲，他希望创造一个 IBM 沃森的更灵活版本。他钦佩沃森在《危险边缘》中表现出的理解力，它能应付像"一个上面有泡沫的馅饼发表的很长的、无聊的讲话"这样古怪的查询。沃森的正确答案是："什么是蛋白酥的夸夸其谈？"（ What is a meringue harangue ）（译者注：在该节目中，参赛者要根据以答案形式提供的各种线索，以问题的形式作答。以上这个问题出现在该节目的"押韵时间"：答案中的两个词要押韵，也就是 meringue 和 harangue ）。

相应地，这将需要更全面的方式来把句子的含义图形化。谷歌已经在机器翻译中使用这种分析方法来提升语法的准确率。自然语言理解也需要计算机搞明白那些我们人类视为常识的内容。为此，库兹韦尔将利用谷歌开发的"知识图谱"。当时，这个目录有 7 亿个主题、地点、人物等内容，它们之间的关联多达几十亿。这个工具在 2012 年发布，它为搜索者的查询提供答案，而不仅仅是链接。

库兹韦尔计划采用深度学习算法来帮助计算机处理"语言中模糊的边界和模棱两可之处"。听起来有点吓人吧？事实确实如此。"自然语言理解并不是一个会完成于某个时刻的目标，"他说，"我不认为我有朝一日能完成这个项目。"

库兹韦尔的展望仍需要很多年才能成真，但深度学习早已超越了语音和图像识别的范畴，例如在新药研发方面。在默克公司的竞赛中，欣顿的团队出人意料地突围而出，清楚地表明了深度学习在那些少有人想到的领域中也能发挥作用。

这还不是全部。微软的彼得·李说，早期研究显示，将深度学习运用到机器视觉方面的前景颇佳。"机器视觉"在工业检测和机器人引导之类的应用中使用成像技术。他的设想还包括让深层神经网络使用个人传感器来预测健康问题。事实上，这样的应用近年来层出不穷。2016年3月，《华尔街日报》就报道了一个名叫Cardiogram的苹果手表应用，采用深度学习来监测心房颤动。他们收集了20名确诊为心房颤动的病人数据以及10 000名普通人的5亿个数据点来训练算法，目前的准确率已经能达到九成[11]。另外，

遍布城市的传感器也可以给深度学习系统提供信息，做出诸如哪里可能发生交通堵塞的预测。2015年，中科院的王飞跃和吕宜生等在《IEEE智能交通系统》上发表论文，用深度学习分析了加州高速公路上15 000个传感器所收集的数据，对交通流量做出了很好的预测。[12]

不可避免地，在试图模拟如人类大脑般深刻东西的领域中，单单一种技术不会解决所有的挑战。但现在，这种技术在人工智能领域中走在前列。迪安说："深度学习，是了解世界的一种真正强大的隐喻。"

专家点评

杨 铭

清华大学硕士，美国西北大学博士。地平线机器人联合创始人 & 软件副总裁，前 Facebook AI Research 的创始成员之一。专注于机器学习和计算机视觉领域的研究和工程应用，发表的学术论文被引用 3 100 多次，拥有 14 项美国专利；在 Facebook 工作期间负责的深度学习研发项目 DeepFace 在业界产生重大影响。

深度学习，在某种意义上是深层人工神经网络的重命名，从 2006 年开始在 Geoffrey Hinton、Yann LeCun（燕乐存）、Yoshua Bengio、Andrew Ng（吴恩达）等教授以及学术、工业界很多研究人员的推动下重新兴起，并在语音（2010 年）和图像（2012 年）识别领域取得重大技术突破。深度学习具有灵活通用的建模能力和快速有效的训练算法，这使得以数据驱动的方式解决复杂模式识别问题成为可能。正如文中所讲，大数据和并行计算的发展，也有效地促进了深度学习算法的应用和演化。最新的深度学习算法采用序列模型（sequence learning/RNN/LSTM）、记忆网络（memory networks）、注意力模型（attention model），并和增强学习（reinforcement learning）结合，爆发式地应用于视频分析、工业制造、数字助理、自主驾驶、机器人、健康医疗等诸多领域。

深度学习的快速发展不仅吸引了互联网公司如微软、谷歌、百度、脸书等的大力投入，近一两年来，半导体硬件公司英伟达、高通、ARM、英特尔等也开始研发适合人工神经网络运算的芯片和硬件设备，同时也涌现出越来越多的创业公司致力于推进深度学习的技术研发和产业化。但正如清华大学计算机系张钹院士近日所指出的，人工智能和深度学习还存在"可解决问题的限制"和"已有方法的局限性"的挑战。实际上技术的发展突破知易行难，需要很多研究人员多年持续的试错和积累；同时商业化上也需要"缩短学术与技术、技术与应用之间的距离"，摸索任重道远。1907 年的《绿野仙踪》中就描述了铁皮人是"能完美会话的机器人，它能思考、说话、行动，以及做一切事情，除了活着"。深度学习让我们期待这样的"铁皮人"有朝一日真的能够出现于现实之中。

Baxter: The Blue-Collar Robot
Baxter：蓝领机器人

Rethink Robotics 研发的机器人 Baxter 安全廉价，极易编程和互动，打破了传统工业机器人的瓶颈。这种类型的机器人将成为制造业的好帮手，入选《麻省理工科技评论》2013 年度 10 大突破性技术。

撰文：威尔·奈特（Will Knight），汪婕舒

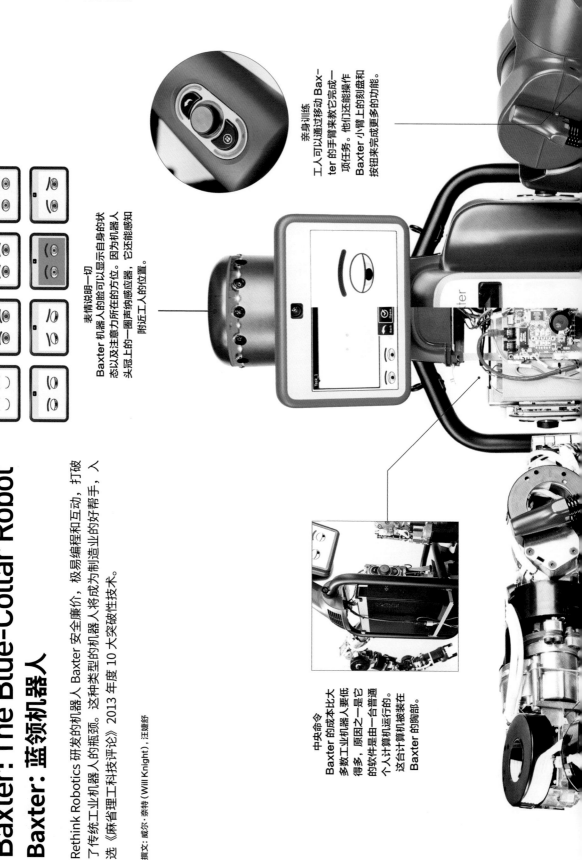

表情说明一切
Baxter 机器人的脸可以显示自身的状态以及注意力所在的方位。因为机器人头冠上的一圈声纳感应器，它还能感知附近工人的位置。

亲身训练
工人可以通过移动 Baxter 的手臂来教它完成一项任务。他们还能操作 Baxter 小臂上的刻盘和按钮来完成更多的功能。

中央命令
Baxter 的成本比大多数工业机器人要低得多，原因之一是它的软件是由一台普通个人计算机运行的。这台计算机被装在 Baxter 的胸部。

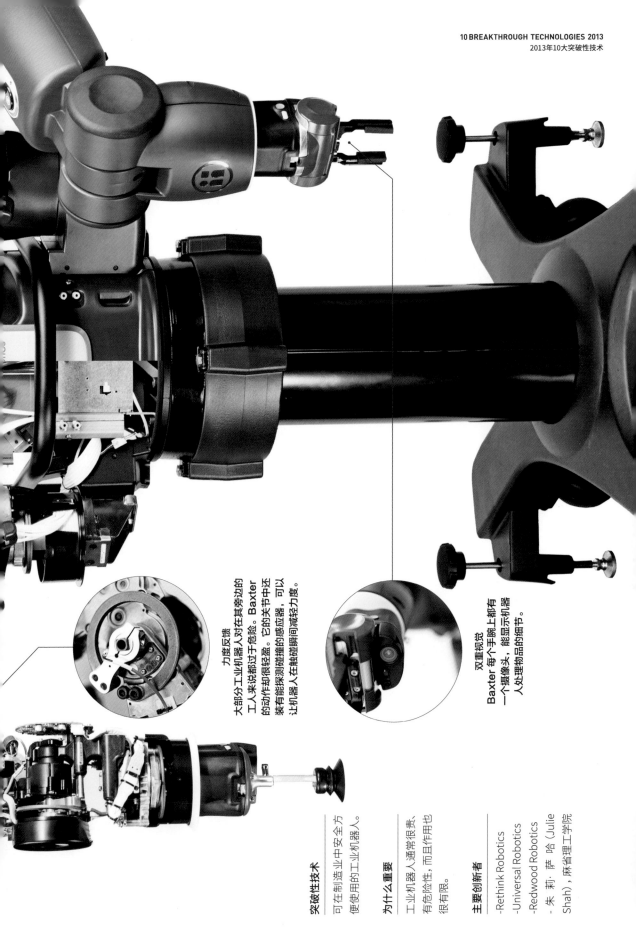

力度反馈
大部分工业机器人对在其旁边的工人来说都过于危险。Baxter的动作却很轻盈。它的关节中还装有能探测碰撞的感应器，可以让机器人在触碰瞬间减轻力度。

双重视觉
Baxter 每个手腕上都有一个摄像头，能显示机器人处理物品的细节。

突破性技术

可在制造业中安全方便使用的工业机器人。

为什么重要

工业机器人通常很贵，有危险性，而且作用也很有限。

主要创新者

-Rethink Robotics
-Universal Robotics
-Redwood Robotics
-朱莉·萨哈（Julie Shah），麻省理工学院

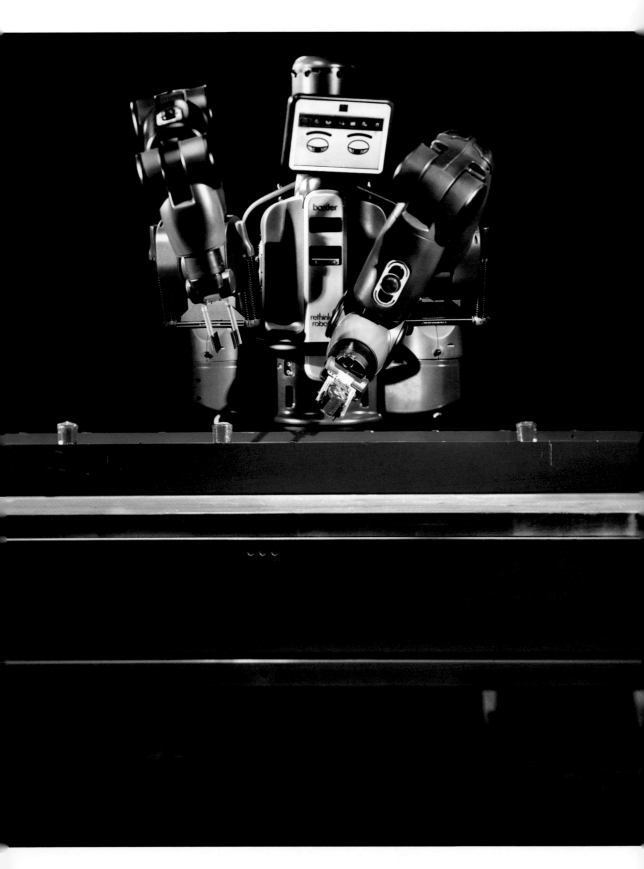

2012年7月，一个新员工来到了先锋塑料厂（Vanguard Plastics）。这个工厂位于美国康涅狄格州的索辛顿镇，这里曾是美国的制造业中心，但在20世纪60年代经历了工厂关闭潮。这家小工厂的新成员是一个机器人，名叫Baxter，有6英尺（约1.80米）高，300磅（约136.20千克）重。作为一台笨重的机器，Baxter相当富有表现力。它的顶部有一个显示屏，上面有一双友善的蓝眼睛，跟踪着它的两只手。当它伸手去拿塑料配件时，眼睛也会低垂下去；当它犯错时，会流露出担忧的神色；当它完成一个任务时，它的眼睛会望向下一个任务的所在地。它很可爱，但这些表情的真实作用是让附近的工人快速知晓Baxter的工作是否正常，并从中获知它下一步要做什么动作。更神奇的是，当Baxter完成一项工作后，工人还可以教它做下一项工作。"几乎所有的人都能在短期内学会如何对它进行编程，"先锋塑料厂的总裁克里斯·布德尼克（Chris Budnick）说，"只需花几分钟时间。"

Baxter是更聪明、适应性更强的新一代机器人。对传统的工业机器人进行编程非常昂贵，而且它们不能处理环境中的微小偏差。传统机器人还很危险，以至于必须用笼子把它们与工人隔绝开。因此，尽管机器人在汽车和制药工业中已经司空见惯，但它们对许多其他行业的生产过程来说并不实用。但是Baxter比传统的机器人更易编程，能对倾覆的零件或移动的桌子做出灵巧的回应。并且它是如此的安全。将Baxter租借给先锋塑料厂的制造商Rethink Robotics相信，它可以与人类并肩工作，无需任何隔离。Baxter的天赋终于把机器人和自动化的优势带给了过去无法踏足的新行业，被《麻省理工科技评论》评为2013年10大突破性技术之一。

不足为奇的是，这个创新的源头正是机器人领域里最有名的人物——罗德尼·布鲁克斯（Rodney Brooks）。20世纪八九十年代，布鲁克斯在麻省理工学院（MIT）发表了一系列研究，帮助塑造了两个并行的前沿领域——机器人和人工智能。接着，1990年他与自己在MIT的两名学生共同成立了iRobot公司，致力于将机器人推向新的产业。现在，这家公司正在生产大量家用和军用机器人，其中包括了销售量高达千万级的扫地机器人Roomba。

布鲁克斯说，研发Baxter的灵感来自于有一次iRobot为一件新产品寻求合适的生产合作伙伴。他记得自己当时非常惊讶，因为他发现如此多的电子产品竟然还需要用手工制造，并且大部分都在亚洲的低薪国家进行。"我想，我们是不是还要花500年来追逐廉价的劳动力？一定有别的方法，"他说。

2008年，布鲁克斯意识到，假如机器人具有足够的安全性和适应性并且很容易编程的话，就可以取代许多劳动力。于是，他离开了iRobot和MIT，成立了Rethink Robotics公司。"每个人都在想，如何用现有的工业机器人来做不同的事情。"他说，"而我说，'让我们来造一台与众不同的工业机器人吧！'"

结果确实非常不一样。Baxter与人类工人很相似，可以在几分钟内学会识别新物体和执行新任务。要教Baxter识别某件东西，你只需要把这个东西举到它头部、胸部或者手臂端部的任何一个摄像头前面即可。要对动作进行编程，你可以移动Baxter两只巨手中的任意一只，让它以你想要的方式运动，并用它前臂上的一对旋钮来选择一些预先编程好的动作即可。当你抓住Baxter的一只胳膊时，它感觉起来就像羽毛一样轻巧，因为它的马达能对你的触摸做出回应，进行力的补偿，让那笨重的肢体能在空中轻松地移动。

有了精巧的计算机视觉软件，即使塑料部件翻转了方向，Baxter也能把它识别出来。"收货和发货部门的工人很容易对它进行编程，一点困难都没有，"先锋塑料厂的布德尼克说，"我们让它把零件从传送带上拿起来，然后放到桌子上。"

先锋塑料厂拥有24台传统的工业机器人，它们拣起和放置物体的精度和速度都非常惊人。但是，即使只对其中一台机器人进行编程也需要花费一整天的时间，并且如果有什么东西排列不整齐，它们就会在空中乱抓一整天。这些机器人还必须用防护围栏与工人隔离开。

Baxter 不需要这些围栏。每次谈到 Baxter 的安全性，布鲁克斯喜欢这样亲身示范——微笑着把自己的头伸到 Baxter 挥舞的巨手前面，而 Baxter 只会轻轻地碰一下他的头。Baxter 的动作缓慢而轻柔，不会造成任何危害。它的头部装有声纳传感器阵列，能够检测到人类的活动。它还能对意料之外的突然力变做出反应，立刻停止动作。

据国际机器人协会（International Federation of Robotics）估计，2012 年，世界上总共有 1 100 万台工业机器人。汽车的生产过程 80% 都由机器完成。然而，在某些行业，由于产量太小，或者新的需求或创新让生产线变得太快，使得诉诸自动化变得很不划算。这包括了一些规模较小但十分前沿的行业，例如航空航天和手机制造。

"公司需要花费大量的资源，才能建立起适合机器人的生产环境，"MIT 航空工程学助理教授朱莉·萨哈（Julie Shah）说。她正在研究机器人在制造业中的角色。"这需要供应商提供特殊的材料，需要对整个工厂的基础设施进行重新设计，还需要把机器人装进笼子里。如果你需要对这些机器人进行编程，还需要请来特殊的专家或外部顾问。"

一些人害怕，如果机器人克服了这些障碍，将取代人类的工作。但布鲁克斯不同意。他说，Baxter 是设计来提高人类工人的工作效率，而不是用来取代他们的。"电钻提高了装修工人的工作效率，"他说，"如果禁止使用电钻，装修工人会得到更多工作吗？你可以去问问任何一个装修工。"

还有一些专家同意，长期来看，Baxter 这样的机器人可以改善美国的就业预期。曾担任 IBM 和柯达高管的哈佛商学院管理实务教授威利·史（Willy Shih）专门研究制造业与创新之间的关系。他说，制造业之所以会转移到中国，一部分原因是因为在中国，聘用工人比改进自动化更容易。Baxter 可能会改变这一状况。"任何能提高灵活性、简化安装步骤的东西，都很了不起。"他说。

在先锋塑料厂，Baxter 被看做一件工具，而不是威胁。"没有人害怕自己被炒鱿鱼，这和机器人没有半点关系，"布德尼克说。如今，先锋塑料厂为他们的生产线购买了 3 台 Baxter[1]。每台 Baxter 售价 22 000 美元，与美国蓝领工人的年薪差不多。加上其他的配件，先锋塑料厂在每台 Baxter 上共花费 25 000 美元[2]。他们让机器人在工人旁边工作，工人们表示很喜欢这个新朋友。在生产线上，传统的机器人会将刚刚生产出来的医用塑料杯叠成一堆，Baxter 的工作是将这堆塑料杯放进包装机，并将打包好的塑料杯移动到下一个地点。在最初的 6 周内，Baxter 就包装了 80 万个杯子。[3]

然而，几年过去了，Baxter 的销量并未达到预期，只售出了几百台[2]。或许是为了重新调整安全简易与精度速度之间的平衡，2015 年 3 月，Rethink Robotics 又发布了一款名为 Sawyer 的工业机器人。它比 Baxter 小，高 3.3 英尺（约 0.99 米），重 41.9 磅（19.02 千克），价格为 29 000 美元。与 Baxter 一样通体红色，也拥有一个可以做出各种表情的显

示屏。但与 Baxter 不同的是，它只有一只手臂。由于对移动关节的致动器进行了改良，Sawyer 的手臂更加刚硬，因此动作更精确，能承受更大的重量。Sawyer 的摄像头也更加高级，能识别更多的零件，还能读取条形码[2]。Baxter 能帮助公司做一些重活，例如搬运箱子，而 Sawyer 则能完成更加精细的任务，主要是在较长的装配线中完成重复性的工作[4]，例如测试电路板等[5]。

Rethink Robotics 的高级产品经理布莱恩·伯努瓦（Brain Benoit）介绍说，在电子产品的生产过程中，通常需要将新生产出来的电路板插入一台机器，等机器运行完一个简短的质量测试，再将其取出来，进行下一个环节。这个过程称为"在线测试"（in-circuit test）。这种测试就像玩拼图游戏，如果插入的位置稍有偏差，测试就无法完成。Sawyer 上装有先进的力感应系统，可以"感觉到"机器的力度，能将电路板插入正确的位置，不至于损坏零件[2]。正如布鲁克林所说："我们正在转向电子产品的生产。"[3]

朱莉·萨哈说，随着机器人感应环境的能力逐步增强，对它们进行编程以适应非结构化的工作环境就越来越容易。与此同时，由于亚洲国家的劳动力价格逐年上升，许多制造商都在寻求新的生产工艺。波士顿咨询公司的合伙人贾斯汀·罗斯（Justin Rose）在一份报告中说，制造业依靠廉价劳动力来省钱的时代已经走到了尽头。这份报告说，60% 的直接生产任务都可以用机器人来替代或增强。中国广东省政府更是在 2015 年宣布将花费 9 460 亿元人民币，用机器人取代工人[6]。而为了打开中国市场，Rethink Robotics 最近还在上海开设了办公室。

Rethink Robotics 并不是唯一一家试图在这方面有所作为的公司。在过去的两三年时间里，一些公司已经开始推出与 Sawyer 十分类似的人机协作产品。这包括了已经在行业内有所建树的公司，例如 KUKA 和 ABB，还有一些小公司，例如 Universal Robotics 等。不过伯努瓦说，Rethink Robotics 的产品有一个独特的性质，叫作"机械顺从性"，意思是说它们的关节具

有弹性，让它们与人类共同工作时更加安全，并能"使用专为人手设计的装置来工作"[2]。

除了在工厂中发挥作用，Baxter 还受到了许多研究和教育机构的青睐。如今，在全世界的实验室中共有300 多台 Baxter 在帮助研究者处理各个领域的问题。

卡耐基梅隆大学机器人研究所正在用 Baxter 研究导盲机器人。他们选用 Baxter 的原因正是因为它身上没有任何危险的挤夹点，可以让盲人安全地用触摸来与它交流。Baxter 会先向盲人做自我介绍，然后关闭电源，让盲人用手触摸它的形状和结构，接着，使用者可以用语言命令再次将它打开。Baxter 对动作的快速学习能力也是研究者选择它的一大原因。"这开启了许多全新的可能性，盲人可以教 Baxter 做许多对他们有用的事。"卡耐基梅隆大学的机器人学教授 M·贝纳丁·迪亚斯（M. Bernardine Dias）说，"这是未来才会发生的事，但真的太令人兴奋了。"他们希望最终能用机器人取代导盲犬，因为机器人能完成更多的工作，例如识别路标等。

马里兰大学自主化、机器人与认知实验室的研究者则用 Baxter 来研究机器人的学习能力。在工厂中，

你可以抓住 Baxter 的手教它做事情；而马里兰大学的研究者更进了一步，为 Baxter 装上了基于深度神经网络的学习系统，让它可以通过观察人的动作或视频来学习，例如通过观察调酒师的工作，学习调制鸡尾酒。

布朗大学的助理教授斯蒂凡尼·特勒克斯（Stefanie Tellex）则改进了 Baxter 的算法，让它可以更有效地练习抓握不同的物体，并将这些数据上传到云端，分享给其他机器人，并允许其他机器人对数据进行优化和分析。他们希望用这种方法让成百上千的机器人同时学会抓握几百万种不同的物体[3]。这个计划也因此被称为"百万物体挑战"（Million Object Challenge）。这种让机器人互相学习的野心还被《麻省理工科技评论》评为 2016 年 10 大突破性技术。

在工厂中搬运货物和测试电路板，对 Baxter 和 Sawyer 这种聪明的机器人来说，是一个不起眼的开始。但是，与所有的工人一样，它们都需要从同事们都不愿做的杂活开始做起。"我不知道它将发展向何方，"布鲁克斯说，"但我知道，这将是一次变革。"

专家点评

刘云璐

阿里云研究中心专家

Baxter 的出现，解决了人机协同安全性的问题，对于智能生产和生活的繁荣普及具有重要意义。机器人在生产中的使用，目前还主要集中在汽车产业，而在电子产品等需要精细化人机协作的生产领域，目前还比较少。原因一方面是人机协同的安全保障问题，之前的机器人不能保证与人意外接触时不产生伤害，因此，在生产中引入机器人，需要构建专门的隔离区，且很难实现无缝的人机协作。对于工厂来说，需要巨大的投入，但收效可能并不理想，

因此阻碍了智能生产的发展。另一方面的原因，是机器人大多能力较单一，编程复杂，通常需要专业人士操作，这也给机器人的大量使用带来了阻碍。Baxter 针对这两方面的问题给出了解决方案。

机器人无论是在生产领域还是生活领域都有广阔的发展前景，除了技术上的发展支持，更重要的是针对痛点应用场景，提出有效的解决方案，提高易用性和投入产出比，这是行业发展的核心。

Prenatal DNA Sequencing
产前 DNA 测序

在孕妇的血液中，漂浮着腹中胎儿的 DNA 片段。无创产前筛查只需检测孕妇的血液，就能找到胎儿的某些基因缺陷。近年来，研究者证明，这种检测不仅限于唐氏综合征等染色体病，还能对胎儿进行全基因组测序，获得海量的信息，甚至超出科学家能解读的范围。这项技术被评为《麻省理工科技评论》2013 年度 10 大突破性技术之一，却引发了巨大的伦理争议。

撰文：安东尼奥·雷加拉多（Antonio Regalado），汪婕舒

突破性技术

从怀孕女性的血液中为胎儿的 DNA 测序。

为什么重要

将来的孩子也许在出生时就能获得完整的遗传优势和劣势的列表。

主要创新者

-Illumina

-Verinata

- 斯坦福大学

- 杰伊·申杜尔（Jay Shendure），华盛顿大学

2013 年年初，全球使用最广泛的 DNA 测序仪的制造商 Illumina 公司同意支付近 5 亿美元，收购加利福尼亚州雷德伍德城的 Verinata 公司。Verinata 是一家初创企业，几乎没有任何收入，但它拥有一项技术，可以在人类胎儿出生前测定其 DNA 序列。该技术不可避免地会引发伦理争议。

美国目前已有多家公司使用Illumina公司的测序仪，开展产前 DNA 检测，Verinata 就是其中之一，这块市场发展相当迅猛。它们现在提供的检测可以通过测定注射器收集的母亲血液中的微量胎儿 DNA，检测唐氏综合征等染色体病。一直到现在，确诊唐氏综合征还需要从胎盘或羊水中提取胎儿的细胞，手术存在一定的流产风险。

这种无创筛查更加安全方便，已成为有史以来普及最迅速的检测之一，同时也成为 Illumina 公司 DNA 测序仪在医疗领域一项重要的新用途。这些 DNA 测序仪目前主要用于实验室研究。2013 年 1 月，Illumina 公司首席执行官杰伊·弗拉特利（Jay Flatley）告诉投资者，他预计，每年接受该检测的美国用户将从目前约 25 万名孕妇（她们大都年纪较大，现在只能接受有创检测）最终增长至 200 万，占所有孕妇的一半。塔夫茨大学母婴研究所执行董事、Verinata 首席临床顾问戴安娜·比安奇（Diana Bianchi）表示："从来没有哪项医疗检测这么快就走出实验室，得到广泛运用。无论什么技术，第一年就取得如此成绩，实属不易。"

但这或许只是产前 DNA 测序的开始。像 Verinata 一样推出了唐氏综合征检测的其他实验室和公司也研发出了新方法，可以从孕妇血液中了解更多的信息，奇招包括检测胎儿的完整基因组序列，实现了技术上的突破，有望投入商业运用。怀孕期间，孕妇既满怀期冀又焦躁不安，需要经常上医院做检查。也许，她们将成为基因组测序的主要消费人群之一。

休斯敦贝勒医学院的儿科医生兼人类遗传学主任亚瑟·博德特（Arthur Beaudet）表示："我认为，未来每个胎儿在发育的前三个月都会接受基因组测序，至少会检测部分基因组的序列。现在部分患者为了了解遗传性疾病或癌症等疾病状况会接受基因组测

Illumina 公司首席执行官杰伊·弗拉特利

序，但未来人们无需等到生病时再进行基因组测序。从一出生，我们就能知道基因组数据。"

这不会立刻变为现实。首先，从孕妇血液中准确识别胎儿的 DNA 编码需要进行大量的重复测序，常规使用过于昂贵（Illumina 公司目前对成年人基因组测序收费为数千美元，而胎儿 DNA 测序的费用更高）。而且还存在着技术问题：胎儿基因组的检测结果仍然不够准确，限制了诊断的准确性。这项技术还涉及敏感的伦理问题。如果我们在孩子出世前就知道了他们的遗传命运，我们可能会做出什么样的选择呢？

华盛顿大学基因组科学家杰伊·申杜尔（Jay Shendure）表示："从技术上讲，在我们最终决定是否应当这样做之前，一切都是有可能的。得到了整个基因组的数据，我们会拿来做什么？这有很多问题需要解决。"申杜尔与 Verinata 的竞争对手 Ariosa 合作开展研究。2012 年夏天，他领导的实验室利用孕妇的血液测定了胎儿的基因组。另外一家美国实验室也获得了类似的结果。申杜尔表示，迄今为止进行的胎儿研究（包括他自己的研究在内）都是追溯研究，即研究的血液样本源自医院储存的

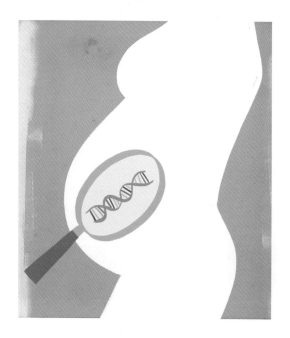

样本。但申杜尔称，他现在正与斯坦福大学的医生合作，将这项技术运用于实际的妊娠过程。

全基因组

1997 年，中国香港科学家卢煜明的研究表明，孕妇的血液中含有数以万亿计的胎儿 DNA 碎片。这些 DNA 源自胎盘中死亡和破裂的细胞。据卢煜明估计，孕妇血液中自由浮动的 DNA 高达 15% 源自胎儿。高速 DNA 测序可以从这些片段中获取丰富的信息。

唐氏综合征可导致认知和身体障碍。为了检测该疾病，遗传学家通常先通过羊膜穿刺术收集胎儿的细胞，再在显微镜下计算胎儿细胞的染色体数目。21 号染色体多出一条表明胎儿患有唐氏综合征。诊断结果为阳性的美国妇女当中，约 65% 会选择流产。

为了从几毫升血液中得到相同的信息，科学家采用了由卢煜明首创的检测方法。他们随机测定了数以百万计漂浮在血液循环中的 DNA 片段的序列，这些片段通常长度只有 50 ~ 500 个核苷酸。他们随后利用计算机程序，根据人类染色体图谱，拼接出 DNA 序列。接下来就是数数练习了：如果对应 21 号染色体的 DNA 片段数量超出预期，表明多出了一条 21 号染色体，胎儿可能患有唐氏综合征。这种方法的巧妙之处在于孕妇和胎儿的 DNA 虽然混在一起也不会影响检测，而且事实上，孕妇和胎儿的 DNA 在一定程度上是相同的。同样，这种方法可以运用于 18 号和 13 号染色体三体以及 X 染色体缺失或重复的鉴定，这些染色体异常均会导致婴儿的出生缺陷，例如爱德华氏综合征（18 三体综合征）、帕陶综合征（13 三体综合征）和特纳氏综合征等。[1]

2012 年 7 月，Verinata 的科学创始人兼斯坦福大学生物物理学家斯蒂芬·奎克（Stephen Quake）研究证实，测定孕妇血液中 DNA 的序列不仅可以鉴别多出的染色体，而且可以揭示胎儿完整的基因序列。申杜尔的实验室以及中国的两个研究团队也开展过类似研究，只不过申杜尔的实验一开始除了孕妇的血液之外，还需要孩子父亲提供唾液样本。[1]

生物物理学家斯蒂芬·奎克证明，孕妇血液中的 DNA 序列可以揭示胎儿完整的基因序列

从这些 DNA 片段重新构建长达 60 亿个核苷酸的胎儿基因组并不是一件容易的事情。为了排除孕妇基因的影响，这个过程需要大量额外的测序工作。申杜尔表示，检测费用高达 5 万美元。奎克实验室的费用也大致相当，于是便叫停了研究。但是这项研究工作表明，作为一种通用检测，基因组测序不仅可以揭示多出的染色体，而且可以用于常见先天性疾病的检测。导致这些疾病（例如囊性纤维化或 β - 地中海贫血）的病因是患者分别从父母继承了某个基因的一条缺陷等位基因。目前人们已经了解了约 3 000 种先天性疾病的确切遗传病因。

还有大约 200 种其他疾病，包括某些孤独症病例，都是由较大 DNA 片段的已知重复或缺失造成的。

基因组测试也可以揭示各种染色体异常。除此之外，还可以检测出许多非疾病类的特征，例如眼睛的颜色和运动能力等。[2]

奎克表示，他们的研究证实全基因组检测是可行的，是现有技术基础上"合乎逻辑的延伸"。然而，奎克和其他研究人员尚不清楚通用 DNA 检测是否会像针对性更强的唐氏综合征检测一样，成为重要或常规的医疗检测项目。他表示："我们之所以从事这项研究，纯粹是从学术角度出发的。但是如果你问我，'我们是不是要在孩子出生时就了解他们的基因组？'我会问你，'为什么要了解？'我自己也想找到这个问题的答案。"奎克表示，他正在改进这项技术，以便降低使用成本，获得从医学角度而言最重要的基因信息。

问题是，尚不清楚医生或父母是否真的希望了解这么多的信息。2009 年 Illumina 公司首次面向患者推出个体基因组测序服务时就已经遇到这个问题。该项业务的进展并不顺利。到 2013 年，因医疗原因（主要是患有癌症的成人或患有不明疾病的幼儿）Illumina 公司平均每天测定一个基因组的序列。显然，收集 DNA 数据的能力已经超过了理解 DNA 信息的能力，这意味着基因组测序也超出了医疗需求。Illumina 公司首席技术执行官穆斯塔法·罗纳吉（Mostafa Ronaghi）表示："展示基因组的用途是未来面临的主要挑战。"

2014 年，在一片争议声中，加州大学戴维斯分校的一名基因学博士生为自己未出生的孩子进行了全基因组测序。这名婴儿于 2014 年 6 月出生，成为美国第一例全基因组在出生前就被解码的健康婴儿。尽管胎儿全基因组测序的商业应用为时尚早，但染色体微缺失微重复（小于整条染色体尺度的基因缺陷）检测的商业化却已开始如火如荼地进行。2014 年，Sequenom 公司和 Natera 公司开始扫描"基因微缺失"，这种小片段的 DNA 缺失可能造成严重的疾病，例如迪乔治症候群、普瑞德·威利症候群和猫叫综合征等。但这些测试的假阳性非常高。2015 年 8 月，Sequenom 公司发布了一项价格为 3 000 美元的新型

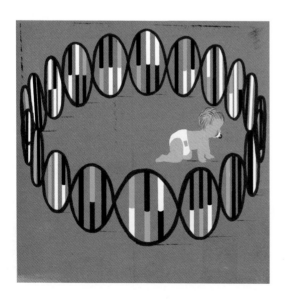

无创产前筛查项目，不仅可以检测唐氏综合征等染色体缺陷，还能搜寻到所有大于 700 个碱基的基因错误，他们把这项检查称为"唯一一项分析你未来孩子所有染色体的检查"。中国的贝瑞和康公司也于 2015 底获得湖南省卫计委的批复，于 2016 年初正式开始进行染色体微缺失微重复检测[3]。据贝瑞和康 CEO 周代星介绍，这项筛查能找到所有大于 200 万个碱基对的基因错误。

为什么担心？

Illumina 公司的 CEO 杰伊·弗拉特利一手促成了对 Verinata 的收购。在这位 60 多岁的首席执行官带领下，公司的销售额从 2000 年的 13 亿美元提升到了 2015 年的 22 亿美元，年增长率达到了 64%，其表现超过了其他测序仪厂商，并在 2014 年被《麻省理工科技评论评》为全球最聪明的企业之一[4]。2012 年，他还拒绝了全球最大的诊断公司罗氏报价 67 亿美元的敌意收购要约。弗拉特利成功说服股东拒绝了这桩收购交易，并承诺要让基因组学成为人们生活中"习以为常"的一部分，从而提升 Illumina 公司的利润。

多年来，弗拉特利预测基因组测序在医学领域将成为现实。具体而言，是指每个孩子在"出生时"就将接受基因组测序。那么他现在是否认为，基因组测序可能在妊娠期间就将成为现实，甚至比之前预测的还要更早？弗拉特利所在的行业素以承诺离谱、无法兑现而著称，但在人们眼中，他是一位冷静的现实主义者，他的预测通常都会应验。他表示："限制因素并不在于技术。技术完全有可能在两年内做到这一点。但要想实现商业化还有更长的路要走。大多数人天生排斥这种技术，而且理由很充分。"

问题是，对胎儿的情况了解多了以后，医生和家长就会面临海量的信息，既无法理解，也没法据此采取相应的对策。而且如果他们真的据此采取措施，可能会引发争议。研究生物伦理学的斯坦福大学法学教授亨利·格里利（Henry Greely）表示："全基因组测序或将打开潘多拉之盒。得到整个基因组序列后，人们可能就会寻找编码挺直鼻梁和卷曲头发

伦理学家莫里斯·福斯特质疑，如果我们知道了婴儿的DNA，会不会改变对待他们的态度

的基因。有多少父母会因为儿子将来可能会秃顶而中止妊娠？我认为没有多少父母会这么做。但这个数字可能会大于零。"格里利表示，由于在妊娠初期（6～8周）就能在血液中检测到胎儿的 DNA，可以比较容易地终止妊娠。根据中国《南方日报》的报道，截至 2015 年底，东莞首个产前诊断中心已有 316 例唐氏综合征孕妇选择停止妊娠。[5]

引发优生学担忧的例子离我们身边并不遥远。2013年，Verinata 开始利用其染色体计数检测，推出了克氏综合征（Klinefelter syndrome）筛查。这种疾病是指男性多出了一条 X 染色体，会导致睾丸水平降低，出现女性性征，而且往往会导致不育。每一千名男

性中就有一名克氏综合征患者。也就是说，在美国，患有克氏综合征的美国男性人数与匹兹堡的人口一样多。更为严重的是，有些患者的症状较轻，甚至都不知道自己得了病。即便如此，如果胎儿检测出患有克氏综合征，约有一半的孕妇会选择终止妊娠。如果 Verinata 的检测最后得到广泛应用，那么会有更多女性不得不决定是否要做出这样的选择。

卢煜明认为，随着胎儿 DNA 测序技术的进步，测试厂商应当将业务局限于检测约 20 种最常见的严重疾病。他表示："我们将面临两个挑战，第一个挑战是到底要检测哪些疾病的基因，第二个挑战是怎样为孕妇提供咨询意见。我认为，我们必须以合乎

伦理的方式使用该技术，避免检测那些不会危及生命的基因，例如40岁的时候是不是容易患上糖尿病。我们甚至不知道40年后医学将发展到什么程度，何必要让现在的孕妇为之担心呢？"

莫里斯·福斯特（Morris Foster）是俄克拉何马大学的人类学家，领导着 Illumina 公司聘请的伦理顾问小组。他表示，他跟弗拉特利讨论了未出生胎儿的全基因组测序问题。他称："显然这项技术即将成为现实。我给 Illumina 的建议是，'你们实验室只要遵照医嘱来做就行了。你们没有必要猜疑医生的动机。'而我给医生提出的伦理学意见要复杂和微妙得多。"

医疗组织仍然在努力制定成人基因组数据的处理规则。福斯特表示，产前检查会让医生面临更加复杂的法律和道德义务。据他透露，首先，成年人可以决定是否要进行基因组测序，但是未出生的孩子却无法对基因组检测说不。了解基因组信息可能会影响一个人的一生。他表示："全基因序列给出的信息总是比可供操作的信息要多。但是，既然我们可以得到数据，那么我们就有可能会这么做。与其阻止人们了解自身，还不如善加利用基因组信息，这样既能避免家人产生焦虑或紧张情绪，还可避免无谓消耗医疗资源。"

福斯特担心，人们会过分注重基因信息。他表示："我认为，最大的风险是过度诠释遗传结果。医生可能会认为，如果你拥有某个与糖尿病有关的基因变异，那就意味着你会得糖尿病，或者没有这个基因变异就不会得糖尿病。"在孩子父母的眼里，患病的风险与确定的命运没有什么区别，但事实上它们不一样。他说："如果孩子有这样的遗传风险，会不会导致父母对待孩子的态度发生变化？"布莱根妇女医院的生物伦理学中心主任丽莎·莱曼（Lisa Soleymani Lehmann）认为，这些态度变化或许有其积极的一面。她在2014年1月的《新英格兰医学杂志》上发表文章称，这些基因信息能提升父母为孩子的未来早做计划的能力——例如，如果孩子有患糖尿病的风险，他们就会更加注重孩子的饮食，并刻意让孩子多锻炼身体[2]。

戴安娜·比安奇正在研究唐氏综合征的产前治疗方法

也有一些研究者正在研究对无创产前筛查确诊疾病的胎儿进行产前治疗。戴安娜·比安奇和她的同事极大提升了多余染色体的检测精度[6]，但由于他们的研究可能造成孕妇选择终止妊娠而饱受争议。半个世纪前发现唐氏综合征病因的法国人杰罗姆·勒热纳（Jerome Lejeune）是一名虔诚的天主教徒。他很难接受自己的发现会带来妊娠终止，并相信人们一定能找到治疗的方法。现在，包括比安奇在内的许多研究者正在研究唐氏综合症的产前治疗方法。康奈尔大学的研究者正在研究胆碱，得克萨斯大学西南医学中心的研究者则准备给选择继续妊娠的唐氏综合征胎儿母亲服用百忧解（一种用于成人忧郁症、强迫症和神经性贪食症的抗抑郁药），马萨诸塞大学细胞和发育生物学教授珍妮·劳伦斯（Jeanne Lawrence）在2013年曾用基因编辑的方法成功让唐氏综合症患者多余的21号染色体上的250个基因不编码任何蛋白质，让它"变沉默了"。比安奇不赞同让没有精神疾病的孕妇服用大剂量的百忧解，她选择在那些已经被证明对孕妇安全的药物中进行实验。她在布罗德研究所一个包含了 1 300 种化合物的数据库中进行搜寻，目前已找到包括芹黄素在内的两种物质，或许能减缓唐氏综合征胎儿的大脑病变。这些努力并不能治愈病症，也不能杜绝流产，但或许能为那些绝望的父母提供另一种解决方案。

目前，Illumina 公司的医学基因组实验室只开展成年人 DNA 检测或患儿 DNA 检测业务。该公司收购的 Verinata 只提供医生熟悉的、但经过改进的胎儿染色体检查。即便如此，由于产前 DNA 技术研究发展迅速，弗拉特利认为社会可能需要制定新的法律。他表示："禁止某些行为的法律将发挥很大的作用。"一定程度上这种观点有利于基因组测序的发展，因为一场混乱的社会辩论将放慢基因组测序发展的步伐。

在 Illumina 公司的餐厅墙壁上挂着一长列该公司获得的专利，旁边贴着一篇 2009 年发表在报纸上的文章。在该文章中，弗拉特利预测，到 2019 年，所有的新生儿都将接受基因组测序。这位首席执行官在文章里表达了似曾相识的观点。他表示，"社会因素"限制了 DNA 测序技术的应用和公司的前景预期。唯一的限制是："人们认为到什么时候以及在什么地方可以应用这项技术"。

与此同时，发现孕妇血液中漂浮着胎儿 DNA 片段的卢煜明教授也一直没有停下研究的脚步。他发现，肿瘤也像胎儿一样，会在人的血液中留下痕迹，因此他现在正在研究"液体活检"（入选《麻省理工科技评论》2015 年度 10 大突破性技术，见本书第 94 页），也就是从血浆中寻找肿瘤的痕迹。这种活检不仅不需要动手术，还能在非常早期就发现传统方法没法发现的肝癌、鼻癌和喉癌。卢教授还在用这种方法监测器官移植的排斥反应和车祸病人的器官衰竭。还有研究者从无创产前筛查中检测出了孕妇的肿瘤。他的下一步目标是一种更加无创的 DNA 检测方法——尿液。婴儿出生后的两小时内，产妇血液中游离的胎儿 DNA 就会消失。他认为这些 DNA 片段可能进入了产妇的尿液。这或许将打开窥探新生儿未来健康信息的另一扇窗口。[7]

专家点评

陈懿玮

博士，奇恺（上海）健康科技有限公司创始人兼科学家

我国是出生缺陷高发的国家之一——每年近 2 000 万的新生儿中，约 5.6% 有出生缺陷；平均每 30 秒就有一名缺陷儿降生，给新生儿及其家庭带来灾难性的打击。所以，防治出生缺陷应从出生前开始。以唐氏综合征为例，传统的唐氏综合征产前筛选检查有两种：一、安全的血清学方法，但检出率仅为 60% ~ 80%；二、羊膜穿刺的检出率为 100%，但侵入式的方法可能导致流产。

本书中介绍的产前基因检测技术，巧妙结合了两种传统方法的优势：从孕妇的外周血中提取胎儿的 DNA，无创采集，所以安全；通过对胎儿的 DNA 进行检测从而筛查遗传缺陷，分子诊断，所以准确。

近年来，产前基因检测在国内的应用开展迅速，一款同时针对三种常见染色体疾病的产前检测项目已被一些省市纳入医保，未来有望在全国普及。

目前的产前基因检测技术适用于筛查染色体层面的缺陷。如果需要精确发现更微观的 DNA 缺陷，甚至扫描全基因组，那么技术难度与成本将呈指数级增加。更重要的是，产前基因检测技术的应用与推广还应配置专业的遗传咨询服务——在孕前、检测前为孕产妇及其家庭普及优生知识，在检测后为受检者解读结果、提供咨询建议——让新兴的基因科技真正惠及更多普通人的健康。

Temporary Social Media
暂时性社交网络

Snapchat 这家以暂时性社交网络起家的公司，目前的估值已经达到 200 亿美元，相当于营收的 250 倍还多，而 Facebook 的估值不过是其年营收的 17 倍。是否存在巨大的泡沫是一回事，更重要的是这家公司是否已经开始偏离其初衷。新推出的付费回放功能暗示着，它或许将变得和其他社交网络公司一样，用户所发布的内容不再是暂时性的。但回到这项技术本身，控制信息传播的技术能力已被证明在当下的美国社会是十分受欢迎的，这恐怕是 Snapchat 的估值如此之高的最重要原因之一。该技术被评为《麻省理工科技评论》2013 年 10 大突破性技术之一。

撰文：杰弗里·罗森（Jeffery Rosen），克里斯丁·罗森（Christine Rosen）
制图：布莱恩·克罗宁（Brian Cronin）

突破性技术

一项复制自然交流无法记录特性的
社交媒体服务。

为什么重要

Facebook 和 Twitter 这样的网站正
变成我们互动的永久记录。

主要创新者

-Snapchat
- Gryphn
-Burn Note
-Wickr

我们是否有控制向他人公开多少信息的能力？遗憾的是，因为在社交媒体上发布的每一张照片、每一次谈话和每个更新的状态都被储存在云里，我们已经在很大程度上失去了控制能力：即使我们想要和某人分享这些信息，我们未必想要无条件地让它们永远留在网上。我们的数字化历史的重量已经开始成为这个时代隐私问题的核心挑战。

不过，如果人们可以让自己发布在网上的东西自动消失，让社交媒体更像是不会被记录下来留给后代的日常谈话，结果会怎么样呢？这就是以 Snapchat 为代表的服务商承诺做到的。Snapchat 是一款移动电话应用。在 2012—2013 年，这款应用的流行程度获

TOO LITTLE PRIVACY CAN ENDANGER DEMOCRACY
BUT SO CAN TOO MUCH PRIVACY

绘图：韦斯·朗（Wes Lang）

得了巨大的提升。在此两年前，在斯坦福大学读本科时就认识的 Evan Speigel 和 Bobby Murphy 想出了这个主意。当时，纽约州国会议员 Anthony Weiner 不小心把自己的一张不雅照放到了 Twitter 上，随后被迫辞职。在拍摄照片和视频后，Snapchat 让用户决定可以让接收人看多久。在 10 秒或更短的时间后，图

片会永远消失。所以，Snapchat 以一个微笑的幽灵作为吉祥物并非没有原因。

在这项服务刚刚开始的时候，对那些寻找更私密的方法来互相发送性感图片的年轻人非常有吸引力。但只靠"性感短信"不能解释每天在 Snapchat 上交换的上亿张照片和视频。Snapchat 解决了一些人在 Facebook 上经常担忧的隐私问题，这也肯定让马克·扎克伯格（Mark Zuckerberg）着急。2012 年 12 月 Facebook 启动了 Snapchat 的山寨应用 Poke。

为什么暂时性社交网络这么吸引人？Snapchat 的创始人经常提到他们希望给人们一种表达自己的途径。这条途径不同于一般的社交媒体网站，在那些地方很多人觉得有必要为自己营造出一个完美的形象。在 Snapchat 上发送和接收信息也许比在其他社交媒体的发布更让人兴奋，因为这些信息的生命非常短暂，但或可成为更自然的沟通方式。Facebook 和 Twitter 可以记录并储存每句你随口说出的评论，以及每一次非正式的互动交流，而暂时性社交网络可以变得更像简短的面对面交流：你可以说出你想说的东西，而不需要担心说出的话成为永远保存的个人数据档案的一部分。

尽管 Snapchat 与 Facebook 对抗的姿态成为其吸引力的重要部分，但它的创始人最终仍会面对一些同样困扰过 Facebook 的隐私挑战。Snapchat 存在一些非常明显的技术弱点：如果接收人在图片出现的那一秒使用截屏功能，本应消失的图片仍可被保存。如果接收人这么做，Snapchat 会通知发送人。但是那时已经来不及阻止图片被保存和分享了。

此外，尽管 Snapchat 保证会将照片从自己的服务器中擦除，公司的隐私政策仍然这么补充说："不能保证每一次数据都能被删掉。"一旦某个名人在 Snapchat 上的不雅照开始广泛传播，公司的信誉度无疑将会大打折扣。

2015 年 9 月，Snapchat 发布了第一项付费功能：

绘图：史蒂夫·鲍尔斯（Steve Powers）

Snapchat Replay（回放）。用户支付 99 美分，可购买 3 条回放。但每条内容的播放机会只有一次。同时，用户可以通过滤镜往自己的脸上添加动画，包括许多十分夸张的表情；这项技术来自一家叫作 Looksery 的乌克兰初创公司，Snapchat 以 1.5 亿美元将其收购。但回放功能的推出意味着，Snapchat 的"阅后即焚"标签正在逐渐淡化，并正在与其他即时通信公司趋同。

根据 TechCrunch 报道，2015 年底 Snapchat 的营收接近 6000 万美元。据 Snapchat 预测，其 2016 年的营收将在 2.5 亿～3.5 亿美元之间，2017 年的营收则将在 5 亿～10 亿美元之间。虽然当前的收入水平尚难以证明其未来的盈利空间，但并不妨碍 Snapchat 在 2016 年 5 月完成金额高达 18.1 亿美元的 F 轮融资。此次融资完成后，Snapchat 的估值在 200 亿美元左右。

很多人都在问，200 亿美元估值相当于营收的 250

绘图：乔迪·巴顿（Jody Barton）

倍还多，而 Facebook 的估值不过是其年营收的 17 倍。这家公司是否存在巨大的泡沫？

但无论 Snapchat 这家公司最后的命运如何，是否会丧失暂时性社交网络的初衷，这一概念本身依旧很重要，因为某些特定的人坦率自然地收发信息的能力是友谊、个性和创造力的本质。一般的社交网络的确能够让其用户将自己的发布与全世界隔开，只和自己相信的人以及某些特定的圈子进行分享。但因为这些发布仍会永远存在，所以限制分享的能力在技术上仍然不能得到保证。

毋庸置疑，暂时性社交网络增加了我们对自己个人暴露程度的控制力，因为它代表了迈向一种更微妙的数字连接方式的第一步。而且，这种方式承认，我们对分享的渴望可以与我们对谨慎、隐私和重新开始的渴望并存。

专家点评

任海霞
阿里云研究中心大数据高级专家

21 世纪是数据信息时代，移动互联、社交网络、电子商务大大拓展了互联网的疆界和应用领域，我们在充分享受信息时代带来的便利的同时，也无形中贡献着我们的行为，这自然而然会激起人们对隐私的担忧，也会潜意识地限制人类情感在社交媒体上的表现。在传统的社交网络，无论积极的、消极的，还是适宜的、不适宜的，我们的行为，发生过的，都留存在那里。所以在某种程度上，人们会克制，或者选择只分享自己美好或完美的一面。

能控制信息传播的技术能力，使得人们可以在选择进行完整的人类情感交流——不仅仅呈现美好或完美的一面时，极大地缓解对隐私的担忧。特别对于

年轻的一代来说，生活中有很多惊喜、感动、愉悦等情绪的小瞬间，这些小瞬间的美好，就在于快速的分享后，被消失，只留存在记忆里。所以，能控制信息传播的技术使得以分享为特征的社交网络能够吸引更多乐于分享自己每天生活瞬间的一代人。

对分享行为和内容的可控制，保证用户能够随心所欲地接收和分享任何信息，也不可避免地纵容了色情甚至非法内容的畅通无阻。源源不断涌入社交网路的未成年用户使得这个现象更加上升到法律监管的层面。如何在合乎法律的范围内充分发挥出技术的优势，是一个需要解决的问题。

Ultra-Efficient Solar Power
多频段超高效太阳能

不同的半导体材料对光的吸收是不同的，这体现在对光的吸收率、电流导出情况，最重要的是吸收的波长。加州理工学院的哈里·阿特沃特教授别出心裁，他和研究团队开发了一种新式的太阳能电池。不同于只用一种材料的传统太阳能电池，这种新式太阳能电池将不同的半导体材料用在了一块电板上，并用分光器将太阳光分成好几份，分别让这些半导体材料吸收。阿特沃特教授甚至大胆断言，这种太阳能电池的转化效率能高达 50%，这将是传统硅基太阳能电池转化效率的两倍以上。凭借这样的突破，这项技术成功入选《麻省理工科技评论》2013 年度10 大突破性技术。这项三年前就提出的技术，到如今有怎样的发展呢？让我们走进加州理工应用物理实验室，看看阿特沃特教授的研究小组如何让太阳能设备的效率翻倍。

作者：迈克·奥克特（Mike Orcutt），杨一鸣
插画：约翰·麦克尼尔（John MacNeill）

突破性技术

控制光线，更好地利用太阳光中的能量。

为什么重要

更高效的太阳能可以对化石燃料形成更强大的竞争力。

主要创新者

- 哈里·阿特沃特（Harry Atwater），加州理工学院
- 阿尔伯特·波尔曼（Albert Polman），原子和分子物理学研究所（AMOLF）
- 叶利·亚布隆诺维奇（Eli Yablonovitch），加州大学伯克利分校
- 陶氏化学公司

加州理工学院坐落在美国加利福尼亚州洛杉矶东北郊的帕萨迪纳市（Pasadena），这是一所久负盛名的研究型院校，也是众多前沿科技的诞生地。今天要介绍的超高效太阳能技术也诞生于此，诞生于哈里·阿特沃特教授和他的研究团队的实验室里。哈里·阿特沃特教授的研究方向是超高效太阳能电池、等离子体（Plasma）和光学超材料（Optical

Metamaterials）。他指导开发的超高效太阳能电池采用了多种半导体材料，并且将智能分光技术（Light Management）集成，希望用最优分配原理达到光能吸收的最大化。

三个臭皮匠的故事

太阳能电池是利用半导体吸收光产生电子空穴对的特性制成的吸收太阳能的器件，其核心就是半导体。具体来说，半导体内部的电子（和空穴）能吸收特定波长的光，越过能量"禁区"——禁带，成为可以导电的自由电子（和空穴），此时在其两端加电压就能将这一部分的电能导出来（如下图所示）。

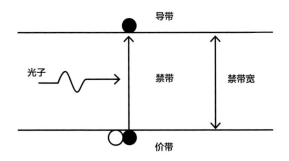

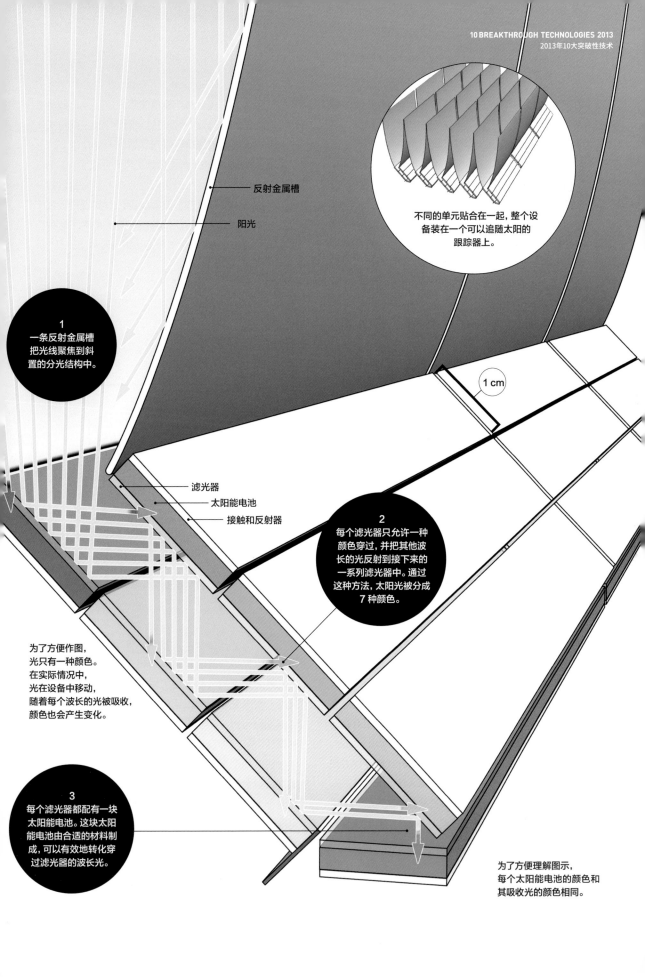

反射金属槽

阳光

不同的单元贴合在一起,整个设备装在一个可以追随太阳的跟踪器上。

1 cm

1
一条反射金属槽把光线聚焦到斜置的分光结构中。

滤光器
太阳能电池
接触和反射器

2
每个滤光器只允许一种颜色穿过,并把其他波长的光反射到接下来的一系列滤光器中。通过这种方法,太阳光被分成7种颜色。

为了方便作图,光只有一种颜色。在实际情况中,光在设备中移动,随着每个波长的光被吸收,颜色也会产生变化。

3
每个滤光器都配有一块太阳能电池。这块太阳能电池由合适的材料制成,可以有效地转化穿过滤光器的波长光。

为了方便理解图示,每个太阳能电池的颜色和其吸收光的颜色相同。

而正是这个能量的禁区决定了半导体能吸收什么样的光。简单来说，每一种半导体都只能吸收某种波长的光即某种颜色的光，例如，砷化镓（GaAs）的禁带宽度为1.42eV，能吸收波长在880nm以下的光。具体来说，半导体材料对于光的吸收有着波长上的敏感性，对某一波段的光吸收比较多，而对另一些波段的光的吸收却很少。那么，如果我们将不同的材料一起用在同一块太阳能电池上，并特别指定这些材料来吸收不同波长的光，理论上能实现对光的最大吸收，而以此原理为主导制造出来的太阳能光伏电池的效率一定很高。

其实，这样的想法——在太阳能电池中采用多种半导体堆叠的技术并不是阿特沃特教授的独创，现在的太阳能转换效率的世界纪录——44%——就是由这样的三层级联太阳能电池（Triple-junction Cells）保持的。这种太阳能电池由 Solar Junction 公司研制，已经经历了两代产品。该太阳能电池简单地将三层半导体堆叠在一起，一层一层地吸收光，就像一层一层地过滤水中的杂质一样。

即便有着超高的转换效率，它的商业应用也受很多方面的影响。首先，生产和制作多级半导体材料结构的过程十分复杂，无形中增加了成本，这是其成本硬伤。其次，因为各个半导体层呈级联结构，所以输出的电流在层与层之间保持一致。也就是说，如果 A 层的输出电流为 0.5A，B 层为 0.2A，C 层为 0.1A，那么最后的输出电流就是 0.1A——与最小值持平。这样，输出的电能往往达不到最大的效率，这也是这种级联结构的最大弊病。

阿特沃特教授及其团队没有采用这样的结构，而是有意将各个半导体太阳能电池分开，并且有序组合在一起，形成并联的层次，解决了"最小电流"输出的问题。但是如果将各个半导体太阳能电池分开，则不能方便地对入射光进行分割，这就必须加入新的元器件——分光器。而这就是阿特沃特教授及其团队能脱颖而出的核心技术——智能分光管理。

智能分光管理

其实，阿特沃特教授及其团队设计的太阳能电池也

采用了多种半导体材料，希望能将光能最大化地吸收。有别于 Solar Junction 公司的太阳能电池，阿特沃特教授设计的太阳能电池采用了智能分光技术。这种分光技术能像棱镜一样有效地把阳光分成 6 ~ 8 个不同的波长组份——每个组份都会产生不同颜色的光，而且每一种颜色都会分散到专门对其进行吸收的半导体电池上。阿特沃特教授声称，采用了这种技术的太阳能电池的转化效率能达到 50% 以上。[1]

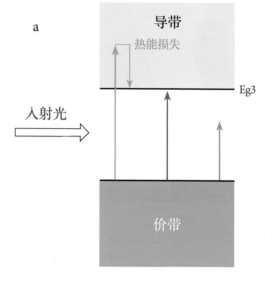

图1（a）太阳能电池中的热能损失

这位加州理工学院的材料科学和应用物理学教授表示，因为最近的一些进展，现在已经可以在极小的尺度上操纵光线。这也让提高太阳能板发电效率的目标变得可行。阿特沃特教授及其团队正致力于 3 种设计。第一种设计如下：他们用其中的一种半导体材料（如上页图所示）制造了原型产品。太阳光线被反射金属槽收集起来，并以一个特定的角度被导向一个由透明绝缘材料制成的结构。多种太阳能电池包裹在透明结构表面，每种电池都由 6 到 8 种不同的半导体中的一种制成。一旦光线进入材料，就会遇到一系列的薄滤光器，每片滤光器只允许一种颜色的光通过并照亮可以吸收它的电池。其他颜色的光线会被反射到允许它们通过的滤光器那里。

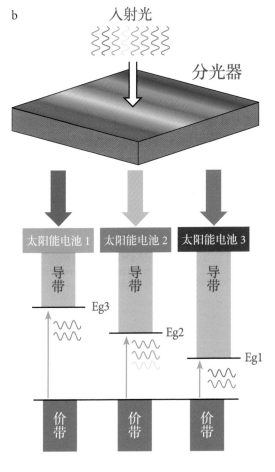

b 入射光

分光器

太阳能电池1 太阳能电池2 太阳能电池3

导带 导带 导带

Eg3

Eg2

Eg1

价带 价带 价带

图1(b)智能分光策略及纳米分光器示意图

低点的情况（左边蓝线）。这种情况下，电子在变成自由电子之前，由于在移动前或者移动过程中一部分能量会以热能的形式流失，所以，半导体吸收的最理想波段就是刚好大于其禁带宽度的波段的光，如图1（b）所示。[2]

第三种设计使用全息成像（Hologram）技术取代滤光器来分割光谱。以上两种滤光手段都需要调整入射到太阳能电池的光的角度，而全息成像滤光器可以将滤过的光变换角度入射到相应的半导体太阳能电池上。这种滤光器一般由一种重铬酸明胶（Dichromated Gelatin）制成，十分轻便，而且它表现出来的反射散射损失很小。实验显示，使用全息成像滤光器的单结砷化镓和单结硅基太阳能电池都达到了很高的效率，分别是25.1%和19.7%。[3]

尽管设计不同，但是基本原理是一样的：结合传统的电池设计和光学技术来有效地利用光线的宽带波谱，尽可能减少浪费的能量。阿特沃特教授表示，现在还不清楚哪种设计的表现最好。但是他说，这些设想中的设备会比今天市场上的很多电子设备要简单，所以一旦有竞争力的原型产品制造出来并被优化以后，他很有信心让这些设备商业化。其实他还有另外一个身份，那就是阿尔塔设备公司（Alta Devices）的首席技术顾问，同时也是公司创始人之一。现在阿尔塔设备公司研制的单结（效率为28.8%）和双结（效率为30.8%）太阳能电池片，均创造了世界纪录，这些都有阿特沃特教授的思想注入。

第二种设计应用了纳米级别的滤光器，可以过滤以任意角度射入的光线，其理想示意图如图1（b）所示。它能在光入射到半导体材料之前就将光分成好几份，然后再分配到各个小太阳能电池上去，这样也能达到高效的吸收。除此之外，这样的方法还有一个好处，就是能够降低太阳能电池吸收太阳能后的热量损失。其实，吸收太阳光和太阳能转换成电能是有很大区别的，图1（a）就向我们展示了价带中的电子对不同能量的光的3种不同的吸收状况。其中有入射光的能量达不到半导体材料的禁带宽度，不足以让它们变成自由电子的（右边棕线）；也有刚好能变成自由电子的情况（中间红线）；以及能量能使电子吸收并且最终能量远远超出导带最

阿尔塔设备公司也处于风口浪尖，在大批太阳能产业倒闭以及被并购的浪潮中，阿尔塔设备公司因为成本始终不能降下来，也未能幸免，2015年年初被汉能收购，这也是汉能收购的第四家太阳能公司。而阿特沃特教授也在寻求新的方向，例如，应

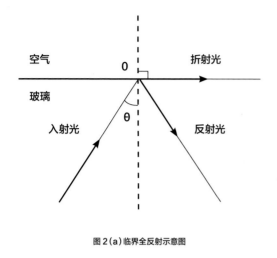

图 2（a）临界全反射示意图

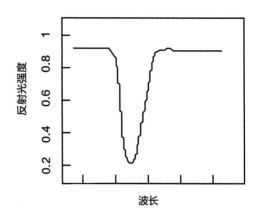

图 2（b）表面等离子共振吸收表征，一般
由反射光强度判定，图中的凹陷部分即是
吸收得多的表现。

用半导体或者金属的"表面等离子共振"（Surface Plasmon Resonance）原理，选择性地吸收特定波长的光。材料的表面等离子共振，简单来说，就是在满足一定条件时，特定波长的光会进入材料的表面，并且使得表面的电荷分布呈周期性的震荡。最简单的例子就是临界全反射，如图 2（a）所示，光就在空气和玻璃的交界处传播。

以这样的原理吸收的光波长是特定的，而且可以根据材料表面的尺寸调整。最有利的一点是一旦条件满足，特定波长的光几乎会被完全吸收，如图 2（b）所示。该技术的核心思想就是利用材料的表面等离子共振选择性地吸收特定波长的光线，并且推广到各种材料。这样就省去了滤光和分光的步骤，直接在吸收的时候就已经完成。而且理论上这样的方法吸收的光也是最多的，但是问题就是如何将吸收的光能导出，阿特沃特教授在其发表于《Nature Materials》上的文章中也有所讨论。[4]

总的来说，太阳能的发展是很有前途的，毕竟牵涉到可持续发展和全世界都十分关心的能源问题。作为新能源的代表，太阳能技术也日益成熟，而且引入的技术可谓种类繁多。阿特沃特教授认为，让太阳能电池设计达到极高的效率只应是业界的初级目标，在目前，这是降低太阳能成本的"最佳手段"。因为太阳能板的价格在过去几年里直线下滑，所以持续把焦点放在制造廉价的太阳能板上不会对太阳能系统的整体成本产生什么影响。配线、施工以及与人工相关的花费目前占据了绝大部分的成本。让电池组件的效率更高意味着在产生同样电量的情况下，只需要安装更少的太阳能板，这样硬件和安装的成本将会大幅下降。阿特沃特教授说："在几年的时间内，使用效率低于 20% 的技术将会变得毫无意义。"

Big Data from Cheap Phones
来自廉价手机的大数据

大数据挖掘已成为时下热门的科技话题。在很多领域，大数据挖掘都得到了应用，并且开始影响我们的日常生活。不过，在研究人员绞尽脑汁地研究来自发达国家的各类数据时，一类此前不受关注的数据逐渐成为他们眼中新的金矿——来自发展中国家廉价手机的大数据。研究人员通过这些功能简单的手机收集信息，然后做出分析。他们由此可以获得有关人们位置移动和行为的惊人数据，甚至掌握预测流行病趋势的方法。该技术入选《麻省理工科技评论》2013 年度 10 大突破性技术。

作者：大卫·塔尔博特（David Talbot），鞠强
制图：丹·佩奇（Dan Page）

突破性技术

利用手机的移动数据发明对抗疾病的工具。

为什么重要

贫困国家缺少数据收集的公共部门，手机数据可以弥补这一点。

主要创新者

- 卡罗琳·巴克艾 (Caroline Buckee)，哈佛大学
- 威廉姆·霍夫曼 (Wil-liam Hoffmann)，世界经济论坛
- 亚历克斯·彭特兰 (Alex Pentland)，麻省理工学院
- 安迪·泰特姆 (Andy Tatem)，南安普顿大学

全世界总共 60 亿部手机生成了大量的数据，包括地址追踪、商业活动信息、搜索历史和社会关系网。世界各地的研究和商业机构正在开展不可胜数的项目，以不同方式挖掘数据。而在这 60 亿部手机中，有 50 亿部存在于发展中国家，其中许多是廉价手机，除了打电话和发短信外没有什么其他功能。

不过，千万不要小瞧这些廉价手机。香港中文大学人类学教授麦高登（Gordon Mathews）在一本研究中国香港地区重庆大厦的书中[1]介绍说，重庆大厦是大量廉价手机（包括仿冒的名牌手机和大量不知名品牌的手机）从中国大陆销往非洲的重要中转站，而这些手机在非洲地区发挥了重要的作用。他分析手机市场在非洲蓬勃发展的原因主要是大部分撒哈拉以南的非洲国家没有很好的陆上通信线路，用手机比用固定电话好很多。虽然许多非洲人仍然需要使用附近的电话亭打电话，但长期来讲拥有一部手机较为经济实用。

对研究人员来说，更重要的是手机通信原理带来的宝贵信息。手机总是会自动连接到最近的信号发射塔，因此这些手机的所有活动都能回溯到手机信号发射塔。这就为追踪某人的行动提供了粗糙的方式，而研究人员也可以由此利用在某个特定的时间点的通话记录对人进行定位。由此而来的数据原材料经过研究人员的深度挖掘，可以向我们呈现出丰富多彩的信息：职业趋势、社会压力、贫困状况、交通、经济活动以及流行病等。

向流行病宣战

如果我们在 2013 年去拜访位于波士顿的哈佛大学公共卫生学院，流行病学家卡罗琳·巴克艾（Caroline Buckee）会很愿意将计算机上显示的肯尼亚西部高地的地图展示给我们。在她看来，地图上的一个点——肯尼亚成千上万座手机信号发射塔之一——显得与众不同：在对抗疟疾的战役中，从这座凯里乔镇（Kericho）附近的发射塔传出的数据已经成为流行病学的金矿。

在此之前，巴克艾领导的研究小组于 2012 年在《科学》（Science）上发表论文，介绍了他们在肯尼亚进行的流行病学研究工作，合作者中包括她的丈夫内森·伊格尔（Nathan Eagle）。

伊格尔是研究手机数据的专家，曾经因为用麻省理工学院志愿者的手机做数据挖掘而获得关注。从 2006 年开始，他和妻子一起在非洲度过了一年半的时间。巴克艾在那里研究疟原虫基因，而伊格尔则试图通过研究手机数据来理解一些现象，比如肯尼亚首都内罗毕贫民区的种族隔离以及卢旺达的霍乱传播。

当巴克艾和同事们对从发射塔获得的数据进行分析时，他们发现从凯里乔（Kericho）这座发射塔打出电话和发短信的人们外出旅行的次数是当地平均数的 16 倍；此外，这些人将维多利亚湖（Lake Victoria）东北方向一个被肯尼亚卫生部列为疟疾高发的地区作为旅行目的地的可能性是平均数的 3 倍。由此，这座发射塔的信号范围涵盖了疟疾传播的一个"航点"。疟疾可以通过蚊子叮咬人体来进行传播。卫星图像揭示，罪魁祸首可能是一个茶园，那里面可能有许多移民工人。巴克艾认为，这里的隐含意义很明显：那里会有一大群感染疟疾的人。

这一发现被输入由巴克艾创建的一套预测模型中。这个模型可以为疾病控制提出有益的建议，例如虽然茶园里有疟疾病例，但如果在那里采取措施来控制疟疾的传播，效果将比不上把力量集中在源头：

哈佛大学流行病学家卡罗琳·巴克艾使用从手机获得的人口流动详细数据，创建精确的工具来对抗疟疾的传播

维多利亚湖。长久以来，人们只知道那个地区是主要的疟疾传播中心，但以前没有关于那里的人们是如何出行的详细信息：多少人来来往往，何时到达何时离开，具体是到这里的哪些场所，其中有哪些地方吸引的中转客最多等等。

在非洲地区，收集这类出行数据并不容易。巴克艾说，公共卫生官员有时在交通中心地带统计人数；在遍布各地的诊所里，护士会询问最新确诊了感染疟疾的人最近去过哪儿。"在非洲的许多出入境关卡，过往的人都存有小纸条，但这些纸条会被弄丢，最后就没人再做追踪记录了。"她说，"我们拥有关于旅行模式的概括信息和一般模型，但从来没能正确地做这件事。"

数据挖掘将为新方法的设计提供重要指导。这些新方法可能包括有针对性地群发短信这种成本低廉的形式，比如用短信提醒进入凯里乔镇发射塔信号范围的来访者要使用蚊帐。它也会帮助官员们选择在疟疾传染地带的哪些位置集中力量控制蚊子。"你可不想无时无刻地在所有地方都洒上杀蚊子幼虫的药水，但如果你知道某个点有许多的疾病输入，你会想在那个点增加控制力度。"巴克艾说，"而现在我能精确地定位到哪个地方的疾病输入最多"。

巴克艾和伊格尔在肯尼亚的工作初见成效之时，也发现了一些数据挖掘过程中存在的问题，并积极寻找改进的方法。比如说，伊格尔发现，只是分析手机通话记录往往是不够的，调查问卷——即使只调查几个人——都可以让研究人员排除对这些记录的错误臆断。他有一次在卢旺达分析电话数据时发现，在一次洪灾发生后人们出行不多。一开始他推断很多人因为霍乱卧床不起，但最后发现原因其实是洪水把道路冲塌了。

来自廉价手机的大数据在被证明可以为对抗流行病做出贡献之后，巴克艾又将目光投向其他国家。2014 年，巴克艾参与到一项利用廉价手机的大数据来预测埃博拉病毒的传播的研究中。这项研究由一家瑞典的非营利组织 Flowminder 发起，他们从电信运营商 Orange 那里获得了 2013 年时塞内加尔 15 万部手机的数据。Flowminder 利用这些数据建立了人口流动模型，并且对西非地区人口流动的整体格局进行了观察。此外，他们还根据受感染者死亡的时间和地点，制作了一个疫情扩散的动画。

埃博拉病毒通过体液传播，潜伏期在 2 到 21 天，在此期间患者可能不知道自己已经被感染，因此知道他们要去哪里和去过哪里非常重要。该组织负责人表示，"如果在其他地区爆发了疫情，数据可以告知与此相连的哪个地区出现疫情的可能性会增加"。不过该模型是基于历史流动的初步模拟，没有将人们面对危机时如何改变他们的行为这一因素考虑在内。

在此之后，巴克艾又利用手机大数据对登革热进行

手机调研公司 Jana 的执行长内森·伊格尔说，世界各地的手机运营商持有数据金矿。但他也指出，对这种数据的广泛使用需要新的商业模式和隐私保护

了研究[2]。2015 年 9 月，她领导的研究小组在《美国国家科学院院报》（PNAS）上发表文章[3]，报告了他们的研究成果。他们通过整合巴基斯坦 4 000 万名手机用户的通话记录和天气数据，对登革热的蔓延趋势进行了预测。研究小组与巴基斯坦第二大电信运营商 Telenor 合作，分析登革热病毒的传播轨迹和手机用户的出行模式，发现后者能够相当准确地预测前者。巴克艾表示："相比于其他利用环境变量或人类交通的代替物（比如公路网络）的方法，这种方法能更加准确地预测出登革热可能出现在哪里。"

由于登革热既没有疫苗预防，也没有有效的方法治疗，预测疫情爆发对于控制其蔓延至关重要。巴

克艾说："做好充分的准备工作，即预测可能发生的时间和地点，是我们可以做的为数不多的事情之一。"由于该疾病主要发生在城市地区，而城市地区的手机信号比较密集，因此非常适合用手机网络作为代替物来预测和追踪登革热[4]。

数据挖掘的新大陆

巴克艾和伊格尔的工作显示了来自廉价手机的大数据可以被用来设计出工具以帮助政府、医疗工作者和研究人员来预测和监控流行病。目前，类似的努力已经被用于其他各种各样的目的，包括理解巴黎的通勤模式和管理比利时的节日人潮。但是，研究人员也同时认识到，手机数据挖掘在少有或者完全没有基础设施的贫困国家或地区更有作用，在那里的前景也更加诱人，因为这些地方鲜有关于这些问题的详尽及时的信息。比利时鲁汶大学（University of Louvain）应用数学教授文森特·博朗德尔（Vincent Blondel）是手机数据研究的领军人物，他认为："在低收入地区，手机数量迅速增长，再加上一些运营

商愿意公布数据的新意愿，这将导致可能改变一切的新技术工具的出现。"

美国麻省理工学院人类动力学实验室主任亚历克斯·彭特兰（Alex Pentland）也持有类似的观点："在发展中国家，没有可运作的统计数据，你不知道人流的走向，政府也不总有收集数据的基础设施。"他对于分析手机数据的兴趣由来已久，而现在的发展趋势也令他感到欣喜："但是，突然之间，你确实有一样东西——随处可见的手机，尤其在过去几年——可以等同于发达国家已有的那些基础设施。"

当一通电话连接到某个基站后，该基站记录下这个电话的 ID 数字以及这通电话的时长。久而久之，这些信息可以被用来了解人们的地区活动情况和社会关系网。手机上的购物史也是无价之宝：农业购买记录可用来预测粮食供应或短缺的情况。而由手机支付系统收集的财务数据可以用来构建信用历史，帮助数百万无法使用银行贷款的人有资格获得传统贷款。"这里使用的数据分析法和计算机都是

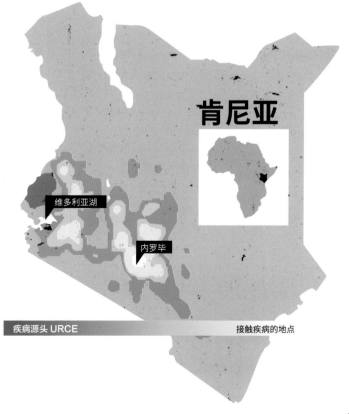

这幅由手机数据分析产生的地图显示了疟疾感染的最重要的源头（深色区域）。它把人类旅行引发的更多的传播可能性计入考虑。它也显示了人们接触这种疾病的主要地点（浅色区域）。这幅地图可以被用来决定应该在哪些地方集中性地发出警示和推广控蚊技术

肯尼亚

维多利亚湖

内罗毕

疾病源头 URCE   接触疾病的地点

非常标准化的。"彭特兰说,"这是做科学,要发现正确的模式"。某些人口流动模式可能和疾病的传播有关;购买模式可能透露某人的就业情况是否发生了变化;行为变化或移动模式也可能和某种疾病的发作有关。

还有一个研究项目显示了从廉价手机获得的数据有很大的用途。2010 年 1 月海地发生的地震令 20 万人丧生。随后,来自瑞典卡罗琳学院(Karolinska Institutet)的研究人员从海地最大的移动通信运营商 Digicel 那里获得数据,并根据这些数据分析人口流动情况。具体而言,他们从 200 万部手机那里得到了从地震发生的 42 天前到 158 天后人们日常行动的数据,并据此总结出,地震发生当天身在太子港(Port-au-Prince)的 63 万人在 3 周内离开了该市。研究团队还展示了可以近乎实时地做出这类统计:他们在收到数据的 12 小时内统计出了在一次霍乱疫情的影响下有多少人逃离了该地、去往何处。

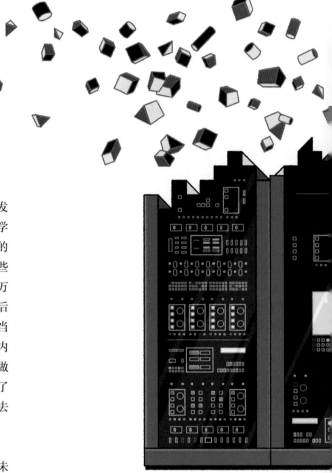

最重要的是,他们的研究所创建的模型可以指导未来的灾害反应。在研究了地震前人们的旅行数据后,这个瑞典的研究团队发现,海地人在地震后逃往的地点基本上就是他们过圣诞节和新年的地方。这类发现可以预见灾害袭击时人们的去向。

机遇与挑战并存

在对手机数据进行挖掘的研究中,一段时期内研究人员都是通过和手机运营商达成一些专门约定来获得相关数据(比如说,伊格尔通过学术上的人际关系获得这种合作机会)。而在 2012 年,法国的全球电信巨头 Orange 向世界科研界发布了(虽然仍有一定的条件和限制)科特迪瓦 500 万人约 5 个月内的25 亿条匿名电话记录。这是一个庞大实验的第一阶段,政府机构、电信运营商和科研人员借此可以尝试去了解这些数据究竟可以被拿来做什么。

来自世界各地的近百个研究团体急不可待地抓住这次机会,分析起这些数据。2013 年 5 月,在一次由麻省理工学院举办的会议上,发布了相关的论文成果。这个会议名为"开发数据"(Data for Development),是一个涵盖发达国家和发展中国家数据挖掘项目的较大型会议的一部分。"这是头一回有大型手机数据集以这样的规模发布。"主持会议的博朗德尔说。研究人员挖掘数据后从事的研究领域非常广泛:其中一篇论文描绘了跨越传统南北种族分隔的社交和旅行互动,提供了有关冲突可能如何避免的见解;另一篇论文提出了描绘疟疾传播途径和探测疾病爆发的工具;还有一个企业实验室建造了一个交通模型,用手机数据追踪 539 辆公共汽车、5 000 辆中巴和 1.1 万辆出租车的乘客情况。

可是,科特迪瓦的这个项目虽然是一个很好的开始,但要想在其他国家复制这个项目却并不容易。2012

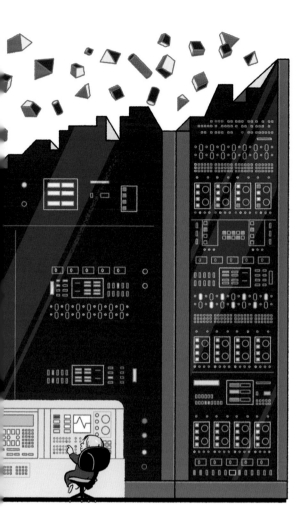

年，达沃斯世界经济论坛呼吁政府、发展组织及企业开发数据分析工具来改善贫穷国家的生活水平。"现在我得找运营商，说'我给你做免费咨询，以此为交换，我想用你的数据来改善生活'。不该是这样的。"伊格尔说，"运营商应该想和这件事联系在一起才对。现在他们中的许多人看不到事情好的一面，但如果我们可以让世界领袖来敲他们的门，说'让我们来干这个'，或许我们可以完成更多的事。"

这会需要花费一些力气来谨慎地保护隐私，防止数据被用来为不正当的目的服务。Orange 为了把数据匿名化煞费苦心，但这个领域需要清晰的、广泛认同的方式来把信息带向市场。"一个数据驱动的社会有其风险和益处，"彭特兰说，"存在谁拥有数据、谁控制它的问题。Orange 正在采取措施来弄明白如何创造出一块数据共有地，它会带来更大的透明度、更多的问责和更高的效率，告诉我们哪里有不寻常事件、极端事件，哪里的基础设施损坏了。我们可以用它来做各种各样的事，但我们首先得要有这样一块地方。"

专家点评

任海霞

阿里云研究中心大数据高级专家

互联网和移动技术的高速发展，把人类带入大数据时代。在具备成熟信息化基础设施的国家，数据已经渗透到每一个行业和业务职能领域，无论政府、商界还是学术界，都在这场大数据的革命中享受大数据时代的红利。

然而，对于一些贫穷国家来说，其薄弱的基础设施建设和国家顶层规划的缺失，使得这场革命的参与者必须要考虑 3 个问题：第一，如何发现海量的在线数据；第二，如何从仅有的、粗糙的、海量的原始数据中获得想要的信息；第三，如何充分利用好这些海量在线数据，从中获得更多的信息，如何让贫穷的国家也能享受大数据革命的红利。利用手机的移动数据发明对抗疾病的工具，给出了一个完美的答案。

Supergrids
超级电网

"直流"和"交流"之间的战争已经持续了 100 多年，选择直流输电还是交流输电，确实是一个值得深思的问题。直流输电有在远距离范围输电成本低廉、可靠性高、无频率选择性等优点。但是直流输电发展了这么多年依旧还是只运用在"点对点"的传输，并不能如爱迪生钦点的那样成为组建电网的基本构成。其技术难点其实在于一个小小的元器件——断路器，简单说就是控制输电的开关。2013 年，瑞典 ABB 公司研制出世界上第一个适用于直流输电线路的高压断路器，也许可以让直流电网最终变成现实。就像它的名字——"混合直流断路器"（Hybrid DC breaker）一样，它将传统的机械开关和可控半导体有机结合，并且成功集成两者的优点。它的开关频率高达 200kHz，能在 5 微秒之内将故障电路断开，解决了直流输电断路器灭弧困难等技术难点。凭借能颠覆电网组成的能力，ABB 开发的混合直流断路器成功跻身《麻省理工科技评论》2013 年度 10 大突破性技术，相信如果爱迪生还在世，看到这样的发明也会很开心。

作者：杨一鸣

突破性技术

实用的高压直流断路器。

为什么重要

直流电网的效率比交流电网要高得多，而且有可能联通极其分散的风电场和太阳能电场。

主要创新者

- ABB 公司
- 西门子公司 (Siemens)
- 美国电力研究协会 (EPRI)
- 通用原子公司 (General Atomics)

在 ABB 位于瑞典的实验室，诸如电晕屏蔽（抛光的圆盘被连起来并形成球体）这样的设备被用来检测高压直流断路器。

相信大家在高中的物理课上都学过，直流电（Direct
Current）指单向移动的电荷流，电流只沿一个方向
流动，但电流大小可以不固定；交流电（Alternating
Current）则指随时间进行周期性移动的电荷流，电
压和电流都呈现周期性变化。而我们总是从简单的
直流电电路开始学起，它给我们的印象就是预设标
准后，除非人为，状态不会随时间变化，而且以直
流电为主题的题目也比较好解。而一遇到交流电，
就出现各种引入时间变量的难题，什么无功功耗、
冲激响应、电容充电时间，全都来了。但是如果问
题是电力输送或者电网构成是选择直流电还是交流
电，可不能草率下定论，因为这不是简简单单地做
计算题，这个难题在电力传输领域已经争论了100
多年了。

是直流还是交流，这是个问题

"直流"和"交流"之间的战争已经持续了100多年。
虽然故事的开始，"老实"的直流电是电力输送的
主流，但是现在交流电占据了电力输送的绝大部分
份额，几乎成了电力输送的代名词。但在100多年
前，用交流电这种"不断变化的怪异电流"供能，
几乎是不可想象的，而直流电曾与交流电在电力传
输领域一决雌雄，引起两位科技大师的激烈竞争。

研发直流电网控制的模拟中心

人们对电能的应用和认识是从直流开始的。法国物
理学家和电气技师 M. 德普勒于 1882 年将装设在米
斯巴赫煤矿中的 3 马力（约 2.21 千瓦）直流发电机
所发的电能以 1 500 ~ 2 000 伏直流电压送到了 57
千米以外的慕尼黑国际博览会上，完成了第一次输
电试验。由于当时主要的电能动力设备——电动机
使用的都是直流电，因此直流电是当时输电的首选。
有人试图让电动机使用交流电，结果发现，当电流
改变方向时，磁场也改变了强度和方向，因此电动
机根本无法运行。但是若采用直流输电，直流电动
机的转向也将是一个问题，这也成为制约直流输电

近半个世纪发展的因素之一。

巧的是在同一年，当时在爱迪生手下工作的年轻科
学家特斯拉，成功制造出小型交流电电动机，颠覆
了交流电无法供能的结论。爱迪生虽极力阻挠，但
已无法阻止在经济性和适用性方面更占优势的交流
电，建立直流输电网络的雄心随之破灭。1895 年，
世界上第一座水力发电站——美国尼亚加拉发电站
采用了交流电系统，宣告了交流电对直流电的胜利。
然而直流电并不会轻易认输，它有着交流电所没有
的优点：

(1) 线路造价低。对于架空输电线，交流用三根导线，而直流一般用两根，采用大地或海水作回路时只要一根，能节省大量的线路建设费用。对于电缆，由于绝缘介质的直流强度远高于交流强度，如通常的油浸纸电缆，直流的允许工作电压约为交流的 3 倍，直流电缆的投资少得多。

(2) 电能损失小。直流架空输电线只用两根，导线电阻损耗比交流输电小；没有感抗和容抗的无功损耗；没有集肤效应，导线的截面利用充分。另外，直流架空线路的"空间电荷效应"使其电晕损耗

和无线电干扰都比交流线路小。所以，直流架空输电线路在线路建设初期的投资和年运行费用上均较交流经济。

(3) 不存在系统稳定的问题，可实现电网的非同期互联，而交流电力系统中所有的同步发电机都保持同步运行。直流输电的输送容量和距离不受同步运行稳定性的限制，还可连接两个不同频率的系统，实现非同期联网，提高了系统的稳定性。

(4) 限制短路电流。如果用交流输电线连接两个交流

系统，短路容量会增大，甚至需要更换断器器或增设限流装置。然而用直流输电线路连接两个交流系统，直流系统的"定电流控制"将快速把短路电流限制在额定功率附近，短路容量不会因互联而增大。

(5) 调节快速，运行可靠。直流输电通过可控硅换流器能快速调整有功功率，实现"潮流翻转"（功率流动方向的改变），在正常时能保证稳定输出；在事故发生时，可实现健全系统对故障系统的紧急支援，也能实现振荡阻尼和次同步振荡的抑制。在交直流线路并列运行时，如果交流线路发生短路，可短暂增大直流输送功率以减少发电机转子加速，提高系统的可靠性。

(6) 没有电容充电电流。直流线路稳态时无电容电流，沿线电压分布平稳，无空、轻载时交流长线受端及中部发生电压异常升高的现象，也不需要并联电抗补偿。

(7) 节省线路走廊。按同电压 500kV 考虑，一条直流输电线路的走廊大约 40m，一条交流线路走廊大约为 50m，而前者输送容量约为后者 2 倍，即直流传输效率约为交流的 2 倍。

直流输电凭借 1954 年第一个商业直流输电工程——瑞典哥得兰岛（瑞典语: Gotland）直流输电工程——华丽转身，重新回到人们的视线中。而 1970 年以来，电力电子技术的飞速发展也给直流输电带来了新的希望——组成多端直流输电的关键元器件——高压断路器也即将登上历史舞台。

技术突破——直流断路器

其实直流断路器并不是新产品，早在 1972 年，美国的通用电气公司就提出了制造断路器的概念，以安·格林伍德（AN Greenwood）为首的研究小组也设计了一系列的高压直流断路器，并多次在电力系统顶级杂志《IEEE Transactions on Power Apparatus & Systems》上发表文章。而 1972 年研制出的直流断路器能承受 100kV 的电压和 1kA 的电流，曾经在美国西海岸著名的直流输电线路"太平洋传输线"上进

ABB 的工人在直流－交流转换站

行实地测试。而传输的电压越来越高，直流断路器的额定电压却没有提高多少，这也成为直流电网始终不能成型的一个制约因素。

那么为什么电网需要断路器呢？首先，电网是一个完整的系统，在它之中有很多与电有关的东西，比如我们日常用的电器，也有像发电厂这样大型的产能系统。一旦电网中某一个部分的用电情况出现异常，则有可能会影响到其他部分，甚至影响其他大型的电网，那么此时要做的就是隔离这部分用电异常电路，慢慢调试。而断路器就是此时必需的元件，我们必须依靠它断开故障用电系统。简单而言，我

们需要的就是一个可控的开关。但是断路器远远没有这么简单，它的技术要求主要有额定电压、额定电流以及开关速度。传统机械开关可靠性好，但是开关速度不行，最快也只有 1 000Hz，而半导体开关管的开关速度能达到 20kHz。ABB 公司研制的混合型高压直流断路器，将传统的机械开关和可控半导体有机结合，并成功集成两者的优点，可以既可靠又迅速地将故障电路断开。让多端直流输电网络的组成成为可能，甚至让直流电网也近在咫尺。

商业应用

可以说，ABB 公司于 2013 年研制出的混合型高压直流断路器确实是颠覆性的发明，毕竟每年超过 10 亿美元的投入不是打水漂的。ABB 公司从 60 年前就开始引领高压直流输电的建设和研究，现在已经在全世界投建了 70 多个直流输电项目，可谓经验丰富。

他们自主研发的电力电子器件、变换器还有高压输电线都是直流输电中必不可少的元件，现在又推出了高压直流断路器这一电网组网的重要拼图。

相比交流输电，高压直流输电可以有效地把电力传输到数千千米之外，还能在水下长距离地输电。多种新的发电方式诸如磁流体发电、电气体发电、燃料电池和太阳能电池等产生的都是直流电，传统的做法是先将产生的直流电经变换器转化为交流电进入交流电力输送系统，再进入交流电力系统。然而这样的做法往往在开头和输送的时候就会浪费大量的能量。若是产生的电能以直流方式输送，并用逆变器变换送入交流电力系统，效率就会高很多，而且成本也会降低。但是直流、交流都有自己的优点，也有与生俱来的不足，两者都有适用的地方，而今后的电力系统必将是交、直流混合的系统。

专家点评

宋然平

世界资源研究所，高级研究员

长期而言，要实现高比例的可再生能源消费，必须具备大规模、远距离电力输送的能力。对于中国而言也是如此。

首先，一个地区的可再生能源资源和其用电需求之间普遍存在不平衡的问题。比如中国的风力和太阳能资源主要集中在北、西北和西部地区，水利资源集中在西部地区，而电力负荷集中在中、东和东南部地区。要充分利用可再生能源，就需要实现将风能和太阳能发电传输到 1 000 甚至是 4 000 千米以外的地方。

其次，可再生能源发电受气象条件和时间的影响，

波动较大。如光伏发电一般中午达到高峰，太阳下山后则没有电力产生。我国从东到西大约有 4 个小时的时差，如果有强大的电力传输能力，则可以互相调度补充。因此，有研究表明，要实现高比例可再生能源，中国西北 —华中、华中—华东和华北 —华东三条跨区域传输容量都需要超过 1 亿千瓦。

高压直流输电是目前用于远距离或超远距离输电（距离超过 700 千米）的主要技术之一。"超级电网"直流断路器技术如果可以成功提高输电效率和降低输电成本，将大大提升电网接入清洁能源的能力，对未来能源的发展路径有着非常重大的影响。

Additive Manufacturing
增材制造技术

通用电气公司（GE）正在用增材制造技术对航空、能源、健康等领域进行彻底的改造。与传统的制造工艺相比，这种技术能显著降低成本和生产时间、节省原料，还能打印出前所未有的几何形状，因而入选《麻省理工科技评论》2013 年度 10 大突破性技术。

撰文：马丁·拉莫尼卡（Martin LaMonica），汪婕舒
摄影：詹妮弗·梅（Jennifer May）

突破性技术

GE 利用 3D 打印技术为公司的新喷气式发动机制造关键的金属部件

为什么重要

这种技术有潜力让复杂部件的造价降低

主要创新者

- GE 航空（GE Aviation）
- 欧洲航空防务和太空公司（EADS）
- 联合技术公司（United Technologies）
- 普惠公司（Pratt & Whitney）

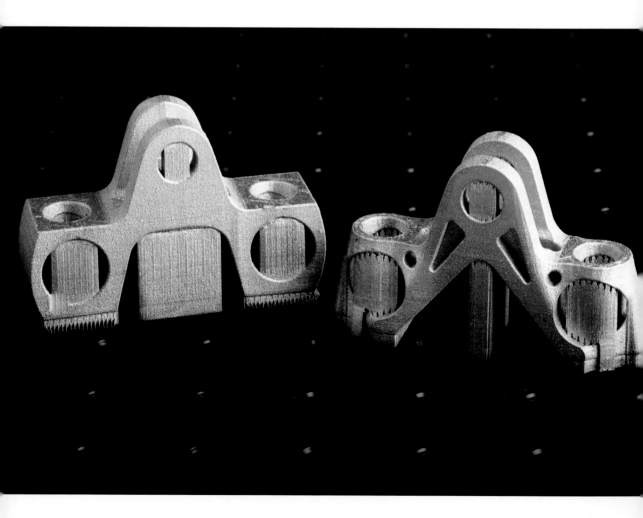

通用电气公司（GE）正对自己传统的制造方式进行彻底的改造。GE 航空（GE Aviation）是世界上最大的喷气式飞机发动机供应商，该部门正在通过激光打印部件（而不是铸造和焊接金属）的方法来为一台新的飞机发动机制造燃料喷嘴。这种方法名为增材制造技术（因为它是把超薄材料层一层层累积起来完成制造过程的），不仅可以改造 GE 的设计，还能为气涡轮、超声波机等几乎所有的东西生产复杂部件。

增材制造技术这一 3D 打印的工业版本已被用于制造一些市场定位明确的产品（比如医疗植入设备），还被工程师和设计师用来制造塑料原型。然而，把这项技术用于大规模生产数千台喷气式飞机发动机的重要合金组件，仍然是一个意义重大的里程碑。尽管针对消费者和小型企业的 3D 打印已经引起了公众广泛的注意，但这项技术只有在制造业领域才能产生最为重大的商业影响。

2012 年秋天，GE 收购了两家拥有自动化精确生产金属技术的公司，并将其技术整合到 GE 的飞机制造部门——GE 航空的运营中。GE 和法国斯奈克玛公司（Snecma）成立的合资公司 CFM 国际（CFM International）准备将 3D 打印出的燃料喷嘴用于 LEAP 喷气式发动机。每台 LEAP 发动机配备 19 个喷嘴。该发动机将装入单通道的窄体飞机，例如波音 737MAX 和空客 A320neo 等[1]。目前，该发动机的订单已超过 10 000 份，总价值在千亿美元左右。带有这种喷嘴的 LEAP 喷气式发动机已进入了测试阶段。

GE 选择用增材过程来制造喷嘴，是因为这种方法比传统技术使用的材料更少。这不仅能降低 GE 的生产成本，而且还让部件变轻了，为航空公司节省了大量的燃料。传统的技术需要把许多个小部件焊接在一起，这一过程很费劳力，而且很大一部分材料会被切割掉。新的方法则是在钴 - 铬合金粉末床上制造。由计算机控制激光器把激光束精确地打到床上，让所需区域的金属合金熔化，一层一层地产生 20 μm 厚的材料层。这一过程在制造复杂的形状时更加快速，因为机器可以日夜不停地运行。而且总体来说，增材制造技术会

节省材料，因为打印机可以控制形状，避免不规则的突出，制造的时候就不会造成常见的浪费。增材制造特别适合小批量生产形状复杂的部件。

这种增材制造的燃料喷嘴，其重量比传统方法生产的喷嘴减轻了 25%，所需的零件数从 18 个减少到 1 个，并增加了许多过去无法实现的新设计，例如更精巧的冷却路径等，其耐久性也提高了 5 倍[2]，还能承受 3 000 °F（约为 1 648.89℃的高温[3]。这些好处将极大地提升喷嘴的性能。预计 GE 每年将生产超过 3 万个这种喷嘴。

美国联邦航空管理局（FAA）批准 GE 在 90-94B 型发动机上使用 3D 打印的 T25 传感器外壳。这种传感器安装在空气压缩机的前方，作用是为发动机的控制系统测量温度和压力。GE 的工程师发现，用传统方法制作的传感器外壳结冰后，累积的冰层容易进入压缩机，影响压缩机的寿命。因此，他们决定重新设计外壳的形状。但缓解结冰的几何形状无法用传统的制造工艺实现，唯一的方法就是采用 3D 打印。于是，他们用钴铬合金 3D 打印了这款新的传感器外壳，来保护其中精密的电子设备。负责该项目的经理纳森·克拉克（Jonathan Clarke）估计，3D 打印为该项改进节省了至少一年的开发时间。如今，许多现役的波音 777 等飞机都已成功换上了这种新型传感器外壳[4]。除此之外，还有一些涡轮螺旋桨发动机的零件也用增材制造技术生产而成。

GE 的其他部门和 GE 的竞争对手都对此密切关注。制造大型燃气涡轮和风机的 GE 发电设备与水处理部门（GE Power & Water）已经找到了可以用增材制造技术生产的部件，例如某些燃烧组件。GE 健康部门（GE Healthcare）已经开发出一种打印换能器的方法。换能器是超声波机器中使用的一种昂贵的陶瓷部件，过去通常采用微加工的方式生产，需要耗费大量的时间。而用 3D 打印来生产换能器，能一次性打印出模式精巧的探头面，节省了时间[2]。GE 电器部门采用增材制造来进行原型的快速设计和制造，每年可设计出 15 000 个部件[5]。GE 石油和天然气部门则用 3D 打印来生产涡轮机原型和开发新型泵部件。GE 还正与美国能源部合作，共同开发

采用 3D 打印部件的高效海水淡化设备[6]。"这真的从根本上改变了我们对公司的看法,"GE 的首席技术官马克利特尔(Mark Little)如是说。

增材制造让 GE 的产品设计师与铸造及机械加工等传统工艺之间渐行渐远,也让他们的选择更加灵活。增材制造机器可以直接按照计算机模型来工作,这样人们就能发明全新的形状而不用考虑现有的制造限制。"我们现在可以制造之前造不出的结构了。"利特尔说。GE 航空增材制造商务拓展经理格雷格·莫里斯(Greg Morris)说:"你能迅速地迭代,找出哪些设计行得通、哪些行不通,快速改进设计,并且能把这个过程重复很多次,比过去传统技术所允许的次数多得多。"他还表示,在设计那个具有划时代意义的燃料喷嘴时,一共迭代了 50 次,才得到了最终的方案[3]。

为了加速增材制造的产业化,GE 投入了大量的资源。2015 年,GE 花费 2 亿美元在印度建立了工厂,专门生产飞机发动机和风力涡轮机等设备的部件。前文提到的燃料喷嘴就是在这里诞生的。这里还用增材制造技术生产替换零件。在过去,替换零件通常需要大批量生产和存放,耗费了大量的资源。而现在,增材制造技术提高了替换零件的生产速度,周期从 3~5 个月降低到一周左右,并且不需要提前大批量生产,节省了可观的成本[7]。2016 年 4 月,GE 再一次斥巨资在宾夕法尼亚州的匹兹堡建立了增材制造旗舰中心——增材技术进步中心(CATA),旨在研发相关的硬件与软件,探索增材制造在各个领域的实际应用[8]。

GE 的竞争对手、美国飞行器发动机制造商普惠公司也在探索增材制造在航空领域的潜力。2015 年年初,普惠向加拿大航空巨头庞巴迪公司交付了第一批专为 C 系列客机生产的发动机,其中包含了首个用增材制造工艺生产的压缩机定子和同步环支架,这也成为世界上第一批交付使用的增材制造喷射发动机部件。普惠公司表示,增材制造节省了多达 15 个月的前置时间,每个部件的重量平均减轻了 50%。普惠公司也有一个增材制造创新中心[9],于 2013 年与康涅狄格大学共同建立[10]。除了产业界,高校和研究所的科学家也在不断进行新的尝试。2015 年 2 月,澳大利亚莫纳什大学的研究者在实验室中拆解了一款商用飞机的燃气涡轮发动机,扫描部件后,复制出一个完全 3D 打印的发动机,验证了发动机可以完全由增材制造来生产的可能性,并计划在 2017 年制造出可以运转的版本[11]。同年 5 月,GE 的工程师也制造出一个完全 3D 打印的迷你飞机发动机,长约 30cm,高 20cm。经测试发现,这个等比例的简化版本甚至能达到每分钟 33 000 的转速[12]。

空客的飞机上也早已使用了许多 3D 打印的塑料部件,光是最新的空客 A350 XWB 型飞机上就有 1 000 多个 3D 打印的塑料部件,预计 2016 年将开始用增材制造工艺大批量生产金属部件(例如钛合金),2017 年年底将开始加入不锈钢和铝材料[13]。空客的目标是,未来几十年时间内,一半的飞机零件实现增材制造技术生产[14]。

在航天领域,SpaceX 从 2011 年开始探索 3D 打印技术,早期成功的案例包括超级"天龙座"飞船的发动机燃烧室。2014 年 2 月发射的"猎鹰"九号火箭首次将 3D 打印部件带上苍穹。该火箭的 9 个梅林 1D 发动机中,有一个包含 3D 打印的氧化剂阀门阀体。该阀体能在高压、低温和高振动的情况下保持良好的性能,具有比传统阀体更高的强度、耐久性和抗断裂性。更令人称奇的是,该阀体的打印只花了 2 天,而传统的铸造周期可能需要几个月的时间[15]。NASA(美国航天局)也在测试 3D 打印的部件。他们发现，3D 打印的涡轮泵所需的零件数比传统工艺减少了 45%，燃料喷射装置也减少了 200 多个零件，并拥有前所未有的性能[16]。2015 年，NASA 的工程师还 3D 打印了一个全尺寸的铜制火箭燃烧室衬套，增材制造让复杂的冷却气体通道成为可能，能有效避免燃烧室外壁被融化[17]。2016 年 3 月升空的阿特拉斯 V 火箭不仅自身带有 3D 打印的部件（包括管道、整流罩支架、喷嘴等），其搭载的飞船中还为国际空间站送去了第一台商用 3D 打印机。[18]

增材制造的迅速发展在一份行业报告中可见一斑。该领域的权威分析师特里·沃勒斯（Terry Wohlers）在年度报告中称，2015 年，各家公司共购买 808 台可分层打印金属材料的机器。这一数字在 2014 年和 2013 年分别是 550 台和 353 台。数字看起来或许并不大，但这些机器每台均需花费几十万美元甚至上百万美元。

目前，GE 的工程师正开始研究如何用更多的金属合金（包括一些专为 3D 打印设计的材料）来进行增材制造。比如，GE 航空正在检验钛、铝和镍铬合金的可行性。单个部件可以由多种合金制成，这让设计师可以定制部件的材料特征，这是铸造过程做不到的。举个例子，发动机或涡轮机的一片叶片可以由不同的材料制成，这样叶片的一端可以为强度而优化，而另一端则为耐热性而优化。

所有的这一切正在从产品工程师的计算机模型中慢慢走向现实。在接下来的五年时间内，GE 计划在增材制造方面投入 35 亿美元，一部分用于研究如何降低成本；另一部分用来建造工厂，生产用途更加广泛的发动机部件[4]。就目前而言，GE 的发动机喷嘴这个小到可以放在手掌中的部件，将是增材制造技术掀起复杂的高性能产品制造革命的第一次重大检验。

专家点评

陈禹杉

麻省理工企业合作（MIT ILP）中国协调官

增材制造无疑是先进制造技术的一个重要方向，有着十分广阔的发展前景，并且这项技术在制造业领域已开始产生重大的商业影响。增材制造（Additive Manufacturing）指的是通过层叠材料，一次性制成所需物品的一种生产方式。

在最初的时候，受限于工艺技术以及较高的加工成本，增材制造并没有受到太多的青睐，甚至富士康创始人郭台铭表示："3D 打印（工业增材制造）要真有用，我的名字倒过来写！"

然而，随着技术的不断完善和进步，增材制造在某些原料昂贵、加工精度要求特别高的制造领域呈现出越来越大的优势：不仅在加工精度和速度，甚至在成本上，大有一副后来居上，要彻底抢去传统制造法饭碗的架势。

尤其在高端制造业，这一技术的商业应用空间十分广泛。举例而言，航空领域的零件制造和流程十分复杂，一旦出现损坏，只能整体更换，同时成本也非常高昂。而通过增材制造技术，时间和经济成本都能得到大幅提升。

虽然无法确定我国"互联网＋制造业"的产业升级路线最终将驶向何方，但增材制造无疑将是实现这一路线中非常重要的应用类技术。

three
fifty
one

📞 16:01
Incoming Call
Jane Pebble
206-555-5555

🐦 New Message
@techreview
@pebble: A
Transitional Form
of #Wearable
Computer - MIT
Technology

Smart Watches
智能手表

智能手表是装有嵌入式系统、用于增强基于报时等功能的腕表，其功能类似于一台个人数码助理。智能手表可以运行移动程序，与智能手机同步，并提供了电话、短信和电子邮件提醒功能；有多个感测器，实现健康和追踪健身指南的功能。入选《麻省理工科技评论》2013 年度 10 大突破性技术。

撰文：约翰·帕夫卢斯（John Pavlus），段竞宇
摄影：彼得·贝朗格（Peter Belanger）

突破性技术

能从手机上获取特定数据的手表，会让佩戴者只需一瞥便可获得信息。

为什么重要

即使计算变得更加复杂，人们也依然想要简单和易于使用的界面。

主要创新者

- Pebble
- 苹果（Apple）
- 索尼（Sony）
- 摩托罗拉（Motorola）
- MetaWatch

埃里克·米基科夫斯基（Eric Migicovsky）并不是真的想要个"可穿戴式计算机"。当他在五年前第一次设想那个将来会成为 Pebble 智能手表的东西前，他还是荷兰代尔夫特理工大学工业设计专业的学生。他只是想要有个办法来使用智能手机，同时又不会让自行车撞车而已。"我想造个能从手机上获取信息的手表。"这个 26 岁的加拿大人说，"最后我在宿舍里搞出了一个原型。"

现在米基科夫斯基已经售出了 85 000 块 Pebble 手表，那些狂热的顾客们不想仅仅为了检查他们的电子邮件或看看天气预报，就得从口袋里拽出一块玻璃板来。Pebble 用蓝牙无线连接到 iPhone 或安卓手机，并显示通知、短信以及其他用户想在手表的黑白小液晶屏上显示的简单数据。在 2012 年 4 月，米基科夫斯基

在众筹平台网站 Kickstarter 上发起了 10 万美元的资金募集，来帮助 Pebble 上市。五周后，他募集到了一千多万美元——这让他成了当时 Kickstarter 上最火的募资者。一夜之间，智能手表变成了一个真正的产品类别：索尼 2012 年进入这个市场，三星正要进入，而苹果看起来也会跟进。

虽然售价 150 美元的 Pebble 手表可以用来控制音乐播放列表或运行一些简单应用，比如基于云计算的健身追踪器 RunKepper 等，但是米基科夫斯基和他的团队还是特意设计过，让手机运行更复杂的应用程序，而让手表做的事情尽可能地少。这种对手表"一瞥便知"功能的重视，几乎表现在设计的每一个方面。例如，它的黑白屏幕可以在阳光直射下阅读，并且能持续显示内容，而

无需像彩色或触摸屏那样需要休眠来节省电池电量。

Pebble 手表会比"谷歌眼镜"早几个月上市。谷歌眼镜是另一种试图解决问题的方式，而这个由 Pebble 定义的问题，可以表述为"与我们的手机进行交互，需要一定的成本，而实际上这些成本并无必要"。青蛙设计公司（Solar Microgrids）的首席创意官马克·罗尔斯顿说。但是，谷歌眼镜试图以在眼镜框上集成计算机和显示器的方式来彻底取代智能手机，让佩戴者可以用叠加的相关数据来"增强"视野。分析一下关于可穿戴计算的未来预测，很容易看出，Pebble 的设想会更受欢迎。通过用手表这样一种经典的配件，Pebble 试图适应长久以来的社会规范，而不是重新创立。

百花齐放

2015 年对智能手表意义非凡，苹果发布了期待已久的 Apple Watch，三星首次发布了圆形显示屏智能手表，Pebble 也在他们的生产线上新添了三个新型号。这一系列热闹的科技发布会并不意味着智能手表能跟智能手机相提并论，但是科技大佬的加入已经让智能手表这个话题进入了平常百姓的生活[1]。整个智能手表市场可谓百花齐放。

在小小一块智能手表的弹丸之地，各大公司珍惜每一寸"土地"做文章。Sony 和 Pebble 采用 LCD 显示屏，价格便宜，续航时间长；三星和苹果则采用 AMOLED 显示屏，色彩更加绚丽但是价格稍贵。Moto 360 的表盘被称为是迄今为止最为优雅的智能手表设计，而 Pebble 的简约线条也颇受消费者喜爱。还有表盘材质、表带材料、生态系统、防水深度等都是各大智能手表生产商寸土必争的战场。

与此同时，传统制表商 Fossil 也想在智能手表领域分一杯羹，从简单的健康手环开始，Fossil 的智能手表在一步步进化到完全版，他们显然已经有清晰的蓝图。他们想让自家的智能手表跟传统 Fossil 表一样笨重精致，"如果智能手表最终将完全取代传统手表，那么智能手表至少要长得跟传统手表没什么区别才行，因为有些人是很难适应改变的。"2015

年 9 月苹果发布的 Apple Watch 爱马仕系列，标志着时尚界也出现了智能手表的身影。一年前想去百货超市选购一款 LG 或者三星的智能手表似乎不太可能，但伴随着传统钟表商和时尚界的涉足，这些都将变成现实。下次你进商场选购手表时，你可能都不会意识到你是在盯着一块智能手表看。

智能手表的生态系统在迅速扩展，现在有专门的软件公司给智能手表供应支持游戏和提升生产力的 App。Pebble 兑现了其在 Kickstarer 众筹中的承诺，2015 年年初已经拥有 4 000 款不同的应用；在 2015 年 9 月的发布会上，苹果掌门人 Tim Cook 宣布苹果智能手表上可搭载的应用数量已经破万，其中包括热门的 Facebook Messenger 和 GoPro。

来自 Juniper Research 的年度智能手表报告[2]显示，Apple Watch 在 2015 年全球智能手表的出货量占据 52%，而主要竞争对手 Android wear 的总出货量仅占不到 10%。考虑到苹果在 2015 年 4 月才发布第一款智能手表，Apple Watch 的人气毋庸置疑远超其他竞争者。

智能手表唯一的缺点就是价格仍然居高不下，同时手表还没有完全脱离智能手机的支持。移动支付？掏出手机一样方便；健康管理？手环好像性价比更高。在科技网站 TheVerge 最新的一项问卷调查中，有 47% 的人选择了"拥有一块智能手表，觉得很有用"，但是有 15% 的人选择了"有过但是退了，觉得不值得"。

新宠（智能手表式微）

众所周知，健康管理是如今可穿戴设备中最火的一块。除了火遍全球的 Apple Watch 以外，其他的可穿戴设备在健康管理的市场上如鱼得水。来自 Juniper Research 的最新调查报告显示，健康类可穿戴设备将在未来三四年主导可穿戴设备市场。与此同时，智能手表在接下来的三年内逐渐式微，当然总体使用智能手表的人数仍然会增加。该报告预计，到 2019 年年底，全球将有 1.1 亿名健康类可穿戴设备的使用者，智能手表的用户人数也会达到 1.3 亿。[3]

健康类可穿戴设备的人气增长不是没有原因的，显而易见它给人们提供了更珍贵的健康信息，同时健康类可穿戴设备比智能手表更加便宜（最便宜的

Apple Watch 的售价为 299 美元，而 Misfit 手环只要 79 美元）。而且随着技术的发展，健康类可穿戴设备的功能也逐渐拓展到了智能手表的领域。Juniper 的报告显示，已经有越来越多的健康类可穿戴设备具有接听来电、未接提醒等智能手表的功能。

未来电子设备的发展离不开资本的推动，健康类可穿戴设备已经开始成为职业体育俱乐部训练中不可或缺的一部分。集成健康数据监控的运动服饰拥有潜在的广阔市场。不久的将来，Juniper 预计健康类可穿戴设备接收的数据会成为俱乐部聘用运动员的重要参考标准，甚至有可能在合同上要求运动员日常穿上有健康数据监控的运动服饰来分析队员每日的身体状况。

"可穿戴设备检测身体健康数据有很好的前景，但并不意味着智能手表就会这么告别大众。"Juniper 的研究员詹姆斯·莫瓦尔说，"一旦智能手表能够脱离智能手机的支持，独立处理各项日常事务，人们还是会考虑选择智能手表的。随着数据存储和处理器的提升，那个时候我们也将看到更多丰富的可穿戴设备应用"。[4]

专家点评

刘云璐
阿里云研究中心专家

把智能手机的功能与传统手表的时尚结合，碰撞出智能手表，一出世就受到了众人瞩目。智能手表承载了走在时尚前沿人士的高期待。各大手机和电子产品品牌也相继推出了自己的产品。同时，一些时尚品牌和传统手表制造商也关注到这一趋势，期望通过智能手表给制表和时尚界注入一些新的元素和活力。

然而，初期的期待和热情经过一段时间的沉淀，智能手表渐渐回归理性。智能手表目前仍缺乏痛点的

应用场景，特别是智能手表与智能手机的绑定，让智能手表的作用大打折扣。在佩戴智能手表的同时，还需要携带智能手机，让一些本着便捷需求的用户望而却步。同时，智能手环的兴起，让一些具有健康、时尚需求的用户转移了阵地。因此，智能手表如果不想成为昙花一现的噱头，还需要挖掘出能引起消费者痛点的应用场景。其与智能手机的解绑定，满足有便捷需求的用户，必然会为它的广泛应用起到关键性作用。

Memory Implants
移植记忆

记忆是我们都有的东西，人若没有了记忆将会怎样？其实，人类的脑部极为脆弱，不管是脑部严重创伤、中风或是阿尔茨海默症都有可能造成记忆的丧失。相信很多人都会有一些记不清的事情，这也是记忆缺失的一种体现，但其实这些记忆并不都是永久消失了，也有可能是深埋了起来，就像一座宝藏等待着你去发掘。洛杉矶南加州大学的一位神经科学家西奥多·伯杰（Theodore Berger）就发现了一种方式，能沿着记忆的"痕迹"将这些记忆找回来。西奥多·伯杰的"移植记忆"被《麻省理工科技评论》评为2013年10大突破性技术之一。接下来我们将通过讲述它的故事来向大家介绍这项神奇的技术。

撰文：乔恩·科恩（Jon Cohen），杨一鸣
制图：丹·温特斯（Dan Winters）

突破性技术

动物实验显示，植入的电极可能纠正记忆问题。

为什么重要

脑损伤可能会让人失去形成长期记忆的能力。

主要创新者

- 西奥多·伯杰 (Theodore Berger)，南加州大学
- 萨姆·戴维勒 (Sam Deadwyler)，维克弗斯特 (Wake Forest)
- 格雷特·耶哈特 (Greg Gerhardt)，肯塔基大学
- 美国国防先进研究计划局 (DARPA)

西奥多·伯杰（Theodore Berger）是洛杉矶南加州大学的生物医学工程师、神经科学家，按他的设想，就在不远的将来，严重失忆的病人能够靠移植电极恢复记忆。阿尔茨海默症、中风或外伤的病人脑部受损，往往因为神经网络被破坏而难以形成长期记忆。伯杰经过二十多年的研究，设计出一种硅芯片，可以模拟大脑神经元正常活动时的信号加工过程——我们因此得以回忆起长于1分钟的经验和知识。伯杰最终希望能将类似的芯片移植到人脑，帮助病人再次拥有产生长期记忆的能力。

"疯子"与"远见先锋"

这一想法实在超凡，与神经科学的主流观点相去甚远，难怪伯杰说自己被很多同事评价为疯狂。"很早以前他们就对我说我是疯子。"伯杰坐在实验室隔壁的会议间里大笑着说。不过，当他的课题组和几个密切合作的实验室拿出了成果后，伯杰身上的"疯狂"标签正在淡去，而渐渐被赋予"远见先锋"的光环。

伯杰与他的研究伙伴已经在大鼠和猴脑上的实验结果显示，用电极外接的硅芯片能够像真正的神经元一样处理信息。对此，伯杰很通俗易懂地解释道："我们所做的，不是把一段段记忆放进脑中，而是把生成记忆的能力放进脑中。"2012年秋天，伯杰等人发表了一组令人惊叹的实验，其中他们还成功帮助一只猴子恢复了长期记忆，用的就是这种技术。[1]

假如你觉得移植记忆听着不太靠谱，伯杰会跟你说说他近年来在神经假体方面的其他成果。例如耳蜗移植，将声音转换为电信号并送至听觉神经，如今已帮助超过20万的听障者恢复听力。先前还有实验显示，瘫痪人士能够在植入电极的帮助下利用意念移动机械臂。此外，研究人员在用于盲人的人工视网膜上也获得了初步成功。

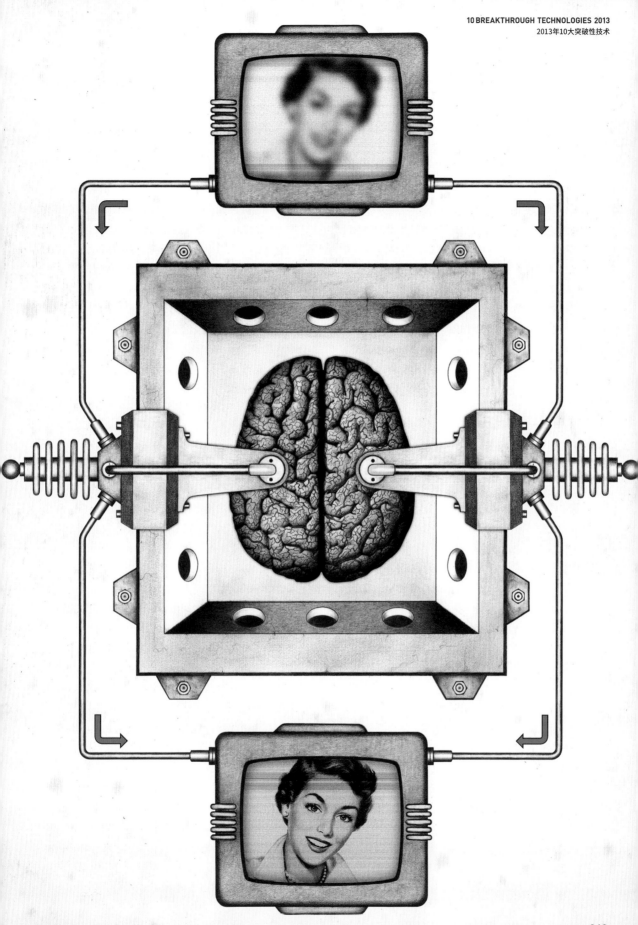

不过，恢复一种大脑认知功能远远比取得上述成果要难得多。伯杰花费了 35 年之久力图弄清有关大脑中海马体神经元活动的基本问题，海马体是目前已知与记忆形成有关的一个脑区。在脑神经学界，海马体把短期记忆转化成长期记忆，这一点已经十分明确。

不过，对于海马体是如何完成这种复杂的转变工作的，却还远远谈不上明确。伯杰利用数学定理描述海马体神经元之间传送的电信号如何形成长期记忆，并证明实际情况与他推导出的公式相符。"你用不着把大脑做的全部事情都做出来，但起码，你是不是可以模拟真实大脑所做的一部分事情呢？"他问，"能不能建个模型并用到装置中去？能不能把装置应用到任何一个大脑中去？正是这三件事情让别人认为我疯了。其实是他们觉得这件事太困难了。"

破解密码

伯杰讲话经常长篇大论，附带各种补充、各种说明，还有 180 度的大喘气。我请他给记忆一个定义，他说："记忆是特定的一群神经元在一段时间所产生的一连串神经脉冲。其重要之处在于，你可以这么简化并把它放进一个框架。你不但能够从已有的生物活动上理解记忆，而且你能够触动记忆、处理记忆，还可以放进一根电极记录符合你定义的一段记忆。你能够找到属于这段记忆的 2 147 个神经元，它们产生的是什么呢？它们产生的是一连串脉冲。这可不是莫名其妙的东西，而是你能够掌控的。这一点非常有用，这就是实际情况。"

关于记忆的传统观点就是如此，不过显得十分晦涩。而让伯杰一再感到挫败的是，很多在这个神秘领域探究的同事并未努力深入。神经科学家靠监测动作电位（神经元表面微伏范围内的电压变化）来追踪脑中的电信号。可是，伯杰说，他们的报告常常过分简化了真实发生的事。"他们发现外界环境中有件重要的事，然后数了数动作电位，"他说，"之后就说，'我做了某某之后神经活动从 1 跳到了 200，我发现了一个有趣的现象'。你说你发现了什么啊？'活动增强。'可你发现的是什么？'活动增强。'那又怎样？它编码了什么吗？它代表着后面的神经元在意什么？它会让后面的神经元有什么不同的反应吗？我们应该要做的是解释而不是描述。"

伯杰拿了支签字笔在白板上从上到下画了一列圆圈，代表神经元，每个圆圈底下还有一条左右两头不一样的水平线。"这是我大脑中的你，"他说，"我的海马体已经对你形成了长期记忆，所以接下来的几个星期我会记得你。可我是怎么把你和其他人区分开来的呢？咱们就比方说海马体里有 50 万个细胞代表你吧，这些细胞编码了各种各样的内容，比如你的鼻子和眉毛之间的关系等，这样一来它们对每个人的编码就不一样。所以神经系统的实际情况很复杂，这也是为什么我们现如今还在问那些有限定条件的、基础的问题。"

伯杰在哈佛读研究生时的导师是理查·汤普森（Richard Thompson），研究脑中由学习引起的局部变化。汤普森用声音和喷气作为条件训练兔子，让它们眨眼，目的是确定他激发出的记忆储存在哪里。他们的想法是定位学习所在的特异脑区，就像伯杰说的："动物要是真的学会了，你把那个部位去除，它们就不再记得。"

汤普森在伯杰的协助下成功完成了这一实验，并于 1976 年发表了他们的结论。为了找到特定的脑区，他们在兔脑上装了电极，监测单个神经元的活动。神经元的细胞膜上有控制带电离子（比如钠离子、钾离子）进出的门。汤普森和伯杰记录了兔子形成一段记忆时在海马区可以观察到的神经发放。神经发放的峰电位无论是幅度（代表动作电位）还是跨度都有一定规律。伯杰认为，细胞发放具有与时间相关的模式，这不可能是无意形成的。[2]

于是他开始关注一个问题，也是当前工作的核心问题：当细胞接收和发送电信号时，输入和输出的定量关系是以什么样的模式来描述的？也就是说，假设一个神经元在特定的时间和位置发放，邻近的神经元究竟会作何反应？这一问题的答案可以揭示神经元用于形成长期记忆的编码。

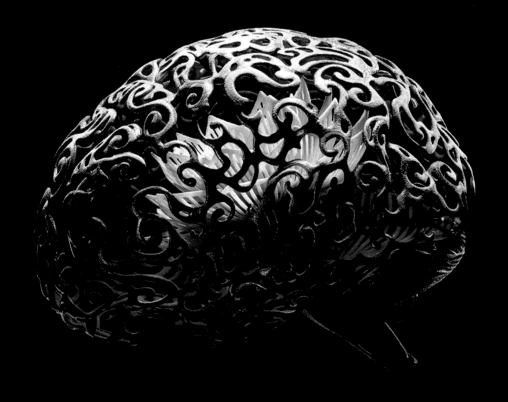

很快他就明白答案实在是太复杂了。20 世纪 80 年代后期，伯杰在匹兹堡大学与罗伯特·斯科拉巴斯（Robert Sclabassi）一起工作，此时他对海马体神经网络的特性产生了浓厚兴趣。他们给兔子的海马体施加电脉冲刺激（输入），并记录信号是怎么通过不同神经元群（输出）的。他们观察到，两者并非线性关系。"我们说你输入 1 得到 2，"伯杰解释，"很简单吧，这是个线性关系。"可结果是，"大脑中根本不存在这种情况，让你得到线性活动、线性叠加。"他说，"永远都是非线性的。"

信号与信号重叠，有的削弱进入的脉冲信号，有的则加强脉冲信号。到了 20 世纪 90 年代早期，伯杰对海马体神经网络的理解进一步加深，再加上当时的计算机硬件也有进步，让他能够与南加州大学工程系的同事开始制作计算机芯片来模拟海马体某些分区的信号处理。"显然，要是我可以让这玩意儿在硬件上大批量工作，就相当于一部分大脑了。"他说，"为什么不把它连到大脑中已有的部分去呢？所以我在别人都还没有想到之前早就琢磨起假体来了。"

移植脑

伯杰开始和南加州大学的生物医学工程师瓦西里

西奥多·伯杰的职业生涯就是试图理解神经元如何形成记忆

斯·马尔马莱雷斯（Vasilis Marmarelis）一起着手制作大脑假体。他们首先将芯片用于大鼠的海马体脑片。研究人员知道神经信号会从海马体的一头传到另一头，于是他们给海马体发送随机脉冲，并记录各个部位的信号，看这些信号会如何转换，再导出可以描述这种转换的数学方程。然后他们将方程应用到计算机芯片中。

下一步要看芯片是否能够作为假体替代海马体的受损部位，为此研究人员试着在脑片中建立旁支作为信号通路的中枢组成。其中放置的电极将电脉冲输送到外接的芯片，由芯片完成正常情况下由海马体负责的信号转换工作，然后通过其他电极把信号传回脑片。

接着，研究人员又前进了一大步：在大鼠活体上实验结果，用以说明计算机能够真正作为人工的海马体组成部分起作用。首先，他们训练实验鼠按操纵杆来获取奖励，当它们选中了两个操纵杆中正确的那个时，研究人员将其海马体的一连串脉冲记录下来。用这些数据，伯杰团队建立了模型，来描述大鼠把所受训练转变为长期记忆时信号以什么方式完成转换，他们还得出了可以表征这段记忆本身的编码。实验证明，大鼠学会任务时其大脑中被记录下来的信号作为输入信号，伯杰的装置可以据此生成长期记忆编码。然后他们用药物干扰大鼠长期记忆的形成，让它们忘记哪个操纵杆是提供奖励的。当研究人员用编码的电脉冲刺激给药大鼠的大脑时，它们又能选对操纵杆了。

2012年，这些科学家发表了在灵长类动物前额叶上完成的实验结果，这个脑区提取海马体生成的长期记忆。他们在猴脑中放置电极，获取前额叶皮层中形成的电脉冲编码。他们认为，实验猴能够记住之前看到的图像正是依靠这些编码。随后他们用可卡因损坏实验猴的前额叶。当植入的电极把正确的编码发送给猴子的前额叶后，猴子在图像识别任务上的表现有了显著提高。

在接下来的两年内，伯杰等人希望在动物大脑中植入真正的记忆装置，并想证明他们的海马体芯片能够在各种不同的行为状态中形成长期记忆。可能他们得出的编码只不过与那些特定任务有关，无法推广。伯杰承认是有这种可能，他的芯片或许只在数量有限的情境中能够形成长期记忆。不过他也指出，大脑能做的事情受其形态学和生物物理学特性的限制。假如大多数人生活的环境中有半数情况能因这项技术恢复长期记忆，那他就会非常非常高兴了。

下一个目标，人类!

因为他们研发的技术在动物例如猴子、老鼠身上得到很好的应用，所以伯杰和同事正在积极计划人体研究。"过去我完全没有想到这会在人体上发生，现在我们讨论的却是何时发生、如何发生，"他说，"以前根本想不到自己会活着看到这一天，可现在我相信我会看到的。"而就在2014年，人类植入芯片的首次尝试由伯杰领军的团队完成了。他们招募了12名癫痫患者，然后开始小心翼翼地进行患者身上的活体实验。这些患者的脑部已经有镶嵌的电极以追踪他们癫痫的发作期。伯杰也表示，若真能成功的话，这将对这些患者有利无害。实验中，癫痫患者被要求看一系列的图片，并要在90秒后重新回想这些图片。与此同时，研究团队记录下他们脑部电波的情况，并依次设计出一个专属于人类的记忆密码推算算法，而这个算法的准确率大约是80%。虽然不是完美的数字，但也是一个很好的开始。笔者也隐约嗅到了大数据的味道，毕竟伯杰教授也算是计算机科学和脑神经学的集大成者，时下最火热的大数据和机器学习都应该能在此技术中有所应用。将大量的数据输入人类的记忆密码推算算法，没准也能提高它的准确率。

一旦这样的技术能成功完善，它在增强记忆和恢复记忆方面的应用是不可限量的。其实，除了记忆方面的研究有突破性进展，在治疗瘫痪方向，大脑植入芯片也创造了自己的神奇。两年前，因潜水事故瘫痪的美国小伙子、24岁的伊恩·伯克哈特（Ian Burkhart）接受了俄亥俄州立大学医学中心开发的大脑芯片植入，成为这项技术的首名志愿实验者。这是一项尖端新技术，需要在瘫痪者的大脑内植入芯片，然后通过电脑软件的帮助让瘫痪者重新控制

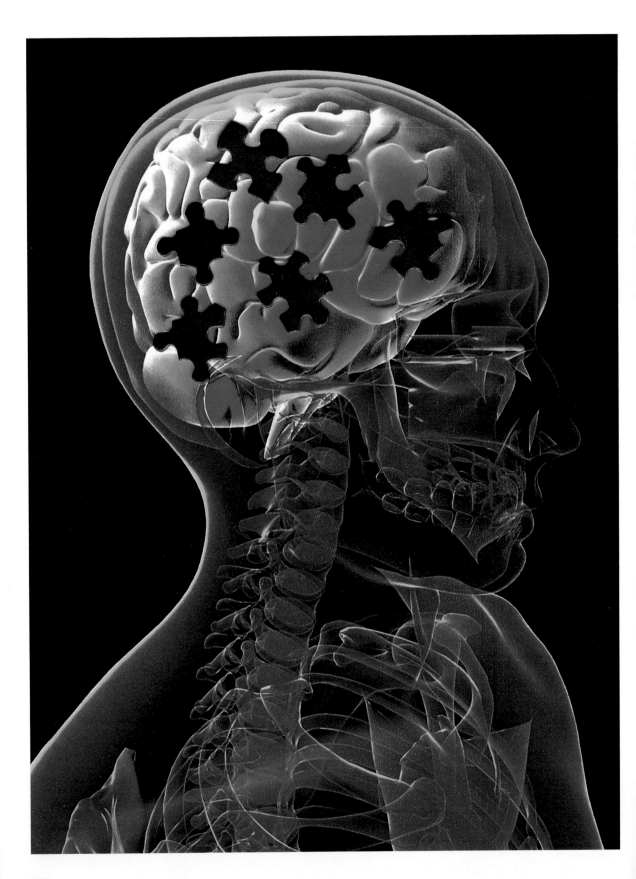

自己的身体。经过两年的时间，这个小伙子已经能够再次活动自己的手指，甚至能够控制单根手指来玩弹吉他的计算机游戏，这在全世界范围尚属首例。而这个成功的案例不久前在《Nature News》上被报道了，而与之相关的研究成果也发表在了《Nature》8月的正刊上。[3]

原理说起来很简单，就是通过植入大脑的芯片捕捉大脑信号，然后将这些信号经计算机软件处理成为可以刺激肌肉的电脉冲信号。没错，就是像"电击青蛙腓肠肌实验"那样，用电来指示肌肉的运动，不过伯克哈特的右前臂上绑有的电极不止一个，而是130个电极，用来接触和刺激不同的手臂肌肉。这些高科技看起来还是十分犀利的。其实伯克哈特从瘫痪到能动手指，这一过程也是十分漫长而艰难的。"你真的必须要把动作的每一个部分都打碎分解开来，集中全部精神来思考这个动作。"伯克哈特说，而对于刚刚开始的那段时间，他认为像是经历了一场"精疲力竭的考试"。不过随着练习的增多，他的"动作"渐入佳境。他梦想有一天能够完全恢复两只手的正常功能，从而生活得更加独立。阿里·雷扎伊是为伯克哈特植入大脑芯片的神经外科医生，

他认为这项技术为瘫痪者提供了"真正的希望"。他也相信，未来随着这项技术的发展成熟，将有更多因为脊椎损伤、颅脑损伤或中风而瘫痪的病人能重拾部分肢体机能，开始尝试独立生活。

其实，全球各个国家对于人脑的研究都是十分关注的，继欧盟投入10亿美元的"人类大脑计划"、美国投入30亿美元的"大脑基金计划"之后，"中国版人脑工程"计划也将成为国内科学界未来关注的重点。另外，中国"十三五"规划纲要确定了一批科技创新2030重大科技项目和工程，其中，重大科技项目有6个，脑科学与类脑研究位列其中。毕竟人脑被认为是人身上最复杂而又最重要的器官，掌管人类情感、逻辑思维、记忆、运动等能力，用植入芯片和软件来模拟这样一个庞大而复杂的控制中心的技术难度也是巨大的。伯杰教授从刚出道的1984年到现在，已经在大脑记忆课题上徘徊了30多年，才刚刚看见一点曙光。不过，随着信息产业的高速发展，硬件和软件部分的提升也是十分迅速的。也许在不久的将来，大脑植入芯片增强和恢复记忆的技术会大范围地在临床上得到应用。

10 Breakthrough Technologies

2012

2012 年 **10** 大突破性技术

10

Egg Stem Cells
卵原干细胞

2012 年 2 月，哈佛大学生殖生物学家乔纳森·蒂利（Jonathan Tilly）宣布，成年女性的卵巢中依然携带着卵原干细胞。这项发现改写了生物学教科书，有望提升女性卵子的质量，延长女性受孕的年龄。这项技术入选《麻省理工科技评论》2012 年度 10 大突破性技术。

撰文：凯伦·温特劳布 (Karen Weintraub)，汪婕舒

代表创新者

乔纳森·蒂利, OvaScience, 美国波士顿

技术要点

卵巢组织中的干细胞可以形成新的卵子或被用来恢复女性现有卵子的活力。

其他知名创新者

伊夫林·特尔弗 (Evelyn Telfer)，苏格兰爱丁堡大学
戴维·阿尔贝蒂尼 (David Albertini)，堪萨斯大学

乔纳森·蒂利（Jonathan Tilly）可能已找到一种减缓女性生物钟进程的新方法。在 2012 年 2 月发表在期刊《自然 - 医学》上的一篇论文中，这位哈佛大学的生殖生物学家及其同事报告称，成年女性的卵巢里仍携带卵原干细胞——这一机制很可能是延长女性受孕年龄的关键。

改写生物学教材的发现

一直以来，生物学教科书上都有一条金科玉律——雌性哺乳动物的生殖干细胞在个体发育的早期就已全部减数分裂，发育为初级卵母细胞；出生时，卵巢中就已经携带了一生所拥有的全部卵母细胞（一种不成熟的卵细胞）。人类也不例外。蒂利在接受《自然》杂志采访时，将女性一生的卵细胞形象地比喻

为一个金额固定的"银行账户"[1]。当女性到达青春期后，在每个月排卵之时，卵母细胞会逐个发育成熟，成为卵子，就好像从"银行账户"往外取钱。当账户用尽，女性就进入更年期，此后月经停止，不再排卵。因此，女性的生育能力就受限于卵子的总供应量，以及这些卵子随年龄增长的品质。而蒂利在干细胞（能够分化或发育成其他细胞的细胞）领域的工作或许能够解决这两个问题，改写生物学教科书。首先，他认为他发现的细胞经过培育可以发育成为新的卵子；其次，即便培育不成功，也可以用来恢复高龄女性现有卵子的活力。

回溯这一激动人心的发现，要把时间拨回到 2004 年。那一年，蒂利在《自然》上发表论文称，小鼠体内存在卵原干细胞，在出生后仍源源不断地补充新的卵母细胞。这一发现震惊了世界，同时也遭到了同行的质疑。接下来的几年里，他做了许多实验来验证自己的发现，但他的反对者一直声称无法重复他的实验，争议陷入胶着。2009 年，上海交通大学的吴际教授团队在《自然 - 细胞生物学》[2] 上发表论文称，他们利用一种在细胞表面表达的生殖细胞特异性标记蛋白 DDx4 从成年大鼠的卵巢组织中分离得到了"疑似"卵原干细胞，甚至还用其发育出的卵子让不孕大鼠生出了转基因鼠。但世界上的其他实验室依然无法重复该实验。直到 2012 年，蒂利的团队对实验技术进行了改进，宣布在成年女性的卵巢组织中发现了卵原干细胞，于是就有了本文开头那一幕。他用 DDx4 将这些细胞分离出来，注入人的卵巢组织，随后又将卵巢组织植入小鼠体内。结果，这些干细胞分化成了人类

卵母细胞。蒂利没有对这些人类卵母细胞作进一步的研究，但他表示，自己已经从小鼠体内提取到卵原干细胞，生成功能性的小鼠卵细胞。这些卵细胞已经受精，并已开始展现出早期的胚胎发育。他说，后续的研究表明，女性到40多岁依然拥有卵原干细胞[1]。

想从卵原干细胞创造出一个活生生的人类新生儿，依然有很长的路要走。但蒂利认为，这项研究改变了我们对于女性生育能力的认知。"小女孩在出生时获得的卵子银行账户已经开启了持续的存款。"蒂利对《自然》杂志说[1]。这篇轰动一时的论文发表之时，他同时还担任着麻省总医院生殖生物学中心主任一职。而今，他已被美国东北大学聘用，担任生物系教授及系主任[3]。

"我认为这是非常有趣的一个突破。"弗吉尼亚联邦大学（Virginia Commonwealth University）生殖内分泌和不育部门主任兼副教授伊莉莎白·麦吉（Elizabeth McGee）说，"不过，我认为这项研究距离真正应用于女性身上仍有很长的一段路要走。"堪萨斯大学医学中心生殖科学中心主任戴维·阿尔贝蒂尼（David Albertini）表示，他迫不及待地要将蒂利的卵母干细胞拿到手，以用于自己的卵子研究。阿尔贝蒂尼同时也是 OvaScience 公司顾问委员会成员。但他也表示，在老鼠身上进行更多的测试之前，考虑将其移植到女性体内仍为时过早。

不过，蒂利的一些同行对他在女性卵巢组织中发现的细胞是否就是卵原干细胞，或者能否发育成功能性的卵细胞，依然心存疑虑；与此同时，他的实验方法也遭到了多方质疑。例如，瑞典哥德堡大学的刘奎教授认为，DDx4 蛋白位于细胞质内，而非细胞表面，使用基于抗体的细胞筛选是值得商榷的，因此他认为蒂利报道的干细胞并非真正的干细胞。还有一些科学家怀疑他们提纯使用的抗体不具备特异性。刘奎在采访中表示，研究人员不应该在获得确凿的证据之前过分解读自己的成果，做出不负责任的承诺，从而让患者对新疗法产生错误的希望[4]。面对于刘奎对实验方法的质疑，与蒂利使用同样的 DDx4 方法的吴际教授则认为，刘奎使用的细胞分离流程与他们不同，无法做比较[5]。也有一些反对者在亲眼见到实验之后加入了支持阵营，例如苏格兰爱丁堡大学的细胞生物学家伊夫林·特尔弗（Evelyn Telfer）在拜访吴际后，由怀疑转向相信[6]。"我看到了那些细胞的行为，"她在参观完蒂利的实验室后说，"它们具有说服力，令人印象深刻。"现在，她已经在和蒂利合作有关干细胞的项目[7]。一时间，一石激起千层浪，整个生殖医学领域众说纷纭。

商业化应用

然而，对于那些坚信卵原干细胞的人来说，这是一项巨大的进步和商机。目前，波士顿的 OvaScience 公司正在对蒂利的研究工作进行商业化，他们希望能尽快将理论转化为实用技术。这家公司的联合创办人包括风险投资人克里斯托弗·韦斯特法尔（Christoph Westphal）以及哈佛大学抗衰老专家戴维·辛克莱尔（David Sinclair）。他们成立了赛特里斯制药公司（Sirtris Pharmaceuticals），并在 2008 年以 7.2 亿美元的价格出售给葛兰素史克。2011 年，OvaScience 刚成立时，从风投那里获得 4 000 多万美元的投资，用以开发卵原干细胞在生育治疗等领域的应用。2012 年上市以后，公司又募集到超过 2 亿美元的资金[6]。

这项技术更令人兴奋的一项意义在于，它可以使高龄妇女的卵子再现青春。随着年龄的增长，女性卵子的质量会下降，主要是因为细胞内的线粒体衰退。线粒体是细胞的动力来源，被称为细胞内的"分子工厂"。线粒体拥有自己独特的 DNA，只能通过母亲遗传。而母亲的年龄越大，卵子内的线粒体就越可能存在问题。2014 年，美国宾夕法尼亚州立大学的生物学教授卡捷琳娜·马科娃（Kateryna Makova）和同事发现，母亲怀孕时年龄越大，所生孩子的线粒体突变就越多[8]。这降低了高龄妇女的怀孕率。即便采用体外人工授精的方法，接近 40 岁的女性的成功率也只有 38%，而 40 岁出头的女性的成功率只有 18%[9]。蒂利表示，将干细胞生成的细胞内的线粒体转移至现有卵子中，可以逆转时空，成功实现这一创举。这正是 OvaScience 公司的主要研究方向。

将健康细胞中的线粒体植入老化的卵子内让卵子恢复活力的想法由来已久。2000 年，新泽西州圣巴拿巴生殖医学与科学研究所的雅克·科恩（Jacques Cohen）曾进行了一种叫作"卵胞质移植"的类似研究。研究者发现，将年轻女性捐赠者的卵子中的细胞质（包含线粒体）植入30名不孕女性的卵子中，确实可以提升高龄女性卵子的活力。但这种方法有可能会造成线粒体异质性。此外，一年后，他们对研究过程中诞生的近30名孩子中的12名进行了检查，发现其中有2名因此带上了3个人——自己的父母与第三名捐赠女性——的DNA（现在也不清楚这些孩子是否存在健康问题）[10]。这项研究因此在一片抗议声中被叫停，但却给了蒂利许多启发[6]。

除了治疗不孕症之外，这种方法还有助于防止线粒体疾病。线粒体DNA突变可能会带来很多疾病，例如KSS综合征（全称"进行性眼外肌麻痹综合症"）。2015年，英国正式批准了线粒体DNA替代疗法，就是将线粒体缺陷的卵子遗传物质转移到拥有健康线粒体的捐赠者卵子内。预计第一个"三亲婴儿"将于2016年出生。用这种方法孕育的婴儿基因中有0.1%（线粒体DNA）来自第三名女性。这件事引起了全世界的关注，点燃了一场伦理大讨论[11]。然而，假如女性能为自身提供年轻的线粒体，就可以完全避免这种伦理危机，也能如蒂利所说，避免DNA混合的潜在风险。这正是OvaScience的理论基础。

目前，OvaScience公司已经商业化了一项利用卵原干细胞的不孕疗法Augment。这是一种针对体外受精多次失败的不孕患者的"自体线粒体移植法"。通过腹腔镜手术取出一小片卵巢外层组织，分离出卵原前体细胞（也就是蒂利发现的"卵原干细胞"），将其中的线粒体提取出来，并移植到患者自身的卵子内，以期增强卵子的活力和提高体外受精的成功率[12]。但由于缺少正式的研究数据，美国食品与药物监督局（FDA）尚未批准这一疗法，因此他们只能在加拿大、巴拿马、西班牙和日本等几个国家的诊所开展业务[8]。

2015年4月，OvaScience宣布，卵原干细胞疗法取得了第一个成功案例——世界上第一个干细胞婴儿诞生了。除此之外，有36名来自4个不同国家的女性尝试了这项疗法，其中8名已经怀孕。蛰伏

数年之后，卵原干细胞再一次重回人们的视线。OvaScience甚至宣布，要在2015年年底之前完成1 000例。这个干细胞婴儿名叫扎因·拉贾尼（Zain Rajani），出生在加拿大。他的母亲在4年时间内尝试了包括体外人工授精在内的各种不孕疗法，但都因卵子质量太差而一无所获。直到2014年，她在OvaScience帮助下，用自身卵原干细胞内的线粒体让卵子恢复了活力，成功孕育了一名健康的婴儿，还冷冻了几枚卵子，以备后续之需。蒂利认为，这项技术弥补了体外人工受精疗法的真空地带[9]。

然而，依然有许多专家对此持怀疑态度。除了那些对蒂利的提纯技术颇有微词、以致根本不相信那就是卵原干细胞的专家之外，还有一些人认为这项技术缺乏足够的数据支持。英国纽卡斯尔大学的生殖医学教授艾莉森·默多克（Alison Murdoch）认为这项技术在疗效和安全性上都缺乏足够的证据。她认为高龄女性卵子质量的根本问题在于细胞核基因组，而与线粒体无关，因此补充线粒体是于事无补的，并且在发育的敏感时期对胚胎进行操纵也可能会带来很多意想不到的问题，因此安全性有待考察。英国生育协会主席、生殖医学教授亚当·巴伦（Adam Balen）则表示，一个婴儿的出生并不能证明这项技术就是成功的原因[13]。但OvaScience的CEO米歇尔·迪普（Michelle Dipp）回应说，他们的医生已经在期刊上发表论文，报告这项技术为患者提升了10倍的怀孕率。然而，曾在FDA工作过的纽约大学不孕专家大卫·基夫（David Keefe）则认为这个数据是在玩文字游戏[6]。

有数据表明，截至2015年11月，共有17名采用了这种疗法的婴儿出生[6]。但到2015年年底，因诊所并购等原因，OvaScience宣称的"1000例"目标未能完成，导致其股价暴跌50%。但是，Augment疗法并不是他们的唯一武器。除了卵原干细胞线粒体移植之外，OvaScience还在研发两项尚未商业化的技术：一是将卵原干细胞移植到卵巢中，让其成长为成熟的卵子并形成卵泡；二是在体外将卵原干细胞培养成卵子。第一项技术已经在啮齿类和非人灵长类动物身上积累了众多实验数据[14]，或许近期就能看到它的新进展。

争议仍在继续

尽管 OvaScience 取得了令人瞩目的进展，但关于卵原干细胞的争论和相关的研究仍未落幕。甚至有人发现，扑朔迷离的卵原干细胞或许并不是产生卵子的唯一途径。日本京都大学的林克彦（Katsuhiko Hayashi）团队发现[15]，用小鼠胚胎干细胞和诱导多功能干细胞能够生成功能性的卵原干细胞，并产生具备生育能力的后代。人们开始怀疑，既然其他干细胞能用更加清晰的技术达到同样的效果，是否还有必要继续采用蒂利那种饱受争议的 DDx4 提纯技术在人体内苦苦搜寻卵原干细胞？[16]此外，2015 年，北京大学生命科学学院汤富酬研究组和北医三院乔杰研究组的研究成果登上了《细胞》杂志封面。他们深入研究了调控人类原始生殖细胞的基因网络和基因组 DNA 甲基化——原始生殖细胞正是产生于胚胎发育早期、即将发育成精子和卵子的前体细胞，而甲基化则在干细胞分化方面发挥着重要的作用，因此这项研究对理解人类胚胎发育和不孕不育的发病机制具有重要的意义，似乎再次带来了从干细胞培育出卵子的新希望。[17]

随着全球经济的发展，越来越多的女性选择在生育能力最优的年轻时代将精力投入到学业和事业中。这反映了人类的选择越来越多样化，精神也越来越丰富和自由。但由此带来的高龄不孕问题却十分严峻。正如阿尔贝蒂尼所说："这绝不只是科学那么简单。[6]"如何让每个渴望天伦之乐的女性都拥有属于自己的孩子，干细胞或许正是解决这一问题的终极金钥匙。不管怎样，投资人依然很乐观。华尔街分析师罗希特·范贾尼（Rohit Vanjani）预测，到 2018 年，全世界将有 8 500 人参与到 Augment 疗法中[6]。

专家点评

田埂

博士，毕业于中国科学院研究生院，元码基因联合创始人，曾任清华大学基因组与合成生物学中心主管，华大基因华北区第一负责人，天津华大创始人、总经理，深圳华大基因研究院研发副主管。参与多项 863、973 项目。以通信作者和第一作者发表文章 10 余篇，拥有发明专利 10 余项。

当人们把地心说到日心说的认知过程编成课本故事讲述给后人的时候，其实讲述人自己的知识也会受固于他接受的教育。卵原干细胞正是这样一种现代社会中的科学基本概念上的争论。对于其是否存在的讨论纠结过多其实没有太大的意义，因为事实已经存在了，只是看谁会最终揭开它的面纱。今天的推翻或者建立，也许都会被百年后的人们再次更改。但有意思的是，每次对于干细胞的争论，往往都会是科学界的风口浪尖，从中我们起码可以总结出两方面的问题：一方面，干细胞的研究进展很重要，每项有价值的发现都足以影响整个基础科学；另一方面，干细胞技术的难度很大，很多试验的基本争议都是因为后来者无法重复试验结果而引起的。卵原干细胞正是这样的典型代表。

这里我们不禁想起中国类似的古老传说：有着精湛技艺的师傅，教徒弟的时候往往因为留了几手而使徒弟的技术一辈比一辈变差，最终导致技艺的失传。每个科学人都希望自己的研究是独一无二的，在描述实验的时候或多或少会有所保留，特别是在掌握了某些特定技术的时候，这种现象会更为普遍。尽管有时候这种保留不是有意为之，但可以写在纸面上的无论多么详细，都无法完全重现一个难度极高的实验的整个流程。从 2004 年到 2016 年，从卵原干细胞的提出到目前越来越多的支持者，这项技术在争议中也渐渐失去了其发挥应用的最佳时机，更多技术的不断进步使其也存在着被替代的可能。

Ultra-Efficient Solar
超高效太阳能

太阳能是清洁能源中的佼佼者，而"硅"（Si）作为太阳能产业的宠儿，有着来源广泛以及制程成熟等优点，一直是太阳能电池材料的首选。而无论人们从结构还是从制程中寻求改进，它的转化效率始终进步缓慢，现在的纪录是 23%。Semprius 公司的太阳能电池的转化效率却能达到 34%，这是什么样的魔法呢？其实 Semprius 公司运用的技术有两点：采用了新材料"砷化镓"（GaAs）以及采用了新的微型聚光技术。而凭借破纪录的太阳能光伏转换率，Semprius 公司的太阳能电池得以跻身《麻省理工科技评论》2012 年度 10 大突破性技术。Semprius 公司更是在 2015 年表示，到 2015 年年底将会制造出具有 50% 转化率的太阳能电池。然而现在已经是 2016 年了，大多数的光伏产业都濒临破产的边缘，Semprius 更是有着这样那样的麻烦，而且还失去了重要的合作伙伴——西门子公司。那么 Semprius 的传奇和未知的未来究竟如何呢？且听笔者细细说来。

作者：乌西莉亚·王 (Ucilia Wang), 杨一鸣

代表创新者

Semprius 公司，美国北卡罗来纳州达汉姆

技术要点

用小型太阳能电池能够将大部分的太阳能转化为电能，且不需要冷却。

其他知名创新者

- 阿尔塔设备（Alta Devices），美国加州圣克拉拉
- Solar Junction，美国加州圣何塞

Semprius 公司的太阳能板利用玻璃透镜聚集入射光，使微小光电管的能量产出得以最大

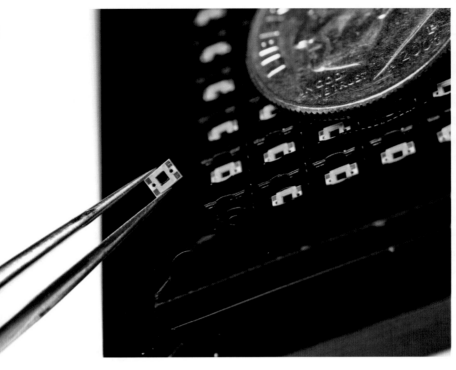

砷化镓即每块电池上的黑色小方块，仅使用少量的昂贵材料可以降低成本

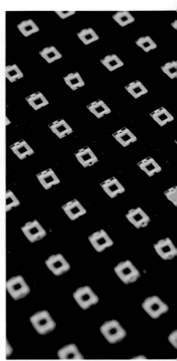

一种新颖的批量生产流程使得高效的砷化镓成为更符合成本效益的光电材料

2012 年的冬天，创业公司 Semprius 在太阳能领域创造了一项重要纪录：该公司发明的太阳能电池板可以把近 34% 的入射太阳光转化为电能。Semprius 公司表示，一旦该技术得以规模化应用，能效将会非常高；一些地方的发电成本可能很快会下降，足以与靠煤或天然气发电的电厂竞争。

安装太阳能装置需要耗费大量的固定成本，包括用于放置太阳能电池板阵列的不动产。因此，为了降低太阳能的成本，最大限度地提高每块太阳能电池板的效率就变得很重要。一些公司正在尝试各种各样的方法来实现上述目标，包括使用硅以外的材料。例如，创业公司阿尔塔设备（Alta Devices）使用一种名叫砷化镓的高效材料来制造柔韧的太阳能电池片。Semprius 也使用了砷化镓，因为相对于硅，砷化镓能够更好地将光能转化为电能（硅太阳能电池板的转化效率纪录约为 23%）。这是真的吗？换一个材料，差别真的有这么大吗？

材料的战争

光在半导体中被吸收后，能在半导体中产生自由的电子空穴对，我们将这些电子空穴对分别抽离，就形成了电流，而这就是太阳能的原理。选择对的材料制成太阳能电池可以说是整个领域最基础也是最关键的课题。

硅，14 号元素，在元素周期表中的位置是碳族的第二号"人物"，它不仅是太阳能电池材料的首选，也是整个半导体行业的宠儿。但是用硅来做太阳能电池只能说有点先天不足，因为它是"间接带隙半导体"，如图②所示为间接带隙半导体材料（如硅、锗）导带最小值（导带底）和满带最大值在 k 空间中的不同位置。电子跃迁的时候除了要改变自己的

能量状态，还需要改变自己的动量。简单而言，就是电子和空穴在此种材料中吸收光时，不仅需要吸收特定波长的光，还需要借由另一种粒子"声子"，吸收另外一部分能量（如图②所示的能量 Ep）才能完成光的吸收。这样的过程被称为"三体碰撞"（3-Particle Interaction）。与之相对，在直接带隙半导体材料（如砷化镓）中，光的吸收并不需要声子的介入，直接就能产生自由的电子和空穴，此过程称为"二体碰撞"（2-Particle Interaction）。很简单，我们只需要计算出两种碰撞的产生概率就能知道哪种材料的效率更高了。那么光的转化率就变成了一道概率题，显然是直接带隙半导体胜出，这就好比三个人约吃饭永远比两个人约吃饭要难。可以说，少引入一个粒子，概率上升得不止一星半点。[1]

所以，从理论上来说，砷化镓对光的吸收率要比硅的大，而以砷化镓为主要材料制成的太阳能电池也应该比硅基太阳能电池的效率要高一些。就这样，

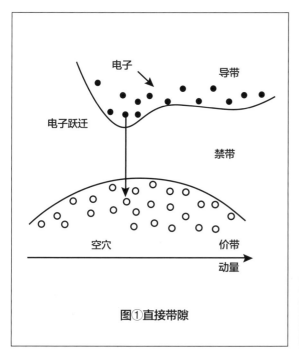

图①直接带隙

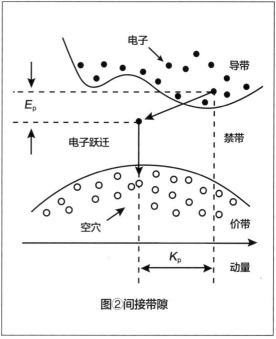

图②间接带隙

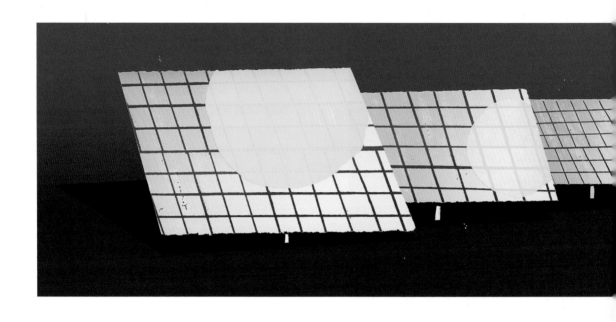

砷化镓在起跑线上就比硅快了一步，并且有着比硅材料更好的潜力和前景。

成本的战争

但是为什么硅还是主导了整个太阳能产业呢？这是因为：第一，硅材料的来源广泛，是其他材料无法相比的；第二，大多数材料的价格都比硅贵得多，这体现在来源、制程以及太阳能电池电路的集成上；第三，类似砷化镓这一类的三五族材料生长出来以后会有晶格缺陷，而这对于太阳能电池来说并不是好事。

因此，Semprius 正在尝试多种方法来降低成本。方法之一是将太阳能电池板内的单个光吸收装置（即太阳能电池）缩小至 600 μm 宽、600 μm 长和 10 μm 厚。公司联合创始人、伊利诺斯大学化学和工程学教授约翰·罗杰斯（John Rogers）的研究为这种装置的制造工艺奠定了基础。他找到了一种方法，可以在一块砷化镓晶片上构筑小电池，迅速将它们移开，然后再利用这块晶片制造更多的电池。电池生产出来以后，Semprius 就可以将电池放置在能把阳光聚集大约 1 100 倍的玻璃透镜下，以此获得最大的电能。

在太阳能电池板上聚集太阳光并非新颖之举，如果采用体积较大的硅电池，通常就必须安装一个可将硅电池产生的热量传导出去的冷却系统。Semprius 的小型电池产生的热量很少，根本无需冷却，因而进一步削减了成本。该公司的技术副总裁斯科特·伯勒斯（Scott Burroughs）表示，未来几年内，使用其系统的公用事业公司应该能够将电价维持在每千瓦时 8 美分。根据美国能源信息管理局（U.S. Energy Information Administration）的数据，上述电价比美国的平均零售电价还要低。

方法之二则是利用自主研发的成本低廉的量产设备，它们是 Semprius 魔法的印章——在 Semprius 北卡罗来纳州的工厂里，你可以在两个由玻璃密封的装置中看到这项技术，每个装置和办公用的复印机差不多大。仔细察看，你会看到机器人手臂的一端是一个刻有图案的橡胶图章。就是这个图章使 Semprius 实现了高效率、低成本的太阳能发电。Semprius 展示了它秘密武器"橡胶印章"——有了它就可以快速准确地将不同的半导体材料制成的电池堆叠起来。这也是研究人员长期以来一直想做的，因为这样可以使半导体材料与太阳光谱相匹配。光线中的某些波长的光线会被一种材料吸收，其他波长的光线会穿过半导体，

以此类推。用传统的设备是无法实现电池的堆叠的。Semprius 的橡胶印章和极薄的半导体片使排列电池变得更加容易，在电池之间实现了电连接。

依靠这两方面的技术，Semprius 开发出了自己的核心竞争力——聚光光伏板（也就是太阳能电池）。而正是这样的产品刷新了太阳能转换效率的纪录，达到了惊人的 34%。

新的问题

但是，Semprius 的优势也受到了使用透镜聚光有限性的制约：只有在晴朗无云的天气，电池吸收直射阳光时，系统的工作效率才会达到最佳状态，而在其他任何条件下，能源的产出都会大幅下降。即便如此，该技术还是适用于诸如美国西南部等地的大型公共事业工程。

而在材料方面，如雨后春笋般涌现的新材料也在威胁着 Semprius 砷化镓光伏板的地位，例如，有钙钛矿结构的有机太阳能电池就显得十分有竞争力。短短几年内，钙钛矿太阳能电池的转化效率从 9.7% 一路狂飙至 19.3%，截至 2014 年，纪录已经定为 20.1%，直逼硅材料太阳能电池的 23%。[2] 这让我

们看到了钙钛矿太阳能电池的希望。而它的另外一个优点就是其组成是对环境无害的，是有机材料，这一点是硅基太阳能电池或者砷化镓太阳能电池绝对比不上的。但是这种材料还不能制作成商业化的太阳能电池，只能存在于实验室内，因为它产生的电流太小，而且效率也不高，更重要的是制程还不成熟，检测手段也比较复杂。不过和几年前的砷化镓一样，这样的新材料确实是十分有前途的。

未来的战争

虽然在建立之初，这家公司已经从风险投资公司和西门子（从事太阳能发电厂的建造）筹集到了 4400 万美元的资金，并且和西门子制定了共同合作计划——Semprius 负责生产聚光光伏设备，西门子利用它的技术优势建立太阳能工厂，但是，在西门子投资 Semprius 公司 15 个月以后，事情发生了变化。许多国家对传统的硅太阳能电池的巨大投入，尤其是中国，降低了生产的成本，继而使得市场上充斥着价格低廉的太阳能光板。这压缩了新材料太阳能电池的市场占比，并且由于太阳能光板价格低廉，太阳能公司几乎不可能再更换技术，例如太阳能薄片（Thin Film）或类似 Semprius 公司的聚光光伏板，来参与竞争。很多有希望的公司倒下了，规划好的聚光光伏市场萎缩了。这一切都促使西门子选择退出这个行业，结束了与 Semprius 的合作，这标志着 Semprius 开始进入困难时期。

而更糟糕的是，传统的硅太阳能光板的价格还会继续下降，效率还会更高。硅片是太阳能电池中最昂贵的部分，制造硅片的新方法可将硅片的成本降低一半甚至更多。新的太阳能电池设计正渐渐逼近 Semprius 的转换效率。这种优势最终会使太阳能比化石燃料更便宜，即使没有 Semprius 的技术。但是硅太阳能还没有达到这个效率，这对于 Semprius 来说是个机会。据美国能源信息管理局估计，新的太阳能发电厂的发电成本低于每千瓦时 15 美分——远高于天然气发电的每千瓦时 6.5 美分的标准。因此，如果 Semprius 不倒下的话，它将很快拥有使太阳能光板发电成本达到每千瓦时 5 美分的技术，这项技术可能会吸引那些计划建设新发电厂的企业。

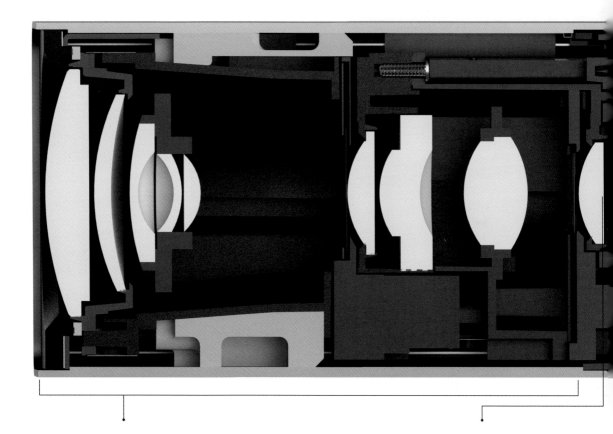

一系列精妙排列的镜头能将各个角度的入射光全数收集，尽可能完整地将场景中的光信息收集

一个集成了微镜头的感应器，其中包含以阵列排列的 1 100 万个微镜头，能将光的颜色、光强以及光线入射方向记录下来

Light-Field Photography
光场摄影术

光场技术兴起于 20 世纪 90 年代，自 2011 年以来凭借 Lytro 公司横空出世的光场相机进入大众的视野。Lytro 公司也凭借自己的产品和技术，先后获得总计 1.4 亿美元的 4 轮融资，而最近一次的融资为 5 000 万美元。Lytro 光场相机的原型机由其创始人吴义仁（Ren Ng）设计并提出。2006 年创立公司之前，吴义仁在斯坦福攻读博士学位，研究家用型光场相机。他的博士毕业论文获得了 2007 年全美计算机学会最优博士论文奖。而凭借可以改变整个摄影市场以及人们拍照习惯的能力，光场摄影术得以跻身《麻省理工科技评论》2012 年度 10 大突破性技术。今年是 2016 年，Lytro 公司正好走过了它的第 10 个年头。让我们以 Lytro 公司为线索，认识一下这种神奇的技术——光场摄影术。

撰文：汤姆·西蒙奈特（Tom Simonite），杨一鸣

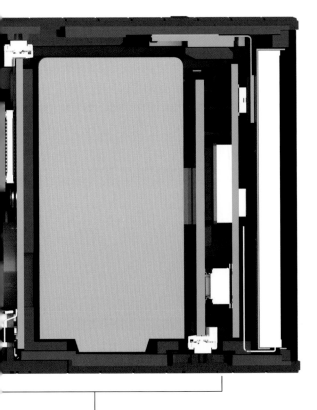

中央处理器，将感应器记录的信息转化成
数字信息，用来重组图片

摄影的革命

2012 年 3 月，照相机行业诞生了自廉价数码摄影出现以来的重大革新：一种可以在拍摄之后再对照片进行调焦的照相机。这种照相机当时的售价为 399 美元，由 Lytro 公司开发。当时 Lytro 公司还是一家位于硅谷的创业公司，就已经获得了高达 5 000 万美元的首轮融资。除了再聚焦的技巧外，Lytro 还计划利用自己的技术为人们提供更多的选择，例如在家里制作 3D 照片、软件硬件结合。

Lytro 公司的核心技术是"光场技术"（Light Field），运用这种技术，能够使用户在拍照结束后改变焦距进行再对焦，获得完美的照片效果。这无疑是对传统摄影技术的冲击，因为传统摄影技术只能在提前设置好参数后对焦点进行对焦，而且拍照结束后不能重新对焦。相信很多摄影爱好者在稍纵即逝的美景前，都遭遇过来不及对焦的情况，事后懊悔不已；而镜头跑焦之类的麻烦更是困扰摄影爱好者许久的梦魇。"光场技术"应运而生，正是解决这类问题的利器。通过光场技术，我们拍照的时候只需要构图即可，对焦可以在拍照之后再完成。

光场的前世今生

关于"光场"技术是谁最早提出的，众说纷纭。有人说是意大利伟大的艺术家列昂纳多·达芬奇

代表创新者

Lytro，美国加州山景城

技术要点

一种可以在拍摄后对照片进行调节的照相机。

其他知名创新者

- 阿米特·阿格拉瓦（Amit Agrawal），三菱电气研究实验室
- 拉梅什·拉斯卡尔（Ramesh Raskar），麻省理工学院

将场景中的光场信息全数记录下来，就意味着我们能随心所欲地在拍照之后重新聚焦，可近可远，也可不近不远

（Leonardo da Vinci），他除了在艺术上造诣极高，也是一位博学多才的发明家。他绘制的飞行器的手稿堪称"穿越"神作。他在其绘画手稿[1]上提到过"光场"模糊的概念，认为"空气中充斥着物体辐射出来的光的金字塔（Radiant Pyramids），它们相互交织在一起"，并且觉得它们承载了成像的所有信息。

而在大约两个世纪以后的 1846 年，法拉第（Michael Faraday）在他给理查·菲力普斯（Richard Phillips）的信中也提起"光场"的概念[2]。他觉得光应该被理解为波和场，具有方向性和波动性，就像他研究多年的电磁场一样。但是，他终究没有将"光场"这个概念完整地提出。1936 年的莫斯科，苏联科学家

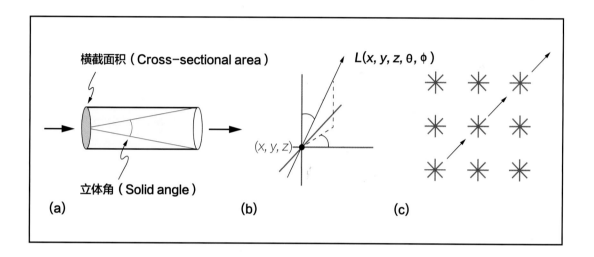

亚历山大·喆舜（Alexander Gershun）在他的论文中讨论了光在三维空间中的辐射轨迹，并正式提出"光场"（原文为俄文：световоеполе) 这一名词并做出了完整的解释[3]。以后的几十年，无数科学研究者对"光场"的理论做了更多的补充，例如美国的帕里·穆恩（ParryMoon）。

认识光场前，先认识一下辐射率。我们平常谈论光的强度或颜色都是以沿着光线方向的光量来表示的，而这样的物理量叫作辐射率，用 L 来表示，单位是 $W/sr/m^2$。"sr"表示球面度测量固体角，m^2被用在这里是来测量光线通过的横截面积，如上图 (a) 所示。

而"光场"简单而言就是表示光线辐射率的载体，是一个四维函数。从物体初始的辐射率开始，到光线上的每一点，辐射率都在发生变化。而辐射率事实上是一个五维函数，称为"全光函数"（PlenopticFunction），其中包括三维的位置变量以

及二维的光线角度变量。但光线一般是直线，那么五维的全光函数很容易随之降维，这就是光场。[4]

在相机内部，无论是化学胶卷还是数字感应器，所有消费型照相机生成照片的原理都是利用一块平板，"例如胶片"，记录穿过镜头的光线的位置、色彩和亮度，形成照片。处于焦点的物体之所以清晰，是因为焦点处的物体辐射出光线，这些光线通过镜头折射又再一次在胶片上汇聚到一起。传统相机往往只能对单一距离进行对焦，有时候我们想要对焦的物体却没有对上，这实在是让人头疼。

而光场相机的诞生正是为了解决拍摄时对焦不准的问题。不难想象，光线除了在镜头上留下了位置信息，也在胶片上留下了位置信息，利用这两个平面的信息，我们就能得出光线的角度。这样，角度与位置相结合，光线的光场也被记录下来了。一言以蔽之，传统相机的拍摄行为除了形成相片以外还记录了取景框内物体的光场。这些信息是可以被利用起来解

决对焦的问题的。下面让我们接着说光场相机。

光场相机的诞生

说起光场相机，时间来到 20 世纪 90 年代，此时的计算机技术已经开始腾飞。美国斯坦福大学的帕特·汉纳汉（Pat Hanrahan）教授以及马克·勒夫依（Marc Levoy）教授是光场研究的先驱，他们希望借助计算机的能力加速光场的研究，所以将光场和计算机图形学联系在一起。他们认为相机记录的光场信息可以利用起来，设置多相机阵列以及计算机的计算，能够帮助我们获得物体全方位的光场信息。他们随即推出了 128 台相机阵列方案，而之后 MIT 推出的 64 台相机阵列方案、卡内基梅隆大学的 "3D Room" 方案也与之类似。简单而言，就是从前景到后景都被对了一次焦，并拍摄了下来，最终的相片就是这些相片的集合。不过，这样的方案显然不可能应用到家用型的相机上去，甚至工业的应用也十分有限。那么 Lytro 公司推出的家用型光场相机是怎么创造出来的呢？

Lytro 光场相机的原型机由其创始人 Ren Ng 设计并提出。Ng 在斯坦福攻读博士学位时，就和 Marc Levoy 教授一起研究光场，他的博士毕业论文获得了 2007 年全美计算机学会最优博士论文奖。他在实现家用型光场技术的道路上提出了两点革新：一是硬件上，采用微镜头阵列的方式复刻多相机阵列采光；二是应用软件，统筹并计算处理通过微镜头的光场信息，计算出整个景象中物体的光场。这样既简化了多相机阵列方案，也提高了相机图片处理的同步性。值得一提的是，相机内部算法采用傅里叶变换处理图像数据，也使得图片的处理速度有所改观。

就这样，一台 iPod nano 一般大小的 Lytro 初代光场相机诞生了。它的形状就像一个单筒望远镜，方便携带，一头是可触摸的屏幕，另一头是摄像镜头。它使用的图像传感器有 1 100 万像素，与同时期的单反相机相比，这一点显然不够，更别说它最终输出的有效像素只有 500 万像素，甚至比一般的智能手机的相机还差。而这样一台相机的售价居然高达 399 美元，性价比实在是很低。毕竟，量产具有拍

Lytro 最终也将自己的产品进行了外观设计，使得它们更讨消费者的喜爱

摄后再对照片进行调焦的初代机，只是 Lytro 朝未来光场照相机迈出的第一步。而光场技术的前途还是十分光明的，这从 Lytro 获得的融资就能看出。Lytro 获得的首轮融资就有 5 000 万美元，而次轮融资也达到了 4 000 万美元。由此可见，投资人对这项技术是十分看好的。

好技术 = 好产品 = 好发展？

Lytro 公司改造了照相机，期望以最新的光场技术改变摄影市场的格局。想法是好的，然而事实是残酷的。Lytro 虽然已经成为光场摄影技术的巨头，但是光场技术的发展道路却荆棘密布。

纵观这几年 Lytro 公司的发展，他们其实并不好过。近 4 年内两次裁员，前总裁 Ren Ng 也走马卸任了。在烧掉 9 000 万美元的同时，也只推出了两款上市的产品——Lytro 初代光场相机以及次代光场相机 "LytroIllum"。总的来说，这两款相机都是光场相机的不成熟产品。从硬件角度来说，这两款产品的画质都比不过同时期的单反相机，甚至也比不过市面上的智能手机。虽然说 LytroIllum 采用 4 000 万像素镜头和 f/2.0 大光圈来提升照片的质量。但是 LytroIllum 的画质并没有明显改观，因为超过一半的有效像素都浪费在多次相片的拼接上了。另外，4 000 万像素镜头以及大光圈给相机本身带来的提升不大，反而拖慢了相机成像的速度。为应对这样的问题，Lytro 给相机配备了高通骁龙 800 四核芯片，用以提升技术，然而提升也并不尽如人意，LytroIllum 抓拍时还是非常容易错失最佳时刻。就这样，LytroIllum 的价格一抬再抬，抬上了 1 599 美元。如果说 Lytro 初代产品的售价 399 美元还算是毁誉参半，那么次代产品 LytroIllum 售价 1 599 美元简直就是丧心病狂，一直也是有价无市。更严重的是，用户拍照后在计算机上做后期制作时也十分麻烦，因为 Lytro 配套软件需求的计算机配置并不低，而普通的家用计算机运行这样的软件已经接近龟速了。总的来说，价格过高、图像数据处理速度过慢以及后期制作的用户体验过差，是 LytroIllum 的三大败笔。

硬件不够硬，而软件也不够软，Lytro 的光场相机之

路可谓荆棘密布。除了自身产品的问题，外界的竞争也在威胁着公司的发展。在初代相机面世以后，很多拥有类似功能的手机 App 以及计算机软件如雨后春笋般涌现，这对 Lytro 的冲击其实相当大。Lytro 作为 "光场技术" 的巨头，怎么会轻易地被手机 App 打败呢？原因有三。首先，软件的开发过程相对来说要简单得多，而且更新周期也很短，所以在时间成本上 Lytro 就已经输了。Lytro 花了两年时间，烧了 9 000 万美元才开发出两代产品。而同样的时间，同样的金钱，手机 App 的开发者都已经将自己的软件更新换代好几次了。根本原因在于手机 App 所需要的技术等级比光场相机要低得多。光场相机需要开发高科技硬件，诸如类似复眼的微镜头阵列，而手机 App，如 Twist mimics，只需多次利用手机镜头拍摄照片，再重叠起来即可。其次，手机 App 着重在硬件能实现的技术等级下考虑更好的用户体验。因为大部分的用户对于这样的技术的要求并不高，往往用户只需对图中一个或者几个点进行对焦就行了，并不需要对图片中全部的点进行对焦处理。所以即使技术等级下降了可能不止一个台阶，但 Twist mimics 软件的用户体验也不比 Lytro 相机差。而且 Twist mimics 的图像处理速度快很多，这样也使得 Twist mimics 的用户体验上了另一个台阶。最后，光场摄影技术毕竟还不够成熟，大家对光场摄影都抱着尝鲜的态度，而售价仅为 1.99 美元的 Twist mimics 无疑是最佳选择。可以想象，大部分民众会对 1 599 美元的相机望而却步，但是花 1.99 美元购买类似软件体验一把高科技还是十分乐意的。

"在未来，所有的照相机都将是光场照相机"

即使现在的光场相机并不成熟，光场技术仍被认为是摄影技术的未来，因为这样技术的背后是对摄影的简化。光场摄影只要构图就行了，对焦可以放到后期制作里。这从根本上就比传统摄影少了一个步骤。而在这个全民摄影的时代，这样的技术无疑是摄影初学者的福音。而除了摄影，光场技术更可能大量应用的领域其实是监控、刑事技术、军事侦察以及恶劣环境的探索。如果大家看过丹泽尔·华盛顿（Denzel Washington）的 "时空线索"，一定对其

中的3D成像再聚焦寻找线索的桥段印象深刻。所以，就像电影里一样，如果"光场技术"能应用到高安全级别的监控系统中，或者是刑事侦查中，大量的线索一定会被尽收眼底。另外，军事侦察和恶劣环境的探索，例如太空探索或是深海探索，它们对摄影的要求几乎一致——一次性尽可能全面地侦察摄影。军事侦察希望一次性获取尽可能多的敌方信息，而且机会可以说是稍纵即逝的，有一次拍摄的机会，可能就没有第二次了。太空探索和深海探索可能是光场摄影技术最合适的应用领域。它们对拍摄时间的要求并不像军事侦察那样紧迫，但是这样的探索更可能只是一次性的，而传回来的太空或深海的信息却是十分珍贵的。而以上这些领域的光场技术的应用都要求高质量的画质，在军事侦察和监控系统中的应用可能还需要更快的抓拍速度。

现在 Lytro 公司的总裁已经由 Ren Ng 换成了 Jason Rosenthal，而公司也正处于转型的阶段。2015 年 11 月，公司推出了自己的第三代产品："Lytro Immerge"。这是一种 360° 全景的光场相机，它将光场技术和虚拟现实技术（Virtual Reality）结合在一起，旨在给用户更真实的虚拟现实体验。这样的组合将与摄影技术或虚拟现实技术会碰撞出什么样的火花呢，我们将拭目以待。也许正如 Lytro 创始人 Ng 所说的一样，光场相片的灵活性极富吸引力，"在未来，所有的照相机都将是光场照相机"。

专家点评

田 丰
阿里云研究中心主任

场景激活产品，产品应用技术，Lytro 只是把顺序做反了。光场用于全景视频、VR/AR 是很好的创新性技术，而在新闻、影视、体育、旅游、安防等行业都有强需求场景。动辄万元以上的 VR 摄像机，很受媒体、影视公司欢迎，而同等价格在 2C 民用市场则肯定会遭遇惨败。

360° 全景光场相机，能够适用于所有计算机、手机、VR 眼镜，所以是一个良好的切入角度。如何利用新技术手段"讲故事"，是 VR 内容拍摄者的新挑战，美女、美景、美食则是优质内容的永恒主题。Lytro 类的公司必须从"卖硬件"转变为"内容平台"，就像 GoPro、大疆正在运营的内容平台一样，才能产生广告服务等在线增值利润空间。硬件作为视频入口，云端保存大数据，分析后做贴片广告、网红直播、AR 游戏，才是更大的蓝海市场。

技术创新固然难得，但为新技术找到刚需、海量、高频的应用场景，才是商业化的关键所在，就像 iPhone 那样组合式创新，以很强的技术能力、商业能力整合产业链分散的技术点，通过创新型产品构建起移动互联网平台的生态圈，这是对所有技术型创业者的长跑考验。

Solar Microgrids
太阳能微电网

太阳能微电网是用太阳能作为发电来源的小型发电站独立电网，世界上一些国家的偏远地区还没有覆盖国家电网，微电网以独立的电能来源系统和分摊的组装费用给偏远地区的人民带来了电力服务，被评为《麻省理工科技评论》2012 年度 10 大突破性技术之一。

撰文：西曼·辛格（Seema Singh），段竞宇

代表创新者

MeraGao 电力公司，印度 Reusa

技术要点

太阳能微型电网让乡村居民们可以廉价地照明，或为手机充电。

其他知名创新者

- 能源与资源研究（Energy and Resources Institute），印度新德里；
- 谷壳电力系统（Husk Power Systems），印度比哈尔
-SteamaCo，肯尼亚 Nairobi，美国加州大学戴维斯分校（UCD）

2012 年的夏天印度爆发了大规模的停电，数小时内 22 个邦供电停止，超过 6 亿人的日常生活受到影响。此次事件后印度总理加速了翻修国家电网的计划[1]。然而印度并不是唯一发生大规模停电的国家，例如美国和巴西也在此前几年发生过大规模停电。炎热的天气使新德里的用电创下历史纪录，季风带来的干旱加大了农业区电力水泵的使用，水电站也受到了干旱的严重影响，种种原因导致这次历史最大规模的停电事故。印度工商联合会的秘书长拉吉夫·库马尔（Rajiv Kumar）称："停电的主要原因之一是电力供需的巨大缺口，电力部门改革和进一步增加电网建设十分紧迫，这样才能应对不断发展的经济

所带来的挑战[2]。"一些科技人员也开始思考新的电网形式，以避免此类事件再次发生。"微电网"的概念应运而生：覆盖区域小；小型发电站供电；只供覆盖区域内用电，减少传输损耗。

与此同时，近 4 亿印度人享受不到基本电网的电力服务，他们中的大多数人都生活在农村。对这些人而言，仅为手机充电就必须长途跋涉到设有充电亭的镇上，家里用来照明的工具则是发出昏暗光线的乌黑的煤油灯。

在此趋势下，尼基尔·贾斯哈尼（Nikhil Jaisinghani）和布莱恩·沙德（BrianShaad）共同创办了 Mera Gao 电力公司。该公司利用太阳能电池板和发光二极管成本下跌的机会，力争建立和运营能够提供清洁照明和手机充电的廉价太阳能微电网。微电网可以将一个相对较小的发电站发出的电能在一个有限的区域里进行配送。虽然像单个太阳能灯之类的备选解决方案也能够提供照明和手机充电，但微电网的优势在于其安装成本可以由村民分摊。除此之外，该系统使用的是效率更高、规模更大的发电和储电系统，可以降低运行成本。

2012 年夏天，Mera Gao 电力公司部署了第一个商业性微电网，此后又有 8 个村庄加入。在得到了美国国际开发署（U.S.Agency for International Development）30 万美元的资助后，该公司计划再完成 40 个村庄的微电网架设工作。它同时也在鼓励

印度村民正在用更为廉价和清洁的发光二极管来替代煤油灯

其他企业进军印度市场,提供离网型可再生能源。世界资源研究所(World Resources Institute)估计,印度离网型可再生能源市场的规模约为每年 20 亿美元。该研究所是一个总部位于华盛顿的智囊团。

只需花费 2500 美元,分成 15 组的一百户家庭就能连接到两个发电枢纽站,每个发电枢纽站由一组太阳能电池板和一个电池组构成。电网自始至终都使用 24 V 的直流电源,因此该系统可以使用铝线,而非价格更贵的铜线,后者适用于电压更高的交流配电系统。在铺设电网之前,Mera Gao 电力公司对村庄的地形进行了绘制,以确保配电线路的分布最有效(如果有人想免费用电的话,断路器就会跳闸)。贾斯哈尼说:"制图和设计是我们最大的创新。"

Mera Gao 的科研团队宣布他们开发出了可能是世界上

最廉价的预付费电表(又叫 IC 电能表),可以帮助传统电能公司解决某些偏远地区收电费难的问题。该团队研发的廉价监控系统可以远程上传偏远地区微电网的各项数据,供全世界的科研使用。这两项产品目前已进入实地测试阶段,将在 2016 年大量投入使用。[3]

每户家庭如果每月预付 100 卢比(约合 2 美元)的费用,每天晚上就能获得 0.2 A 的电流,可连续使用 7 小时,足够点亮两盏发光二极管灯和为一部手机充电。而每月的煤油灯和手机充电费用通常在 100 ~ 150 卢比。

Mera Gao 的发展十分惊人,2013 年 4 月他们完成了 250 个村庄 6000 家的微电网接入部署,同时实现了净盈利;短短 5 个月之后,Mera Gao 的太阳能微电网已经发展到 500 个村庄、13000 户人家接

一个典型的发电装置，它使用两组太阳能板，通常被设置在不同人家的屋顶上

入，造福 65 000 人。

贾斯哈尼表示，Mera Gao 公司的微电网不是电网电力的替代品，但它却是当下人们想要的且支付得起的服务。目前，这项技术已经从支持照明和手机充电到基本保证家庭电器的用电，该公司正在探索其他的用途，例如建立社区娱乐中心。社区娱乐中心的电视、广播、风扇及信息服务成本由一组家庭分摊，而非由单个用户承担。

在地球的另一端，太阳能微电网给非洲人民也带来了光明。大部分肯尼亚乡村地区的居民家里晚上都是一片漆黑，事实上，仅有 1/3 的东非国家的人民能够享受到本国国家电网的电力服务。独立的光伏电池提供的电能仅供几盏 LED 灯照明和手机充电，而且此类电池需要经常更换。伴随着乡村随处可见的废弃的光伏电池的是失望的用户。到 2015 年 10 月，肯尼亚的本土公司 SteamaCo 在 25 个村落建起了微电网，村庄里的人拥有了相当于以前近千倍的电量，电视、冰箱、洗衣机开始进入村民的家庭。[4]

根据美国的 Navigant Research 最近一项关于新能源科技的报告，全世界太阳能微电网的发电总量现在已经超过 7.5×10^8w。加州伯克利的丹尼尔·卡门教授将微电网比作"真正的全球化科技创新温床"。[4]

太阳能微电网面临的最大挑战仍然是价格。相比于国家电网的廉价电费，太阳能微电网的电价仍然居高不下，很大一部分原因归于国家电网的电力服务享有政府的津贴。私人投资的微电网则没有那么多好处，而且他们面临着随时被国家电网"抄底"的风险。印度政府直到最近才开始参与太阳能微电网的建设。

MIT Tata Center for Technology and Design 的研究人员布莱恩·斯帕托克（Brian Spatocco）提到，"我们大家都知道要扩大微电网的规模、让偏远贫困地区用上电，关键是如何适当地扩大规模"。来自马德里大学的访问教授正在带领 MIT Tata 中心的科研团队开发一项帮助政府精确决策国家电气化部署的计算机程序 REM（全称 Reference Electrification Model）。REM 将根据印度卫星图像、印度人口普查数据和印度全国微电网抽样调查提供的数据来分析和决策微电网的部署。程序还将给出延伸建设国家电网和建立独立太阳能微电网的支出对比，帮助政府官员更好地做出决策，也让投资者更加放心地投资建设微电网。该研究中心的另一位科研人员斯通纳表示："我们的解决方法是站在规划者和管理者的角度思考的。"[5]

"电不仅是能源，它更是无形的推动力，渗入到生活的每一部分。"斯帕托克说道，"点点微光就可以让住户在晚上工作，使用提高工作效率的电器等。用电的人会给微电网的投入带来数倍的回报。"

3-D Transistors
3D 晶体管

2011 年，英特尔公司发明了全世界首个能够量产的 3D 晶体管，不仅可以提升芯片的计算速度、减少错误，还能极大地降低能耗，延长摩尔定律的寿命。此项技术入选《麻省理工科技评论》2012 年度 10 大突破性技术，被《华尔街日报》授予"半导体行业年度创新"的荣誉，并为英特尔公司赢得了 2015 年 IEEE "公司创新奖"。

撰文：戴维·弗里德曼 (David H.Freedman)，汪婕舒

代表创新者	技术要点	其他知名创新者
英特尔公司，美国加州圣克拉拉	更省电、更紧凑的晶体管将会催生出更小巧、更强大的移动设备。	-IBM，美国纽约州阿蒙克市 - 三星，韩国首尔 -GlobalFoundries，美国加州米尔皮塔斯

3D 晶体管

2011 年 5 月，为了在硅芯片上挤入更多的元件，英特尔发布了世界上首个批量生产的 3D 晶体管——"三栅极晶体管"（Tri-Gate transistor）。从那时起，英特尔公司开始大规模生产基于 3D 晶体管的处理器。这一举动不仅延长了摩尔定律的寿命，还有助于大幅度提升处理器的能效和运行速度。

摩尔定律: 不断缩小的晶体管

晶体管自 1947 年问世以来，为我们带来了个人计算机、智能手机等崭新的电子设备，极大地提高了人类的生活水平。1965 年，英特尔公司的联合创始人戈登·摩尔预言，每块芯片上的晶体管数量每年就会翻一倍（后来修正为每两年）。随着科技的进步，晶体管的体积不断缩小。半个世纪以来，晶体管已经缩小到原来体积的 1/1 000[1]。摩尔定律屡试不爽，似乎成为一条金科玉律。然而，近几年来，摩尔定律却遭到了前所未有的挑战。

场效应晶体管拥有栅极（gate）、漏极（drain）和源极（source）三个端。正如栅极的英文名"gate"所暗示的那样，栅极就像一道门，用电场来控制晶体管中的电流。在传统的平面型晶体管中，导电沟道位于栅极的下方，嵌在硅基片内。当栅极处于开启状态时，电子或空穴就会通过导电沟槽，从源极流向漏极。当栅极处于关闭状态时，导电沟道内的电流路径就会消失。但是，随着晶体管的尺寸越来越小，源极和漏极之间的距离越来越短，下方基片中的杂散电荷就会产生干扰，降低了栅极阻断电流的控制力。当栅极处于关闭状态时，会有少量电流"泄露"过导电沟道[2]。这不仅会导致错误，还会消耗多余的能量。这些效应也被形象地称为"短沟道效应"（short-channel effects）。

而在英特尔的 3D 晶体管中，这些沟道都竖立了起来，以鳍状的结构突出于芯片表面。沟道的顶部和两侧都与栅极相接，使其基本不会受到下方基片中杂散电荷的干扰。由于几乎不存在泄漏的电流，晶体管的开关过程变得更加利落、更加迅捷，而且由于设计者不必再担心泄漏电流会被错误地当作"通电"的信号，3D 晶体管也会变得更加省电。

3D 晶体管诞生: 向第三维要速度

3D 晶体管最早是由日立公司的久本大（Digh Hisamoto）等人于 1989 年提出的。但直到 1996 年，加州大学

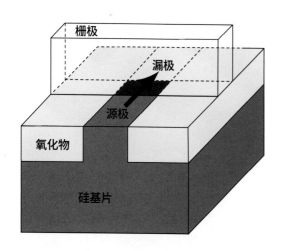
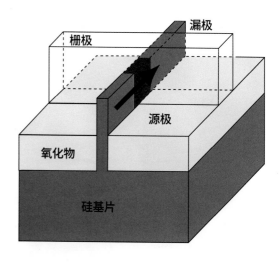

上图: 传统的晶体管（左）中，栅极控制着流过平面沟槽的电流，而在英特尔的 3D 晶体管（右）中，沟槽竖立了起来，就像一道鳍，这样栅极就与三个面相接触，增强了对电流的控制力，减少了漏电。

伯克利分校的胡正明（Chenming Hu）等人才开始在 DARPA（美国国防高等研究计划署）的资助下对其进行正式的研究。当时，半导体产业正在生产的晶体管尺寸是 250nm。胡正明的研究表明，他们设计的鳍状结构不仅能解决传统平面型晶体管的能耗问题，还能将栅极长度降至 20nm[2]。这种晶体管被称为 FinFET（鳍式场效应管）。

英特尔对 3D 晶体管的研究也由来已久。2002 年 9 月，英特尔宣布其发明了一种能提升性能、降低能耗的三栅极晶体管。2003 年 9 月，英特尔的竞争对手 AMD 公司在一次国际会议上宣布他们也在研究类似的技术。但一直到 2011 年 5 月，英特尔才克服了大规模生产的技术难题，将增加蚀刻步骤带来的额外生产成本降到了 2% ~ 3%，正式宣布对 22 纳米级 3D 晶体管进行量产。

英特尔公司宣称，3D 晶体管的开关速度比先前的晶体管的开关速度快 37%，或是能耗降低 50%。开关更快意味着芯片的运行速度会更快。此外，由于所占体积单元较小，晶体管能够封装得更为致密。晶体管之间信号的传输时间因此缩短，从而有助于进一步提升芯片的速度。

很快，基于这项技术的第一款处理器就出现在了笔记本电脑中——这是 2012 年 4 月发布的 Ivy Bridge 微处理器，适用于笔记本电脑、服务器和台式计算机。但对于电子工业界来说，尤其让其感到激动的是能源的节约在手持设备中的前景，因为它意味着设计者无需扩充电池容量就能升级设备的性能，或是缩小电池体积的同时也不会导致性能下降。

"10 年前，大家只会关注如何让芯片跑得更快。"英特尔工艺技术部门负责人马克·波尔（Mark Bohr）表示，"如今，低能耗的重要性则大大地增加了。"他随后接着补充说，在手持设备中使用 3D 晶体管可以让节能和性能提升的效果得以放大，因为晶体管体积缩小的结果是单块芯片能够同时承担起数据存储、宽频通信以及 GPS 定位等多项功能。而在以往，上述每一项功能都需要一块芯片来独立承担。随着芯片数量的减少以及电池体积的缩小，这些电

子设备将能够以更小的体积实现更加强大的功能。英特尔公司认为，这种 3D 晶体管将对手持电子设备格外有用。[3]

这款新的 3D 晶体管设计为电子工业在 2011 年以来的发展留下了足够的空间。英特尔之前的芯片每平方毫米可容纳 487 万个晶体管；而这一新式芯片可容纳晶体管的数量为 875 万个；预计到 2017 年，这一数字将继续飙升至约 3 000 万个。"在这一技术的推动下，硅还会繁荣若干代。"波尔说道。

这项技术不仅被《麻省理工科技评论》评为年度 10 大技术之一，还被《华尔街日报》科技创新奖授予"半导体行业年度创新"的荣誉[4]。2015 年 12 月，IEEE 向英特尔授予"公司创新奖"，正是为了表彰其在高 k 金属栅极和 3D 晶体管的量产上所做出的技术创新。[5]

第二代 3D 晶体管: 向 10 纳米进发

2014 年，基于 3D 晶体管的芯片出货量已超过 5 亿，英特尔又适时推出了第二代 3D 晶体管，达到了 14 纳米级。它的"鳍"比过去更高、更薄、更密集，进一步提升了性能，降低了能耗[6]。基于 14 纳米 3D 晶体管的新型处理器，在 82 平方毫米的面积上拥有 13 亿个晶体管。"英特尔的 14 纳米技术采用了第二代 Tri-Gate 晶体管，带来了领先业界的表现、能力、密度和每晶体管成本，"波尔说。基于第二代 3D 晶体管的处理器也是英特尔第一款可用于 9 毫米以下无散热扇设备的处理器，终于杀入了竞争对手 ARM 公司长期盘踞的平板电脑领域，很快得到了宏碁、华硕、戴尔、苹果和惠普等厂家的青睐[7]。

英特尔的竞争对手们也毫不示弱。例如，三星在 2012 年年底发布了 14 纳米级 FinFET 测试芯片，并于 2015 年 2 月推出了第一款适用于移动设备的 14 纳米级处理器。2014 年年底的国际电子器件会议上，IBM 和台积电也不甘落后地发布了它们最新的 16 或 14 纳米级 FinFET[8]。2015 年 7 月，IBM 宣布开发出基于 7 纳米级 FinFET 晶体管的测试芯片，这是全世界第一款可商业化的 10 纳米以下逻辑芯片[9]。2016 年 3 月，

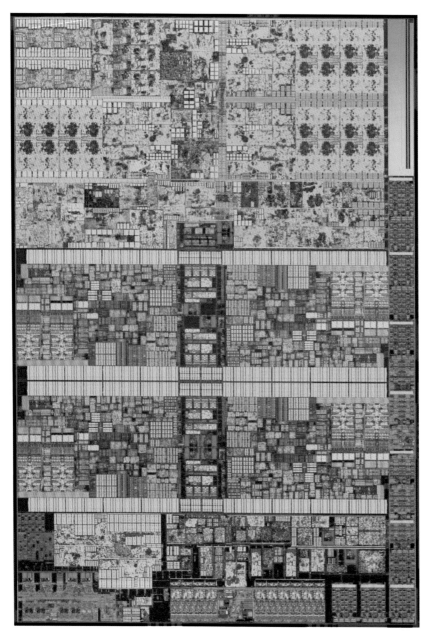

一块英特尔处理器上的电路

ARM 更是和台积电签订了针对 7 纳米 FinFET 的长期战略合作协议。

站在晶体管的转折点: 摩尔定律近黄昏

然而, 3D 晶体管并不是计算能力的终极答案。2016 年, 因 Tri-Gate 而逃过一劫的摩尔定律再一次陷入了危机。尺寸更小的晶体管一直停留在实验室中, 迟迟得不到量产。对物理极限的逼近, 使得硅的脚步逐渐慢了下来。首当其冲的就是半导体巨头——英特尔公司。在 14 纳米级 3D 晶体管之后, 英特尔公司本来准备在 2016 年年底推出 10 纳米级晶体管, 但由于技术原因, 不得不将发布时间延迟到了 2017 年。2016 年 2 月, 英特尔公司发布的一项文件表明他们已经减缓了发布芯片生产新技术的速度，扩大了两代芯片间隔的时间，转而选择在两代芯片之间进行多次性能升级。这对我们的日常生活并没有太大影响，因为大多数移动设备的芯片并非英特尔生产的，而可穿戴设备、医疗植入物等设备中的芯片已经完全能够满足计算的需求。但近年来飞速发展的大数据和机器学习等领域却依然渴求着越来越强大的计算能力。假如摩尔定律就此停止，对这些新兴领域将带来不小的打击。

"我们将要看到一个重大的转变，"英特尔公司技术与制造团队的威廉·霍特（William Holt）说。他表示，英特尔将再生产两代硅芯片，在四五年内达到7纳米级。接下来，为了芯片的进一步发展，他们将转向完全不同的新技术，例如，利用量子力学性质的隧穿晶体管和基于自旋电子学的自旋晶体管。还有一些研究者试图用锗和III-V族化合物等材料制成

的纳米线来取代 3D 晶体管上的鳍状结构[10]。但这些技术都还在研究阶段，距离商业化还有很长的路要走。尤其是隧穿晶体管和自旋电子管只能降低能耗，其计算速度并不比硅晶体管快。

但霍特很乐观。他认为到了目前的发展阶段，能量的转换效率越来越重要，甚至比纯粹的计算速度还更重要。"特别是当我们在看物联网时，"霍特说，"关注的焦点将从提升速度转变为能否大幅降低能量消耗。"看一看当今的科技世界，人们正忙于将芯片植入各种各样的设备中——从电冰箱到室内温控器，从无人驾驶汽车到面包机……无论是家庭、公司还是工厂，都将有越来越多的电子设备因芯片而连接在一起，因此，能量消耗将带来越来越严重的问题。或许到那时候，3D 晶体管所不能解决的能耗问题，将在更加逼近物理极限的量子世界中迎刃而解。

专家点评

黄 玲

博士，原卡尔斯鲁厄理工学院纳米研究所研究员

1947 年诞生的晶体管和 1958 年发明的集成电路都是人类现代史上最伟大的发明。晶体管的三位发明者——美国物理学家约翰·巴丁、沃尔特·布喇顿和威廉·肖克利获得了 1956 年的诺贝尔物理学奖；集成电路的发明者——杰克·基尔比则获得了 2000 年的诺贝尔物理学奖。

晶体管和集成电路的出现，大大降低了电子元件的功耗，并且让各类电子产品，比如收音机、电视机、电脑等变得尺寸更小、价格更低。

集成晶体管的数量是集成电路性能的一个重要指标。1958 年完成的首个集成电路中只包括了一个双极性

晶体管、三个电阻和一个电容器。而在过去的几十年里，这个数量一直呈现迅猛增长的趋势，到 2016 年为止，集成电路上的最大晶体管数量已经超过 50 亿个。

受限于光刻技术的精度和本身的物理极限，集成电路要进一步提高密度变得愈发艰难，3D 晶体管技术的出现，为提高晶体管集成度提供了一条崭新的途径。

事实上，所有的半导体制造商会根据性价比来判断将主要精力投放于提高集成度还是增加芯片的运算效率，而摩尔定律是否死亡与是否被挽救，其实是个无关紧要的问题。

A Faster Fourier Transform
更快的傅里叶变换

数学算法的升级为数字世界的提速带来了希望。历史上其实有很多里程碑式的算法，例如公元前 300 年的欧几里得算法（辗转相除），抑或是 Tony Hoare 发明的排序算法，这些美妙的数学算法都在影响着计算技术。傅里叶变换也是其中之一，它在物理学、数论、组合数学、信号处理、概率、统计、密码学、声学、光学等领域都有着广泛的应用，也成功地成为理工科学生复习的梦魇——几乎什么专业都需要学习傅里叶变换。纵观傅里叶变换 200 年的发展史，从离散傅里叶变换（DFT）的出现，到快速傅里叶变换（FFT），每一次的革新都是对计算能力的重大改变。而本篇的重点是介绍面世于 2012 年 1 月的傅里叶变换新算法。它对变换本身其实并没有太多的改变，但是它处理数据的速度快了 10 倍甚至 100 倍，并且凭此跻身《麻省理工科技评论》2012 年 10 大突破性技术。现在这个算法已经走过了 4 个年头，与之挂钩的工业应用也如雨后春笋般蓬勃发展。让我们从美妙的数学世界开始走进这样的魔术算法。

作者：马克·安德森 (Mark Anderson)，杨一鸣

代表创新者

麻省理工学院，美国马萨诸塞州剑桥

技术要点

一种处理数据流的新算法将会催生更优秀的多媒体设备的出现。

其他知名创新者

- 理查德·巴拉纽克（Richard Baraniuk），莱斯大学，美国得克萨斯州休斯顿
- 安娜·吉尔伯特（Anna Gilbert）和马丁·施特劳斯（Martin Strauss），密歇根大学
- 乔尔·托洛普（Joel A. Tropp），加州理工学院，美国加州帕萨迪纳
- 马克·伊文（Mark Iwen），杜克大学，美国北卡罗来纳州达汉姆

2012 年 1 月，四位来自麻省理工学院的研究人员提出了一种新算法——稀疏傅里叶变换（SFT）。这四位研究者分别是蒂娜·卡塔比（Dina Katabi）、海塞姆·哈桑（Haitham Hassanieh）、比欧特·因迪克（Piotr Indyk）和埃里克·普里斯（Eric Price）。他们声称，利用这种新算法，数据流的处理速度会比快速傅里叶变换还要快上 10 倍甚至 100 倍。当今的时代是计算机的时代，任何能改变计算机计算能力的算法都有着改变世界的能力，更别说这个算法能改变信号科学中最具影响力的傅里叶变换了。本文将从傅里叶变换谈起，将这样的技术娓娓道来，呈现在读者的面前。

傅里叶级数与傅里叶变换

1807 年，这是约瑟夫·傅里叶（Joseph Fourier）从埃及战场回到格勒诺布尔（Genoble）的第 6 个年头。此时他任法国格勒诺布尔省的省长。他走在阿尔卑斯山的脚下，写下了那篇颇具争议的《热的解析理论》（Théorieanalytique de la Chaleur），文中指出任何周期函数都可以用正弦函数和余弦函数构成的无穷级数来表示，这就是傅里叶级数：

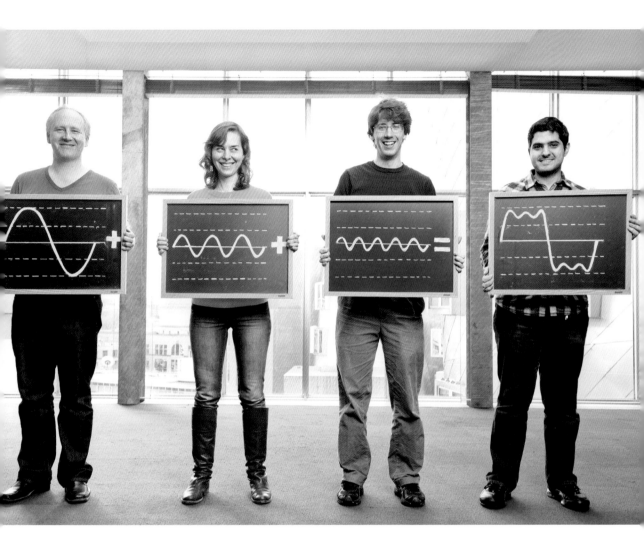

$$f(x) = a_0 + \sum_{n=1}^{\infty} \left(a_n \cos \frac{n\pi x}{L} + b_n \sin \frac{n\pi x}{L} \right)$$

然而审稿的数学界大牛拉格朗日认为，这种方法无法表示带有棱角的信号，因此否定了傅里叶的工作。事实上，这样的信号是可以用无穷的三角函数叠加来近似的，最简单的例子就是余弦函数叠加出窗口函数——一个带90度角的矩形波，如上图所示。

在上图中，我们现在看到的余弦函数即是信号的一种表示方法，横坐标是时间，这只是一个"看世界"的角度，即以时间参照来看事物的发展。这样的观察方式对于信号处理来说并不清晰，信号的组成并不能在一张图上很清晰地显示出来。这时候我们就要进入频率的世界，如果我们将上图中的第一幅图中的余弦函数 cos（x）定义为"基波"，令其频率为"1"，那么根据频率的定义 cos（3x）的频率则为"3"，以此类推。在这样的频率基础上，我们可以展开想象，想象出一个虚构的坐标系——"频域"，那么上图中三个正弦信号的叠加，可以以这样的方式在频域中表示出来。[1]

上图中的纵向坐标对应信号的强弱——正弦波的振幅，需要匹配振幅才能得到我们想要逼近的函数，所以选取的不同频率的正弦波的振幅往往是不一样的，就像上图中所示一样。以这样的方式，将复杂的信号层层分解为单一的频率信号对于信号处理无疑是简单了很多。

另外一个更加直观的例子就是音乐，在很多音乐后期制作的软件中，音乐的曲线一般有着这样的表达方式——波形，如图①所示是理查德·克莱德曼《水边的阿迪丽娜》（节选）的波形。

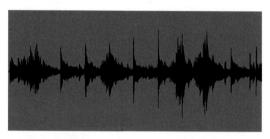

图 1 理查德·克莱德曼《水边的阿迪丽娜》（节选）在软件中的声音波形

简单而言，可以看成是不同频率声音的叠加，也就是由一系列的 DuoRaiMi 组成，即从频域的角度看，就成了美丽的乐章，如图 2 所示。

图 2 理查德·克莱德曼《水边的阿迪丽娜》（节选）乐章

其实也是不同频率的声音叠加，只是我们用确定的音符代替了标记。可以说，乐谱就是音乐中"时域"和"频域"的桥梁，而傅里叶级数的意义也在于此。

计算机的加盟

而傅里叶变换真正走进信号分析与处理系统是以离

散傅里叶变换（DFT）的形式。离散傅里叶变换的提出是傅里叶分析发展的第一个里程碑，它使有限长的离散信号可以被变换到频域处理。简单而言，离散傅里叶变换就是在原信号的傅里叶变换后得到的频谱上进行等周期的采样，使得输入信号和频谱都呈现离散型分布的状态。如图 3(a) 所示：

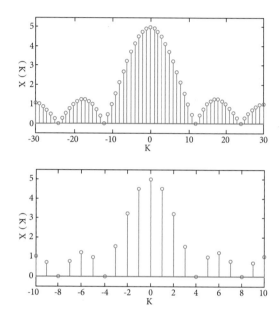

图 3（a）采样后的输入信号；图 3（b）DFT 后得到的频谱

离散傅里叶变换经历了漫长的理论研究阶段，主要由两个原因造成：离散傅里叶变换算法计算量较大；当时的硬件技术水平有限，无法完成如此大规模的计算。电子计算机的出现及其发展有力地推动了离散傅里叶变换算法的工程应用[2]。从第一台电子计算机"ENIAC"开始，计算机的体积越来越小，而计算能力也越来越强，但是计算一次长序列的离散傅里叶变换还是需要相对较长的时间，这时候就轮到快速傅里叶出场了，这是一种快速计算离散傅里叶变换的算法。

时间的魔法

数学的各种巧妙算法其实就是"偷懒"的艺术，人们也总是热衷于找到最快求解问题的方法。而快速傅里叶（FFT）的诞生也正是因为这个，它所需的时间比离散傅里叶变换要少得多，它走了捷径。

这里我们就要引入一个新的概念："时间复杂度"。它代表了计算机计算问题所需时间的长短，它由"O"表示，例如，做一次 n 元素的加减运算所需时间为 $O(n)$，而做两次 n 元素序列之间交叉运算的时间为 $O(n2)$。那么做一次 n 元素序列的离散傅里叶变换的时间是多久呢？不难发现，就是 $O(n2)$，具体来说，我们要做 n 次的复数乘法和 n-1 次的复数加法。

与此相对，快速傅里叶需要的时间是多少呢？这就要从快速傅里叶的算法讲起。常规的离散傅里叶变换就是一个接一个地将序列的信号进行傅里叶变换然后再集合起来。而快速傅里叶算法在进行计算之前，就有选择地将序列分成几部分，因为序列中各个元素的傅里叶变换中的系数存在对称性和周期性，如果我们能有效地加以利用，就能减少运算的次数。举个简单的例子就是以奇偶顺序将序列分成两部分，然后再对每部分继续下分，直到最后分成单个的单元，此时才开始进行傅里叶变换，然后进行有序的加和。这样，时间复杂度就大大减少了，如果只二分一次，运算的次数为：$2 \times (N/2)^2 + N$。如果一直这么分下去，直到分成单个的单元，运算的次数则为 nlog2n，如果 n=1024，离散傅里叶的计算次数则为 525 312，而快速傅里叶的计算次数则为 10 240，仅为前者的 1%。FFT 的基本思想是把原始的 N 点序列，依次分解成一系列的短序列，并充分利用 DFT 计算式中指数因子所具有的对称性质和周期性质，进而求出这些短序列相应的 DFT 并进行适当组合，达到删除重复计算，减少乘法运算和简化结构的目的。

以上介绍的快速傅里叶算法是由 Cooley 以及 Turkey 于 1965 年提出的，他们共同在 Mathematic of Computation 杂志上发表了著名的 "An algorithm for the machine calculation of complex Fourier series"，并在文中提出了这样的算法，打开了快速傅里叶变换发展史上的第一页[3]。快速傅里叶马上就被应用到信号处理系统中去，它能将一段音频的 MP3 格式体积压缩得更小，相比未压缩的录音版本，其体积之小令人惊叹。从此之后，新的算法层出不穷，大家也只有一个目标——更快的傅里叶变换算法。

时间来到 2012 年 1 月，稀疏傅里叶变换的横空出世，震惊了信号处理领域。这四位麻省理工的研究者声称，这样的算法将比快速傅里叶算法还要快 10 到 100 倍。他们是发现了什么新的二分法？还是发现了更有效率的傅里叶变换公式吗？其实都不是。稀疏傅里叶变换之所以能够如此大幅地提速，是因为它在变换开始的时候就有选择性地过滤了一部分输入信号。大多数情况下，我们收集的信息拥有大量的结构，例如，一段录音中可能有美妙的音乐，也可能会有烦人的噪声。而我们往往只关注音乐，即有意义的信号。而这些有意义的信号可能只是全部信号中一小部分有价值的片段；用技术术语来表达，这些信息是"稀疏"的。如果我们只关注这些有意义的信号，处理起来不就快了很多吗！这其实也就是稀疏傅里叶变换走的捷径，这也就是它能比其他算法更快的原因。

但是，经过这样处理的信号是不完整的，毕竟有相当一部分的信号是被人为地剪去了。蒂娜·卡塔比和她的三位同事在他们的论文中指出，在视频信号中有 89% 的频率不是必须存在的。只计算 11% 的频率的稀疏 FFT，信号质量不会恶化太多[4]。这又是一个降低处理质量、增加计算速度而且效果很好的案例。往大了说，就算只处理 50% 的信号，计算速度也能降低不少，何况 11%。

稀疏傅里叶的另一个麻烦是它的兼容性。从理论上看，如果一种算法只能用来处理稀疏信号，它受到的限制会比快速傅里叶变换多得多，因为它需要根据输入信号的不同，指定"稀疏"的规则。而该算法的共同发明者、电子工程和计算机科学教授卡塔比却对此持积极态度，他觉得："稀疏性无处不在，它存在于大自然中、存在于视频信号中、存在于音频信号中。"的确，在我们日常收集的信号中，往往很大一部分是不需要的噪声信号，即稀疏无处不在，而要每次针对性地去除这些噪声也是十分困难的，而且算法的重复使用率也太低了。

然而，如果将输入信号的稀疏处理也全部交由计算机或者人工智能来做，效率又将提高不少。采用深度学习训练稀疏傅里叶算法，并使得它能对各种复杂信号进行处理，当然还是比较远的目标。但是在某个领域内设立了初步的稀疏规则，再交由深度学习适应稀疏规则还是能在 3 ~ 5 年内实现的。虽然这也只是笔者的泛泛之谈，但是更快的算法、更准确的算法以及它们和人工智能之间的交互合作已经成为现在计算机科学的热潮了。毕竟人类还是"懒惰"的。

商业应用

更快速的变换意味着，在处理既定量的信息时需要更少的计算能力——这对于智能手机这类能耗敏感型移动多媒体设备来说，不啻于天赐福音。或者，利用同样的运算能力，工程师们可以考虑一些对于传统快速傅里叶变换的计算需求而言有些不现实的工作。举例来说，当下互联网的骨干网和路由都只能读取或处理穿梭于其中的数据洪流的极小一部分，而凭借稀疏傅里叶变换，研究人员就可以更为详细地研究这种以每秒数十亿次速度发射的信息流了。

经过四年的时光，稀疏傅里叶算法逐渐在全球定位系统（GPS）、光场摄影机以及医学成像中实现了商业应用。这些应用大多都需求信息传导的实时性，你可不想开着车，然后导航仪上没有指示的方向吧？根据 HaithamHassanieh 在 2012 年移动计算机和网络国际大会上的报告（International Conference on Mobile Computing and NETWORKING），他们设计的稀疏傅里叶算法已经能在 GPS 车载系统上使用了，而且快速的运算速度和同步率不仅能带给 GPS 车载系统快速的数据更新能力，也在一定程度上减少了 GPS 系统的计算损耗。[5]
而对于光场摄影机，这个同样跻身"《麻省理工科技评论》2012 年 10 大突破性技术"的神奇技术，具备先拍照后对焦的神奇功能，是摄影爱好者的福音。简单而言，就是从前景到后景都对一次焦，然后将这些相片都合成起来。然而这样的技术却也有着阿基里斯之踵——它的拍照响应太长了，往往稍纵即逝的完美构图瞬间不能捕捉到。而稀疏傅里叶算法有在图像处理方面给光场摄影机加速的可能。如果只对取景框中我们感兴趣的一些物体进行对焦处理，而不是对构图中的每一个物体进行对焦，那么相机的图像处理速度也会提升不少。因为我们在构图的时候往往只会在取景框中放几个物体，而我们真正想看清楚的往往也只有一个事物，拍照以后会想去对焦的可能会多一些，但是并不是每一个物体都去对一次。这么说来，很多图像都会被浪费，这也就是"稀疏"的存在。

写在最后

历史上其实有很多里程碑式的算法，例如公元前300 年的欧几里得算法（辗转相除），抑或 Tony Hoare 发明的排序算法，这些美妙的数学算法都在影响着计算技术。但是，笔者最钟意的还是那一个横空出世的"i = 0x5f3759df - (i>> 1); // what the fuck?"——平方根倒数速算法。这行代码相信很多游戏发烧友都不会陌生，这是风靡一时的计算机游戏"雷神之锤3（QuakeIII）"中使用的新算法。它用于 3D 图像中确定光线和投影的关系，较传统的利用牛顿迭代法求平方根的算法快了 4 倍以上！而此算法的核心就是这一句被标注了"What the fuck?"的代码，其中引入的数字"0x5f3759df"简直就是神奇，成功缩短了迭代过程，甚至在运算过程中基本不会走入迭代。

其实说了这么多也只是抛砖引玉，所谓改变世界的算法，其核心思想就是寻求计算的最短过程和最精确的算法。本文介绍的稀疏傅里叶也是如此，它会有选择性地将输入信息过滤，只处理事先定义的有效信息，这比传统的快速傅里叶算法快了 10 到 100 倍。这样既充分利用了资源，又加快了运算速度。它带给我们的与其说是一项技术，不如说是一个观念的革新：去掉一些粗枝大叶，洗净铅华之后，才是我们想要得到的。

也许稀疏傅里叶变换也会像曾经名噪一时的"平方根取倒数"算法一样，革新整个信号处理系统的算法。

专家点评

杨遇凯

瑞典乌普萨拉大学统计学系副教授

在近代科学世界中，离散傅里叶（以下简称 DFT）因其能将复杂的函数近似化简，从而能给研究者提供很多便利。具体来说，就是用周期性三角函数的线性组合来近似已知或者未知的函数。在课本中，这些三角函数也被称为初等函数。

其中，线性组合的具体形式是十分关键的，而从数学角度来看，这将是十分美妙的。多一个线性组合的单元，近似的精度就越高。更有趣的是，这些三角函数本身就带有表示频率的元素。

我们来看一个简单的例子。当你接收到一个复杂的信号，然后运用 DFT 来处理该信号，信号就会被切割成一个个有不同权重的不同频率的信号分量。你只需要记下并分析这些分量的权重（或称参数），就能得到整段信号的信息。如此一来，用来存储这段信号的空间就减少了很多，并且相比未经 DFT 处理的信号，接下来的信号处理环节也变得十分简单。

而运用如此便利的傅里叶变换也是有代价的，那就是变换的时间可能会很长。所以，在特定的条件以及确定了合适的近似精度之后，找到一个最高效的 DFT 算法一直是 DFT 领域的核心议题。而且这样的算法一经出现，将是前途是无量的。快速傅里叶变换（FFT）就被学术期刊《IEEE journal Computing in Science & Engineering》评为 20 世纪十大算法之一。

本文介绍的稀疏傅里叶变换（SFT），其处理速度比快速傅里叶变换还要快，这无疑也将成为革命性的算法。其发明者受到"信号本身也是稀疏"的启发才发明出 SFT，具体而言，就是信号中大多数的信息都是冗余的。一旦接受了这个设定，傅里叶变换自然就变得更加迅速了。简单来说，计算一个满是数字的矩阵，时间会比较长，而计算一个行列数相同但包含很多 0 的矩阵，计算量就会小得多，因此时间自然也更加迅速。

Nanopore Sequencing
纳米孔测序

传统的基因测序仪都十分昂贵和笨重。2012 年，牛津纳米孔公司发布了世界上首台便携式基因测序仪。这项技术利用 DNA 链通过纳米孔时对电流的扰动进行测序，体积比手机还轻巧，降低了成本，缩短了时间，还能直接读取较长的片段，提供了一条使基因测序更快、更便宜的途径，开启了基因测序的新时代，宣告了个性化医疗时代的来临，入选《麻省理工科技评论》2012 年度 10 大突破性技术。

撰文：阿曼达·谢弗 （Amanda Schaffer）， 汪婕舒

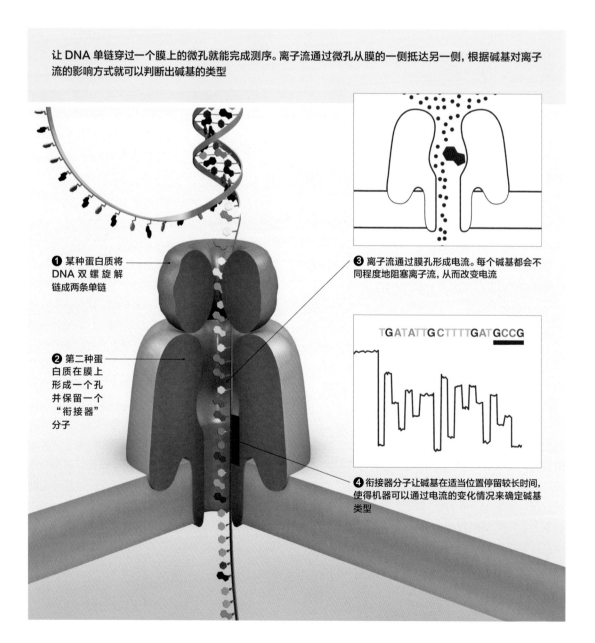

让 DNA 单链穿过一个膜上的微孔就能完成测序。离子流通过微孔从膜的一侧抵达另一侧，根据碱基对离子流的影响方式就可以判断出碱基的类型

❶ 某种蛋白质将 DNA 双螺旋解链成两条单链

❷ 第二种蛋白质在膜上形成一个孔并保留一个"衔接器"分子

❸ 离子流通过膜孔形成电流。每个碱基都会不同程度地阻塞离子流，从而改变电流

❹ 衔接器分子让碱基在适当位置停留较长时间，使得机器可以通过电流的变化情况来确定碱基类型

TGATATTGCTTTTGATGCCG

代表创新者

牛津纳米孔公司 (Oxford Nanopore)，英国牛津

技术要点

对长链 DNA 进行数字化解读可以让基因测序成为一项常规医疗手段。

其他知名创新者

Complete Genomics，美国加州山景城
Life Technologies，美国纽约州格兰德岛
Illumina，美国加州圣迭戈

2012 年 2 月，在美国佛罗里达州举行的一场基因生物学会议上，来自英国的牛津纳米孔科技公司（Oxford Nanopore）震惊了世界。这家公司演示了一款比手机还小的便携式基因测序商用机器，可以直接解读 DNA 碱基。这项技术提供了一条使基因测序更快、更便宜的途径。医生也有可能利用这一技术，把测序当成常规的检查，如同核磁共振成像或血细胞计数检查一样。此项技术宣告了个性化医疗时代的来临。

该公司开发的便携式设备叫作 MinION，将一条 DNA 单链穿过膜上的一个蛋白孔就能完成测序过程，而不需要像传统的基因测序技术那样扩增 DNA 或者使用价格昂贵的试剂。MinION 中的高分子膜具有很高的电阻，膜上有微小的蛋白质纳米孔。使用时，在膜的两端施加电势，电流就会从纳米孔流过；DNA 链穿过纳米孔时，不同的 DNA 碱基会以不同的方式干扰流过该孔的电流。根据收集到的电流信号，就能解读出通过纳米孔的 DNA 序列。

基因测序对研究疾病有着重大的意义。最近几年，许多公司相继开发出了越来越快、越来越廉价的机器，但它们中的大多数要么是使用荧光试剂来鉴定碱基，要么需要先切断 DNA 分子然后再对 DNA 片段进行扩增。

相比之下，牛津纳米孔公司的技术更简单，并且避免了在上述步骤中产生各种误差的可能性。能够直接解读 DNA 分子也意味着一个基因组的更长的片段可以被一次性解读。这使研究者可以更为简便地识别各种大型染色体模式，如易位和基因拷贝数变异。前者是指大片 DNA 从染色体上的某个部位转移到另一个部位，后者是指 DNA 序列出现几次或多次重复（易位被认为是导致各种癌症和其他疾病的原因；而基因拷贝数目变异则与某些神经系统和发育紊乱相关）。

缘起

这项技术的发展并非一帆风顺。1989 年的一天，生物学家大卫·迪莫（David Deamer）在加州的公路上开车时，脑中闪过一个念头——细菌身上存在一种能将营养物质输送入体内的微小蛋白质孔，是否可以用来测序基因呢？他连忙停车，迅速将这个想法画在了纸上。1996 年，迪莫与研究 "α-溶血素" 微型孔的生物化学家哈根·贝利（Hagan Bayley）等人合作，在《美国国家科学院院刊》上发表论文，阐述了一种用纳米孔来测序基因的技术[1]。2005 年，贝利与生物传感技术专家戈登·桑赫拉（Gordon Sanghera）等人成立了牛津纳米孔科技公司（ONT，Oxford Nanopore Technologies）。2008 年，计算生物学家克莱夫·布朗（Clive Brown）从英国最大的基因实验室加入了公司，担任 CTO。[2]

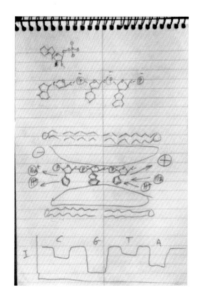

大卫·迪莫于 1989 年画在纸上的草图

那时候，基因测序是一项奢侈的研究。科学家们花了足足13年和27亿美元才完成了人类基因组。如何降低基因测序的成本，成为打开基因新时代的金钥匙。许多公司纷纷开始研发下一代测序技术。2005年，454 Life Science公司发布了454测序平台；2006年，Solexa公司发布了Genome Analyzer，AgenCourt公司发布了SOLiD……大公司也不甘示弱。瑞士罗氏和美国应用生物系统公司分别收购了454 Life Science和AgenCourt。美国加州圣迭戈的Illumina公司则买下了Solexa3。可以说，牛津纳米孔公司乘上了基因测序研究的春风，却仿佛驶向了与主流不同的方向。

2006年4月，牛津纳米孔公司的第一款测试产品问世。这款产品非常原始，只是将芯片塞进计算器大小的塑料盒子中，芯片上只有一个探测环糊精分子的纳米孔。与纳米孔的进展缓慢截然不同，其他技术似乎取得了长足的进步：读序越来越长、速度越来越快、成本也越来越低。尤其是Illumina在一年时间内就将全基因组测序的成本从48 000万美元降至19 500万美元，然后又在Hi Seq机器测试阶段将单人测序的价格降到了4 000美元。X Prize不得不取消了为基因组设立的奖项，因为业界的创新速度已经超越了基金会设立的目标。但无论如何创新，基因测序仪还是没能摆脱昂贵、笨重、时间长的命运。

而纳米孔似乎拥有改变未来的潜力。2009年，Illumina与牛津纳米孔公司签订了合作协议，注资1 800万美元，共同开发纳米孔测序技术。令人失望的是，接下来的3年毫无起色，技术开发陷入瓶颈。布朗把这段时间形容为他人生最艰难的时光。直到一项关于链测序的新技术问世，才逐渐将每况愈下的牛津纳米孔公司从崩溃的边缘拉回来。

技惊四座

如文章开头所述，2012年2月，布朗在基因生物学技术进展年会（AGBT，Advances in Genome Biology and Technology）上发布了便携式基因测序仪MinION，引起了全世界的轰动。生物学家们早已厌倦了笨重的基因测序仪和漫长的等待（Illumina的机器通常需要等待11～24小时）[3]，面对比手机还娇小的MinION和短至15分钟的测序时间，人们欢呼雀跃。与会的一位科学家甚至在推特上开玩笑说，他不得不擦掉同行们流在地板上的口水[2]。带着颠覆未来的愿景，这项技术入选了《麻省理工科技评论》2012年度10大突破性技术。

布朗在会上宣布，他们将在2012年年底正式推出商用级的MinION。它的内部有500个纳米孔，用一种酶拉着DNA链通过高分子膜上的纳米孔，测量核苷酸碱基通过每个纳米孔时造成的电流扰动。它整体尺寸比手机还小，重量不过90克，可以揣在衣兜里，用USB接口插到笔记本电脑上使用。布朗还公布了解读λ噬菌体（长度为48 000个碱基）的DNA链的过程。"到目前为止，这是任何一家公司声称要解读的DNA链中最长的一段。"美国国家人类基因组研究所技术开发部的项目主管杰弗里·施劳斯（Jeffery Schloss）说。同时，它的速度比当时所有的测序设备都快，每秒可以处理20～400个碱基。但它的缺点是错误率很高（相比之下，Illumina价值百万美元的机器拥有超过99.9%的准确率）。因此，布朗承诺在产品正式发布之前，他们会努力开发更好的纳米孔，降低错误率。[1]

质疑与涅槃

然而，没有一项创新是一帆风顺的。会后，立刻有人提出质疑。牛津纳米孔的竞争对手Life Technologies公司离子激流团队的主管乔纳森·罗斯伯格（Jonathan Rothberg）在接受《福布斯》的采访时说："没有任何数据，你怎么知道这不是另一场冷核聚变骗局？"[4]

几个月后，牛津纳米孔果然发现芯片有严重的设计缺陷，不得不又花了两年时间来改进，让"2012年年底正式发布产品"的承诺化为泡影，遭到了更多质疑。Illumina很快对这个合作伙伴丧失了信心。他们派驻牛津纳米孔的董事会观察员也认为MinION毫无用处。于是牛津纳米孔决定自行开发和商业化MinION，为两家公司的决裂埋下了伏笔。[2]

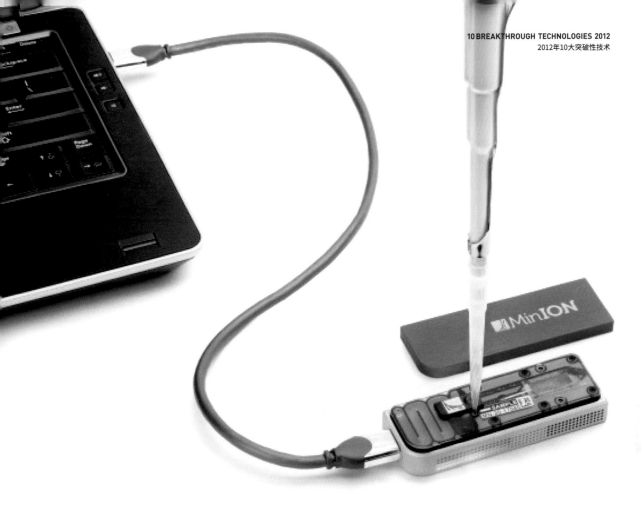

牛津纳米孔开发的 DNA 测序仪可以用计算机上的 USB 供电。

2013 年 11 月，牛津纳米孔与占据基因测序 70% 市场份额的 Illumina 正式终止了合作。仅 10 天后，牛津纳米孔就宣布了一个大胆的计划——研究者只需支付 650 英镑的押金，就能获得一台 MinION 试用机和一次性流动槽。2014 年 4 月，牛津纳米孔在报名的几千名研究者中挑选了 500 名，向他们寄送了第一批 MinION。此时距离他们在 AGBT 大会上振奋人心的演讲已经过去了 2 年时间，饱受争议的纳米孔测序终于正式登上历史舞台。令人欣喜的是，他们几乎实现了所有承诺——体积小、速度快、成本低、读序长……他们还成立了数据分析公司 Metrichor，提供生物信息服务。MinION 读取的数据会传输到云端，由 Metrichor 的软件进行计算，识别碱基。当年夏天，陆续有人收到更新的版本。

2015 年 5 月，MinION 正式商业化[5]。很快，使用 MinION 进行研究的论文像潮水一样涌现。有的科学家用它来研究传染病，有的用来研究癌症，有的用来监测非法交易的木材和野生动物，还有的用来研究地外生命。NASA 甚至计划将 MinION 送到国际空间站，在微重力下进行测试。[6]

英国伯明翰大学的传染病专家尼克·洛曼（Nick Loman）在 2014 年 5 月得到了 3 台 MinION，很快就派上了用场。同年 6 月，伯明翰一家医院遭遇了沙门氏菌爆发。洛曼用 MinION 研究了医院送来的 16 份菌株，只用 2 小时就得出了全部菌株的测序结果。将其与公开数据库进行对比，洛曼发现此次爆发的源头是德国的一名鸡蛋供应商。洛曼感叹道，传统的基因测序可能需要几周甚至几个月才能得到结果。[2]

2015 年 3 月，洛曼的团队将 MinION 带到了西非的几内亚共和国，研究当地的埃博拉疫情。埃博拉病毒大约由 19 000 个 RNA "字母" 组成。要研究埃博拉的传播路径，不仅需要正确的测序，还需要将不同病人身上的病毒进行比较，寻找突变。如果出现相同的突变，说明他们可能是经由同一渠道感染的。洛曼的学生约书亚·奎克（Joshua Quick）仅用了 12 天时间就对 14 名埃博拉患者完成了测序。经过研究，他们发现 MinION 与其他方法得出的传播途径相同。他们呼吁人们用 MinION 对近期爆发的寨卡病毒进行分析，为公共卫生机构提供决策支持。不过，洛曼承认 MinION 在几内亚遇到了两个瓶颈——电力和网络。但随着研究者们对 MinION 的研究热情不断攀升，这些问题都迎刃而解[7]。例如 2016 年 3 月，加拿大安大略癌症研究所的科学家就开发了一款针对 MinION 的、免费开源的碱基识别软件 Nanocall，不需要网络连接可以离线使用[8]。

还有很多研究者致力于用新的生物信息技术来提升 MinION 的计算和分析能力，各种开源工具不断涌现。例如 2016 年 3 月，斯洛伐克夸美纽斯大学的研究者用递归神经网络来分析 MinION 读取的碱基，其精度高于厂商提供的 Metrichor 软件。[9]

不过，人们也发现了 MinION 存在的问题。例如，它并不能直接测序，需要事先对组织或血样进行处理，尽管所需的时间较短，但依然需要专业的技术人员和实验设备。为解决这个问题，公司正在研究将样品制备装置集成入产品内[10]。另外，MinION 的精度相对较低，不过，对很多应用来说已经足够，并且随着数据的累积，精度还在不断攀升。

基因测序的"苹果 vs 三星之战"

牛津纳米孔公司并非纳米孔测序领域的唯一玩家。2013 年，美国罗德岛州普罗维登斯的 Nabsys 公司也发布了一项纳米孔快速测序技术。他们使用预制的短链 DNA 作为探针，声称测序速度能达到每秒上百万个碱基。不过由于技术研发遇到瓶颈，公司于 2016 年 3 月经过了财务重组，未有正式产品问世。[11]

许多大公司也在纳米孔测序上进行投资。2014 年，瑞士罗氏投资了纳米孔技术公司珍妮亚技术（Genia Technologies）和斯特拉托斯基因（Stratos Genomics）。日立也在研究这项技术。而 Illumina 与牛津纳米孔分道扬镳之后继续开发纳米孔技术，并与阿拉巴马大学伯明翰分校的研究者共同申请了一些专利。

随着对牛津纳米孔产品的关注度越来越高，到 2016 年，有 1 000 多个研究团队在使用他们的产品，技术平台的争夺日渐激烈。2016 年 2 月 23 日，Illumina 起诉牛津使用的纳米孔侵犯了他们与阿拉巴马大学共同申请的专利。许多科学家对此很失望。爱丁堡大学的基因研究者米克·沃森（Mick Watson）在博客上说，对同时使用这两类产品的研究者来说，"感觉就像自己的两个朋友在打架"。这场专利战也被戏称为基因测序领域的"苹果大战三星"。不过，牛津纳米孔否认这一指控，认为 Illumina 只是想扼杀竞争，保持自己的垄断地位。2016 年 3 月 25 日，美国国际贸易委员会（ITC）对牛津纳米孔的产品启动 337 调查。

2016 年 3 月 8 日，布朗在一场视频直播演讲中宣布了升级设备——R9。这是一种来源于大肠杆菌的蛋白膜，具有更佳的识别力，与 Illumina 所怀疑的那种孔隙并不相同。这种蛋白质的晶体结构由比利时生物学家于 2014 年发表在《自然》杂志上，独家专利权属于牛津纳米孔[12]。他们还向开发者开源了两款碱基识别软件的源代码。与此同时，布朗还宣布 2016 年 3 月底发布强大的高通量测序产品 PromethION 试用计划，能运行 1 ~ 48 个独立的流动槽，每个拥有 300 个活跃的通道，并能同时处理 4 个样品，或许将与 Illumina 形成直接竞争。

打造生物联网

牛津纳米孔公司的愿景是建造"生物联网"（internet of living things）——DNA 传感器无处不在，每个人都能随时读取自己体内以及周围生物的 DNA，并将这些数据实时上传到互联网上。你可以随时了解自身的状况、周围环境中有哪些致病菌以及汉堡中夹着什么肉[10]……这家年轻的公司从一个偶然冒出的好点子起步，深陷过技术停滞的泥潭，经历过合作伙伴的反目和众人的质疑，面临着专利侵权的指控，也品尝过得来不易的成功果实。如今，他们正怀揣颠覆未来之梦，为世人带来具有划时代意义的基因测序产品。让基因测序走入寻常百姓家的希望，或许就握在牛津纳米孔的手中。

专家点评

罗崇林
博士，奇恺（上海）健康科技有限公司创始人兼首席科学家

自从 1953 年沃森和克里克发现承载生物体遗传信息的物质——DNA 的双螺旋结构以来，科学家一直致力于研究和开发准确获得 DNA 序列信息的技术。从 1977 年 Sanger 发明第一代 DNA 测序技术到最近十年以 Illumina 为代表的第二代测序技术的广泛使用，每一次技术革新都对生命科学研究产生了巨大的推动作用。虽然目前第二代测序技术在全球测序市场占据着绝对优势地位，但以单分子测序为最大特征的第三代测序技术已经在近几年开始崭露头角，其代表者包括 Helicos 公司的 Heliscope 技术、Pacific Biosciences 公司的 SMRT 技术和 Oxford Nanopore Technologies 公司的纳米孔测序技术。

其中，最具颠覆性的当属纳米孔测序技术，它具有以下几个主要特征：利用 DNA 分子的不同碱基通过纳米孔所产生的电信号进行测序；单分子测序，避免由于模版扩增而引入的误差；可实时获取测序结果；测序速度极快；具有超长的读长；体积小，可做到便携式。然而，纳米孔测序技术的准确性一直是其竞争者诟病的地方。令人欣喜的是，Oxford Nanopore 公司及其测序仪使用者通过技术及算法的改进，正在快速弥补这一缺陷。目前，纳米孔测序技术已经被成功应用到多个研究领域，包括传染病研究、癌症研究及野生动物研究等。随着技术的不断革新，纳米孔测序将成为生命科学和临床医学研究的强有力的工具。或许在不久的将来，基因测序能够像血糖仪一样走入寻常百姓家。

Crowdfunding
众筹模式

众筹模式能为新技术、新产品的商业化提供资金，培育忠诚的早期用户，还能迅速获得用户的反馈，催生了像 Oculus Rift 这样的新兴企业，入选《麻省理工科技评论》2012 年度 10 大突破性技术。

撰文：特德·格林瓦尔德（Ted Greenwald），汪婕舒

代表创新者

Kickstarter，美国纽约

技术要点

一种天使投资或风险投资的替代方法，它能帮助科技创业公司募集资金。

其他知名创新者

Indiegogo，美国加州旧金山
Crowdcube，英国埃克塞特
Seedrs，英国伦敦
WeFunder，美国马萨诸塞州剑桥
GrowVC，中国香港

Kickstarter 是一家总部位于纽约的网站，它创立的初衷是支持富有创造性的项目，但如今已渐渐发展成为一股专为初创科技公司提供融资的强大力量。企业家们曾利用该网站成功地募集到数十万甚至上千万美元，用于开发和生产各自的产品，包括网络家庭感测系统和 3D 打印机等。

众筹模式（Crowdfunding）为网络或设计公司等企业提供了一种传统融资方式的替代方案。初创公司可以保留自己的股权，维持对经营策略的全面掌控，此外还能获得一批忠诚的早期接纳者。

虽然大多数项目要求的资金量都相对较小，但也有一些项目超过了 100 万美元。例如，游戏开发公司

Double Fine Productions 为开发一款视频游戏筹集到了 300 万美元。这一数额大大超过了一般的天使投资（通常 60 万美元封顶），已经达到了典型风险资本注入的标准。在已完成的项目中，募资最多的当属 2015 年的智能手表 Pebble Time 项目，得到了 78 471 人的支持，募资超过 2 000 万美元。[1]

2011 年，Kickstarter 的用户为各种项目总计融资将近 9 930 万美元——这一数额大致相当于所有的美国种子投资总额的 10%（根据普华永道的统计数据显示，美国 2011 年种子投资的总额达到 9.2 亿美元）。这个数额逐年攀升，到 2015 年，Kickstarter 全年总计募资 6.92 亿美元。[2]

需要为项目募集资金的人会设立一个融资目标和招募抵押。如果项目没有达到预期目标（2011 年有54% 的项目遭遇了这种局面），投资者将会收回全部投资。而那些达到融资目标的项目，赞助者会收到各式各样的奖励，包括感谢信、相关的产品以及精心制作的包裹，在包裹中可能还装有一份邀请你去公司创始人工作场所参观的邀请函。而 Kickstarter会从中提取 5% 的抽成，该网站是由扬西·斯特里克勒（Yancey Strickler）、查尔斯·阿德勒（Charles Adler）和佩里·陈（Perry Chen）在 2009 年创办的。截至 2016 年 5 月，在 Kickstarter 上发布的项目总数接近 30 万个，募集到的资金总额为 23.7 亿美元，其中成功的项目有 10.5 万个，总共募集 20.5 亿美元。[3]

众筹模式还成为许多新兴科技领域的催化剂，例如虚拟现实。2012 年，19 岁的帕尔玛·勒基（Palmer Luckey）在 Kickstarter 上众筹虚拟现实头盔，很快就达到了 25 万美元的目标，最终募集到 240 万美元。他后来开发出的产品，也就是 Oculus Rift，被 Facebook 于 2014 年以 20 亿美元的高价收购。这给全世界的虚拟现实产业打了一剂强心针，极大地促进了这个新兴领域的发展[4]。此后，Kickstarter 的项目又陆续向英国、加拿大、澳大利亚、新西兰、丹麦、西班牙等多国开放。

随着美国禁止私营企业向小投资者出售股权的禁令于 2012 年 4 月解除，众筹网站的角色开始发生微妙

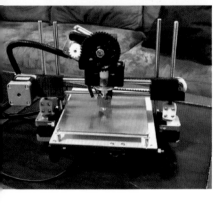

企业家可在 Kickstarter 网站上传视频和图片，以吸引投资。以下是一些成功案例（从左上图顺时针方向开始）：

iPhone 底座
Elevation Dock
——146 万美元
Double Fine Adventure（视频游戏）
——333 万美元
Twine Wi-Fi 传感器
——55.7 万美元
CloudFTP 无线存储器
——26.2 万美元
PrintrBot 三维打印机
——83.1 万美元
The Order of the Stick（漫画书）
——125 万美元

的转变。一直对风险资本保持关注的考夫曼基金会（Kauffman Foundation）高级研究员保罗·科德罗斯基（Paul Kedrosky）表示："如果众筹网站开始提供权益股份，美国会有数十家风投公司面临倒闭的风险。"这个《创业企业融资法案》（简称 JOBS 法案）的第三部分于 2016 年 5 月 16 日生效，正式向美国普通大众打开了股权众筹的大门，让普通人也可以成为初创公司的投资人[5]。过去只能向年收入 20 万美元以上或净资产 100 万美元以上的有钱人开放的股权众筹平台（例如 CircleUp、Crowdfunder 和 WeFunder）终于可以向年收入 10 万美元以下的普通人开放。Crowdfunder 更是立刻发布了一个"众筹风投指数基金"，提供数百个风投支持的初创公司的投资组合。Crowdfunder 的 CEO 强斯·巴尼特（Chance Barrett）说，他的目标是"让普通人能与世界领先的风险资本家一起在线投资"。这样，普通大众就可以成为"超级风投"。[5]

但 Kickstarter 始终与股权众筹保持距离。他们表示，他们只对艺术、文化、游戏等创造性的项目感兴趣[6]。

而且不会支持以捐赠为目的的慈善项目[7]。2015 年，Kickstarter 从股份有限公司转型为营利性的公益企业，希望对社会产生更积极的影响。[8]

尽管股权众筹存在极高的欺诈风险，但正如《赫芬顿邮报》所分析的那样：有一件事可以肯定，那就是权力的平衡正在迅速转移——从风投机构转向创业者。这是一件好事，因为它将催生更多、更丰富的初创公司，让公司的估值回归理性，减少不必要的浪费——因为风险投资总会追随大众的脚步。[4]

世界银行的一份报告指出，在发展中国家，众筹模式在清洁能源、疾病控制、促进社会公平等许多方面都具有极大的潜力，还能带来更多的工作机会和更高的经济增长。他们预计，到 2025 年，全球众筹

Pebble 智能手表是 Kickstarter 网站上一个著名的众筹项目，由筹集到的 1000 万美元创造而来。

市场将达到 960 亿美元，而其中的 500 亿美元将来自全世界最具有潜力的众筹市场——中国。[9]

专家点评

陈 序

"赞赏"出版创始人、CEO

众筹发轫于金融与服务市场发达的美国，却在欠发达的中国市场呈现出更多样的面貌。竞争者从最早的"点名时间"到淘宝、京东这类巨型互联网公司的加入，样式探索从全民众筹咖啡馆到在微信朋友圈发布所谓的"个人 IPO"，垂直领域遍及创业公司的股权众筹和内容版权领域的"赞赏"出版。

中国的众筹热甚至吸引了美国的发起人。凯文·凯利（Kevin Kelly，人称 KK，著有《失控》《技术想要什么》等书）与几位好友一起创作了一本科幻漫画书《银带》（The Silver Cord），并希望通过众筹完成出版。在美国，该书的英文版选择了 Kickstarter 平台，共筹得 42 723 美元。在中国，中文版则选择了"赞赏"，短短两周便获得"赞赏人"支持的 317 400 元人民币，约合 51 000 美元。

针对众筹，几乎所有的市场观点都集中于其作为创新融资渠道所展现的巨大融资能力。确实，从 Kickstarter 开始，众筹发起人从全球不同的众筹平台成功募到的资本规模增长迅速。然而，直接以创意产品和服务为回报的奖励型众筹，在单纯的筹资之外，深刻改变了生产者与消费者的关系，也重建了价值链的走向。"赞赏"就在传统出版方式之外找到了一条新的路径，让作者精准地定位自己的读者，让读者决定什么更适合出版。

在中国市场连续开发上线了两个与文化相关的移动众筹应用之后，我们发现，当融资对象是潜在消费者时，融资本身会受到需求侧真实特征的更多影响。这一变化带来的丰富信息和衍生价值，远远超过传统供给侧主导融资所形成的市场反馈，也是这项突破性技术更富想象力的未来。

High-Speed Materials Discovery
高速筛选电池材料

下一代电池应该具备能量密度高、安全可靠、价格低廉等特点。这些需求驱使研究人员寻找新的电池材料。影响电池性能的因素有很多：电极、黏合剂、电解液、导电添加物、粒子形态大小。每一部分的材料都不能忽视。野猫发现技术公司的电池高速筛选能让研究人员每周尝试上千种合理的电池材料组合，大大提高了新电池研发的速度，被评为《麻省理工科技评论》2012 年度 10 大突破性技术之一。

撰文：戴维·弗里德曼（David Freedman），段竞宇

代表创新者

野猫发现技术公司，美国加州圣迭戈

技术要点

高通量测试技术提升了新电池材料的发现速度。

其他知名创新者

-Envia Systems 公司，美国加州纽瓦克
-Halotechnics 公司，美国加州埃默里维尔
-Siluria 公司，美国旧金山

野猫公司先从很多种不同的前体材料入手，这些材料也许会拥有能量储存和其他应用方面的潜力

阴极、阳极和电解液被组装成小小的工作电池，上图中的这个机箱会对成千上万块电池进行测试。同时对材料进行测试可以快速淘汰无用的化合物

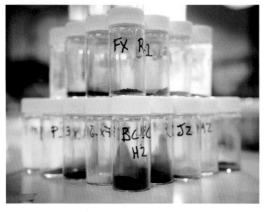

某些前体材料在实验室里被精炼成适宜制造电池电极的粉末

多亏有了制造电池的新材料，电动汽车才能跑得更远，智能手机才能拥有更强大的处理器和更棒、更炫的屏幕，而这些新材料的开发者，正是位于美国圣迭戈的野猫发现技术公司（Wildcat Discovery Technologies）。

这家公司可以一次性测试上千种物质，加快识别有价值的能源存储材料的过程。2011 年 3 月，野猫发现技术公司对外公布了一种磷酸钴锂阴极，在普及型的锂离子磷酸盐电池中，比通用阴极能多提升近 1/3 的能量密度。该公司同时还展示了一种可以让电池在较高电压下更稳定工作的电解液。

为电池选择理想的材料是一个特别棘手的难题。电池装置由三大主要组件构成：阳极、阴极和电解液。不仅每个组件都可以由很多种不同的物质以任意组合混合形成，而且三大组件之间还必须协同良好。这给研究者们留下了无数种可以探索的具有开发潜力的组合。

为了找到最好的组合，野猫发现科技公司采用了一种最初由药物开发实验室发明的策略：高通量组合化学法。他们不是一次测试一种材料，而是系统化地平行开展数千项测试，在一个星期内，分析和测试的材料组合有将近三千种。"我们已经找到了能够将能量密度提升三倍的材料，但这一材料仍然处于实验阶段。"野猫公司的首席执行官马克·格雷瑟尔（MarkGresser）说。

其他公司也试图利用组合技术寻找新型电池材料，但他们遇到了很多技术障碍。测试数千种材料的简易方式，就是将每种材料的样品沉积在某种基质上的底膜上。这种方法确实曾让先前的研究者发现用于制造电池组件的理想材料——但随后发掘出来的候选材料，通常被证明不适用于具有成本效益的大规模生产流程。

为了节省时间，少走弯路，野猫发现科技公司通过制造微缩版电池样品来大量进行重复实验。（大规模生产技术的缩微版）在实施中，在对候选材料的性能进行测试的同时，也对它们是否便于制造进行测试。除此之外，野猫发现科技公司还在各式各样的潜在运行条件下，将材料组件连在一起组装成实际的电池进行测试。"包括温度和电压在内的很多变量都会对电池性能构成影响，我们必须检验所有这些变量。"格雷瑟尔说。其结果是：在野猫发现科技公司试验台上表现优异的材料，拿到生产现场检验也同样出色。

气体溢出是锂离子电池的难题，气体的来源主要是碳酸盐电解液的分解。电解液浓度降低通常会导致电池寿命缩短，而电解液分解的副产物会造成各种潜在内部故障。电池制造商和材料供应商一直以来想通过提高电池电压来储存更多的电能，但是对高压环境下的气体溢出检测束手无策[2]。传统的气体检测如阿基米德排水法，没有任何实际意义，检测完后电池也随即失效。2014 年野猫发现科技公司推出的电池原位气体检测解决了这些问题，该技术能够以 0.1s 的间隔连续监测电池使用过程中内部产生的气体。人们能够清晰地记录同一块电池使用中各个时间段产生的气体，这极大地推进了新型电池商品化的进程。[3]

作为 2013 年美国汽车科技资助计划的获得者，野猫发现科技公司的项目在 2016 年终于取得了突破性的进展，总算没有辜负美国能源部的资金支持。受资助项目的目标是研发出基于硅材料电池阳极的非碳酸盐电解液，这能够极大地提高电池的能量密度，最终产品的性价比也会远超今天的锂离子电池。通过高速筛选材料法，野猫发现科技公司的科研人员对 2 500 多种电解液组合进行了制备和性能评估。

现在，在相同的硅材料电池阳极环境下，他们筛选出的无导电添加剂非碳酸盐电解液性能比碳酸盐电解液提升了 50%。新电解液另一个令人欣喜之处是气体溢出问题跟原来的碳酸盐电解液控制得一样好。"我们对现阶段的进展感到满意。"野猫的首席科学官迪卓·斯特兰德（Deidre Strand）博士说，"无导电添加剂非碳酸盐电解液的优异表现给我们下一步探索导电添加剂的工作打开了大门。"阿尔贡国家实验室（Argonne National Lab）将在 2016 年下半年用野猫发现科技公司的新电解液和硅阳极制造 18 650 个电池进行整体性能评估。

该项目的下一阶段预计到 2016 年 12 月，野猫发现科技公司的工作重点主要放在导电添加剂的影响、高温环境的电池性能提升以及高压（大于 4.2V）下的电池阴极使用。来自美国能源部汽车科技部的 Tien Q. Duong 说："目前，野猫发现科技公司在这个项目上取得的进展已经向人们证实了他们的高速电池筛选的高效性，这对于未来帮助快速寻找新型电池意义非凡。"[4]

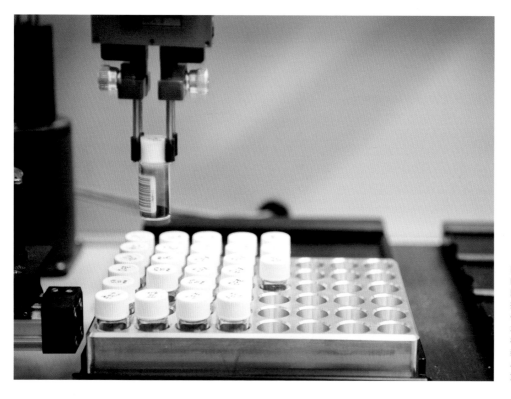

由于要处理的样品太多，野猫发现科技公司非常依赖自动化。左图中的分析仪正在对装有材料的小瓶进行称重和记录

高速筛选电池材料工作流程[1]：

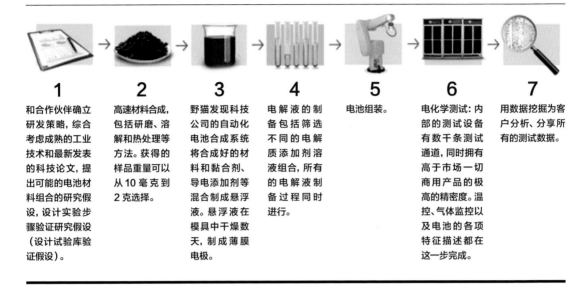

1
和合作伙伴确立研发策略，综合考虑成熟的工业技术和最新发表的科技论文，提出可能的电池材料组合的研究假设，设计实验步骤验证研究假设（设计试验库验证假设）。

2
高速材料合成，包括研磨、溶解和热处理等方法。获得的样品重量可以从10毫克到2克选择。

3
野猫发现科技公司的自动化电池合成系统将合成好的材料和黏合剂、导电添加剂等混合制成悬浮液。悬浮液在模具中干燥数天，制成薄膜电极。

4
电解液的制备包括筛选不同的电解质添加剂溶液组合，所有的电解液制备过程同时进行。

5
电池组装。

6
电化学测试：内部的测试设备有数千条测试通道，同时拥有高于市场一切商用产品的极高的精密度。温控、气体监控以及电池的各项特征描述都在这一步完成。

7
用数据挖掘为客户分析、分享所有的测试数据。

野猫发现科技公司的努力已经获得了阶段性的成功，未来的电池会比现在更小、电量也会更足——这样的进步对于智能手机和电动汽车制造商等颇具吸引力。迪卓·斯特兰德（Deidre Strand）在一次与Reddit网友的互动中打趣道："不要向我抱怨'我的iPhone还是只能使用一天啊，电池的发展根本没有进步吗？'手机的屏幕越来越大，处理速度也越来越快，更何况你们都是重度使用者！"[5]

专家点评

黄 玙

博士，原卡尔斯鲁厄理工学院纳米研究所研究员

随着智能手机的普及，人们对于电池的续航能力产生越来越高的期望值。虽然电池容量已经从最初的数百上千毫安迅速增加到了原来的三倍，但是智能手机待机时间短依旧是经常被诟病的问题。

电动汽车的出现并逐步普及，更是对电池工业提出了进一步的挑战。毕竟，每辆电动车都是载着好几度电上路的。

为了发明性能更高的电池，研发人员首先要为电池的每个部件寻找到合适的材料，其中包括电池的电极、黏合剂、电解液、导电添加物等；其次则是在不同部件的材料中摸索出最优的组合。材料的多样性加上部件的组合使得研究人员的测试任务达到了一个天文数字。

基于这些现状，野猫发现科技公司发明的高速筛选电池材料的方法将推进整个电池工业的研发速度。通过这些微缩版电池样品的测试，我们有理由相信，新一代具有更高能量密度、更安全并兼具低廉价格的全新电池会更快上市。

Facebook's Timeline
Facebook 的"时间线"

这项技术的诞生是出于 Facebook 为了更好地服务广告商，但逐步的完善却取决于人们对生活本身的理解。该技术被评为《麻省理工科技评论》2012 年 10 大突破性技术之一。

撰文：特德·格林瓦尔德 (Ted Greenwald)

代表创新者

Facebook,美国加州门洛帕克

技术要点

将用户产生的大量数据组织起来,不仅会使广告商受益,还有助于用户去探索自己留下的数字足迹。

其他知名创新者

- 蓝鳍实验室 (Bluefin Labs),美国马萨诸塞州剑桥
- 微软研究院,美国西雅图
- DataSift 公司,美国旧金山

2012 年,Facebook 面向每月 8.5 亿的活跃用户推出了"时间线"(Timeline)界面。该界面旨在让 Facebook 能轻易地操纵其所收集的关于每个用户的海量信息,并促使他们以一种便于分析的方式去更多地添加和共享。

2013 年 4 月,Facebook "时间线"的设计师 Nicolas Felton 宣布离职。为了将自己曾听过的歌与听歌的地点联系起来,他曾开发了 Feltron Annual Report,这成为 Facebook "时间线"的基础。当年,Facebook 宣称,时间线服务的活跃用户总数已经达 11.1 亿人。

Facebook 这一项目最初的动机是更好地瞄准广告,

这是公司 85% 的收入来源。从某种程度上讲,成功的定位相当于一场数字游戏。如果 Facebook 先前报告的趋势保持稳定的话,那么到 2015 年 1 月,其数据库中的压缩数据量就以每天 62.5 万 TB 的速度在增加。Timeline 的这一新特征注定会令该数字大幅提高,有可能为 Facebook 提供比其他任何在线广告商都多的个人数据。

以往,用户贡献给 Facebook 的绝大部分数据都是以松散的状态更新方式出现的。"喜爱"按钮的增加、以及将该按钮链接到第三方网站的能力,提供了可以用于广告定位的更为细致的信息。Timeline 又远远超越了上述发展,它推动用户将一系列广泛的元数据添加至自己的更新中,降低了数据价值发掘的难度。通过设计,它有意鼓励用户去审视过去的状态更新,并将更多的信息加入其中,或追溯式地加入全新的传记信息。

Timeline 鼓励用户添加有助于营销的信息的办法之一,就是要求用户在涵盖范围很大的"生命大事记"(Life Events)项目下对自己的更新进行分类,这其中包括了诸如购买房屋或汽车这样的行为标签。网站会提示标注买车的用户列举诸如类型、厂商、车型年份,以及何时何地、与何人一起购买等细节问题。将这些信息汇总起来,Facebook 或许就可以确定购买者的性别、收入档次、教育水平,以及这类职业的人有没有可能购买某一款特定的车型。

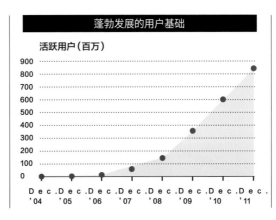

复杂的关系

27亿

每天新增的"喜爱"和评论数

1000 亿以上

截止到 2011 年 12 月 31 日的朋友关系数

蓬勃发展的用户基础

活跃用户(百万)

丰富的数据

126 MB

平均每位用户存储的照片和视频数据量: 126 MB

总共存储的照片和视频量: 100 PB

相当于每位用户存储了几百张照片

这些不断累积的珍贵数据是市场营销者的宝藏，但对 Facebook 而言也构成了巨大挑战，因为它必须紧跟这股数据洪流的步调。Facebook 约 10% 的收入投入到了研发领域，包括致力于改善网络基础设施的速度、效率和可扩展性。如果先前的支出模式未变，那么公司在 2012 年大部分的资本支出分配——约 16 亿美元——将有可能投向服务器和存储设备。

Timeline 正以计算机辅助自传（萦绕在云端、且可以搜索的多媒体生命日志）的形式，让"永久记录"这一概念成为现实。但它也可能会产生一种始料未及的效果：让用户们想弄明白 Facebook 究竟知道多少关于自己的事情。

通常而言，"当人们分享关于自己的信息时，他们看到的只是一个概要。"加州大学伯克利分校信息学院的教授迪尔德丽·穆里根（Deirdre Mulligan）说，"当人们看到 Timeline 时，他们开始意识到，这些数据和片段已不只是部分细节的加总。他们一下子就理解了个人数据的重要性。"

2016 年 6 月，Facebook 推出新功能——让用户可以隐蔽在时间线贴出的状态。也就是说，用户可以将他的最新动态贴在时间线上，也可以直接隐蔽。这一功能为何在几年后才开发出来？显而易见，技术上的一个微小改动彰显了人们对生活的理解发生了变化，更加注重个人的隐私。

专家点评

田丰
阿里云研究中心主任

每个人在网上都有一个"数字双胞胎"，这个"数字画像"就是由社交网络上每日分享的人生点滴组成的，大量杂乱无章的分享图片、文字，内在都有时间轴主线，形成一本在线《日记》。

当每位用户的大半生记录都在 Facebook 上时，将会产生巨大的用户黏性和高昂的平台转换成本。有针对性地吸引用户将更多的"生命大事"添加上去，形成全球独一无二的个体大数据画像，利用这些数据分析出消费喜好、生活品位、行为习惯、家庭情况、社会关系等宝贵结论，将海量商品广告精准推荐到指定消费者，会大幅提升广告客户的订单转化率，以及 Facebook 的广告营收。然而用户也应具有"数据遗忘权"，即有权力彻底删除部分或全部在线个人数据。另一方面，海量的真实生活图片、文字、音视频，能够持续训练机器的学习能力，例如全球聊天记录能够训练出翻译机器人和聊天机器人，而各种生活图片则能训练机器识别动植物、交通工具、生活用品、环境与天气，甚至可以用于反恐抓逃。

当 17 亿全球 Facebook 用户的分享数据汇总后，将能够利用算法合成出一个实时变化的"数字地球"模型，含有地理位置的人群信息，具有巨大的商业应用价值、社会治理价值。

参考文献

2016 年 10 大突破性技术

精确编辑植物基因（Precise Gene Editing in Plants）

[1] Cong, L., Ran, F. A., Cox, D., et al. Multiplex genome engineering using crispr/cas systems. Science.2013: 339 (6121) : 819-823.

[2] Burkhard Steuernagel, Sambasivam K Periyannan, Inmaculada Hernández-Pinzón, et al. Rapid cloning of disease-resistance genes in plants using mutagenesis and sequence capture. Nature Biotechnology. 2016.

[3] Kamil Witek, Florian Jupe, Agnieszka I Witek, et al. Accelerated cloning of a potato late blight-resistance gene using renseq and smrt sequencing. Nature Biotechnology. 2016.

[4] Cintia G Kawashima, Gustavo Augusto Guimarães, Sônia Regina Nogueira, et al. A pigeonpea gene confers resistance to asian soybean rust in soybean. Nature Biotechn ology. 2016.

Slack

[1] WEINBERGER, M. Why Silicon Valley is suddenly in love with Slack.2014.https://declara.com/content/lgAqwpg4.

[2] Simonds, D. The Slack generation: How workplace messaging could replace other missives.2016.http://www.economist.com/news/business/21698659-how-workplace-messaging-could-replace-other-missives-slack-generation.

空中取电（Power from the Air）

[1] B.Kellogg, V. Talla, S. Gollakota and J. R. Smith, Passive Wi-Fi: Bringing Low Power to Wi-Fi Transmissions.http://passivewifi.cs.washington.edu/files/passive_wifi.pdf.

[2] T. Simonite, How Wi-Fi Drains your Cell Phone. https://www.technologyreview.com/s/419545/how-wi-fi-drains-your-cell-phone/.

[3] J. Lee, Passive Wi-Fi Could Double the Battery Life of Mobile Devices.http://www.makeuseof.com/tag/passive-wi-fi-double-battery-life-mobile-devices/.

2015 年 10 大突破性技术

Magic Leap

[1] The verge. Inside Microsoft's HoloLens.2016[2016-05-25]. http://www.theverge.com/2016/4/6/11376442/microsoft-hololens-holograms-parts-teardown-photos-hands-on.

[2] Kipman, A. Announcing Microsoft HoloLens Development Edition open for pre-order, shipping March 30. [Weblog]. (2016-02-29) [2016-05-25]. https://blogs.windows.com/devices/2016/02/29/announcing-microsoft-hololens-development-edition-open-for-pre-orde r-shipping-march-30/.

[3] Cnet. That cool Magic Leap AR demo is probably fake, but we love it anyway (Tomorrow Daily 148) .2015[2016-05-25]. http://www.cnet.com/news/cool-magic-leap-ar-demo-is-probably-fake-but-we-love-it-anyway-tomorrow-daily-148/.

[4] Cnet. Stunning Magic Leap demo is as real as augmented reality gets.2015[2016-05-25].http://www.cnet.com/news/magic-leap-shows-demo-video/.

[5] Wired. Magic Leap Just Landed an Astounding Amount of VC Money.2016[2016-05-25]. http://www.wired.com/2016/02/magic-leap-raises-the-biggest-c-round-in-venture-history/.

[6] Kelly, K.2016. Wired: the untold story of Magic Leap, the world's most secretie starup.2016[2016-05-25]. http://www.wired.com/2016/04/magic-leap-vr/.

[7] Adi robertson. The Verge: Patents remind us that Magic Leap is powered by tiny projectors, not magic.2016[2016-05-25]. http://www.theverge.com/2016/4/21/11477934/magic-leap-augmented-mixed-reality-optical-patent-filings.

[8] Tom warren. The Verge: Magic Leap has created its own HoloLens.2016[2016-05-25]. http://www.theverge.com/2016/4/19/11457880/magic-leap-photonic-lightfield-chip-features.

[9] Nilay patel. The Verge: Five burning questions about Magic Leap after Wired's huge profile.2016[2016-05-25]. http://www.theverge.com/2016/4/19/11459498/five-burnin g-questions-about-magic-leap-after-wireds-huge-profile.

[10] Bloomberg. Magic Leap Acquires Israeli Cyber Security Company NorthBit.2016[2016-05-25]. http://

www.bloomberg.com/news/articles/2016-04-18/magic-leap-acquires-israeli-cyber-security-company-northbit.

纳米结构材料 (Nano-Architecture)

[1] Bourzac, K. A Super-Strong and Lightweight New Material. MIT technology review.2014[2014-09-11].

[2] HRL Laboratories, LLC. HRL Laboratories: HRL Researchers Develop World's Lightest Material. 2011[2011-09-17]. https://www.hrl.com/hrlDocs/pressreleases/2011/prsRls_111117.html.

[3] TED. Nanotechnology: When Less is More | Julia Greer | TEDxManhattanBeach [Video Speech]. 2016[2016-01-03].https://www.youtube.com/watch？v=_1jbigmsLBw&feature=youtu.be.

谷歌气球

[1] Fastcompany. Alphabet's Project Loon To Begin Delivering Internet Access This Year. 2016[2016-5-25]. http://www.fastcompany.com/3056737/fast-feed/alphabets-project-loon-to-begin-delivering-internet-access-this-year.

[2] Wsj. 'Project Loon' Is Aloft in Sri Lanka. 2016[2016-5-25]. http://www.wsj.com/articles/project-loon-is-aloft-in-sri-lanka-1455661492.

[3] Mazin hussain. RAMA AND ITS ROLE IN SRI LANKA'S DIGITAL STORY.2016[2016-05-25]. http://readme.lk/rama-role-sri-lankas-digital-story-2/.

[4] Tech crunch. India Blocks Facebook's Free Basics, Other Zero-Rated Mobile Services Over Net Neutrality.2016[2016-05-25]. http://techcrunch.com/2016/02/08/india-blocks-facebook-freebasics-net-neutrality/.

[5] Tech crunch. Google in talks with telecoms to pilot Project Loon in India.2016[2016-05-25]. http://techcrunch.com/2016/03/08/google-in-talks-with-telecoms-to-pilot-project-loon-in-india/.

[6] Eyerys. Google's Project Loon In Indonesia: The Large Ambition To Deliver Internet Connectivity.2016[2016-05-25]. http://www.eyerys.com/articles/news/google-loon-indonesia-large-ambition-deliver-internet-connectivity.

[7] Business insider.2016. Google tells feds its secret plan to conduct high-altitude wireless tests across the US is not dangerous.2016[2016-05-25]. http://www.businessinsider.com/google-tells-fcc-airborne-wireless-tests-are-safe-2016-1.

超大规模海水淡化 (Megascale Desalination)

[1] C. J. Vörösmarty, P. B. McIntyre, M. O. Gessner, et al. Global threats to human water security and river biodiversity. Nature，2010（467）：555–561.

[2] 联合国可持续发展《21世纪议程》. http://www.un.org/chinese/events/wssd/agenda21.htm.

[3] 2005-2015 "生命之水" 国际行动十年是什么时候开始的? http://www.un.org/zh/waterforlifedecade/background.shtml.

[4] UN Water for Life 2005-2015. Access to Sanitation.2012. http://www.un.org/waterforlifedecade/sanitation.shtml.

[5] UN Water for Life 2005-2015. Water Quality.2012. http://www.un.org/waterforlifedecade/quality.shtml.

[6] UN Water for Life 2005-2015. Water Scarcity.2012. http://www.un.org/waterforlifedecade/scarcity.shtml.

[7] UN Water or Life 2005-2015. Transboundary Waters.2012. http://www.un.org/waterforlifedecade/transboundary_waters.shtml.

[8] R. Dashtpour and S. N. Al-Zubaidy, Energy Efficient Reverse Osmosis Desalination Process，International Journal of Environmental Science and Development，2012, 3（4）.

[9] 全球最大的 Sorek 反渗透海水淡化厂. http://www.sdplaza.com.cn/article-2572-1.html.

[10] $1 Billion Desalination Plant, Hailed as Model for State. http://carlsbaddesal.com/ 1-billion-desalination-plant-hailed-as-as-model-for-state.

大脑类器官 (Brain Organoids)

[1] Lancaster, M. A., Knoblich, J. A., etal. Generation of cerebral organoids from human pluripotent stem cells. Nature Protocols. 2014:9（10），2329-2340.

[2] Eiraku, M., Watanabe, K., Matsuo-Takasaki, M., Kawada, M., Yonemura, S., & Matsumura, M., et al. Self-organized formation of polarized cortical tissues from escs and its active manipulation by extrinsic signals. Cell Stem Cell. 2008: 3（5），519-532.

[3] Lancaster, M. A., & Knoblich, J. A. 2014. Organogenesis in a dish: modeling development and disease using organoid technologies. Science, 345 (6194), 1247125-1247125.

超高效光合作用 (Supercharged Photosynthesis)

[1] 吴相钰, 陈阅增. 普通生物学. 北京: 高等教育出版社, 2004.

[2] Ort, D. R., Merchant, S. S., Alric, J., et al. Redesigning photosynthesis to sustainably meet global food and bioenergy demand. Proceedings of the National Academy of Sciences. 2015: 112 (28), 8529-8536.

DNA 的互联网 (Internet of DNA)

[1] Genomics and health. Members.2016[2016-05-25]. http://genomicsandhealth.org/members.

[2] Ga4gh. GA4GH Member Update.2016[2016-05-25]. http://us8.campaign-archive1.com/？u=e2039d5b8bd 9f7751e553357f&id=ab96a10814.

[3] Bio techniques. Beacons for Data-sharing.2015[2016-05-25]. http://www.biotechniques.com/news/Beacons-for-Data-sharing/biotechniques-359902.html#.VyrnXvmECPq.

[4] Bio it world. Beacon Project Cracks the Door for Genomic Data Sharing.2015[2016-05-25].http://www.bio-itworld.com/2015/8/14/beacon-project-cracks-door-genomic-data-sharing.html.

[5] UCSC news. BRCA Exchange aggregates publicly accessible data on breast cancer genes.2016[2016-05-25]. http://news.ucsc.edu/2016/04/brca-exchange.html.

[6] Genomics and health. BRCA Exchange aggregates publicly accessible BRCA1 & BRCA2 variants. 2016[2016-05-25]. https://genomicsandhealth.org/files/public/PressReleaseBRCAExchange%20%282%29.pdf.

2014 年 10 大突破性技术

基因组编辑 (Genome Editing)

[1] Ledford,H. CRISPR,the disruptor. Nature. 2015(522) 20-24. [2016-05-25].http://dx.doi.org/10.1038/522020a.

[2] Gizmag. Do-it-yourself CRISPR genome editing kits bring genetic engineering to your kitchen bench.2015[2016-05-25]. http://www.gizmag.com/home-crispr-gene-editing-kit/40362/.

[3] Cyranoski, D. Monkey kingdom. Nature. 2016：(532)：300-302. [2016-05-25]. http://dx.doi.org/10.1038/532300a.

[4] Reardon, S. Welcome to the CRISPR zoo. Nature. 2016：(531)：160-163.[2016-05-25].http://dx.doi.org/10.1038/531160a.

[5] Cyranoski, D.2016. Monkeys genetically modified to show autism symptoms. Nature. 2016：(529)：449. [2016-05-25]. http://dx.doi.org/10.1038/529449a.

[6] Phys. Stopping malaria one mosquito at a time.2016[2016-05-25]. http://phys.org/news/2016-03-malaria-mosquito.html.

[7] The guardian. Genetic sex change for mosquitoes could stop the spread of Zika.2015[2016-05-25].https://www.theguardian.com/science/2016/feb/17/genetic-sex-change-for-mosquitoes-could-stop-the-spread-zika-crispr-cas9.

[8] Cnbeta. 华大基因计划将基因改造猪作为宠物出售.2015[2016-05-25]. http://www.cnbeta.com/articles/437581.htm.

[9] Cyranoski, D. Gene-edited "micropigs" to be sold as pets at Chinese institute. Nature, 2015 (18) [2016-05-25]. http://dx.doi.org/10.1038/nature.2015.18448.

[10] Callaway E. Gene-editing research in human embryos gains momentum. 2016 (532)：289-290.2015[2016-05-25]. http://dx.doi.org/10.1038/532289a.

[11] Cyranoski, D. & Reardon S. Chinese scientists genetically modify human embryos. Nature. 2016[2016-05-25]. http://dx.doi.org/10.1038/nature.2015.17378.

[12] Cyranoski, D. 365 days: Nature's 10. Nature. 2015 (528)：459-467. [2016-05-25]. http://dx.doi.org/10.1038/528459a.

[13] Reardon, S. Gene-editing summit supports some

research in human embryos. Nature. 2015[2016-05-25]. http://dx.doi.org/10.1038/nature.2015.18947.

[14] Callaway, E. Second Chinese team reports gene editing in human embryos. Nature. 2015[2016-05-25]. http://dx.doi.org/10.1038/nature.2016.19718

[15] Goshnhsuk. World first use of gene-edited immune cells to treat 'incurable' leukaemia.2015[2016-05-25]. http://www.gosh.nhs.uk/news/press-releases/2015-press-release-archive/world-first-use-gene-edited-immune-cells-treat-incurable-leukaemia.

[16] Reardon, S. Leukaemia success heralds wave of gene-editing therapies. Nature.2015: (527) : 146-147.[2016-05-25]. http://dx.doi.org/10.1038/nature.2015.18737.

[17] Science. Breakthrough of the Year: CRISPR makes the cut.2015[2016-05-25]. http://www.sciencemag.org/news/2015/12/and-science-s-breakthrough-year.

灵巧型机器人 (Agile Robots)

[1] Markoff, J. Nytimes: Modest Debut of Atlas May Foreshadow Age of 'Robo Sapiens'.2013[2016-05-25]. http://www.nytimes.com/2013/07/12/science/modest-debut-of-atlas-may-foreshadow-age-of-robo-sapiens.html ? _r=2.

[2] Cnet. Be afraid: DARPA unveils Terminator-like Atlas robot.2013[2016-05-25]. http://www.cnet.com/news/be-afraid-darpa-unveils-terminator-like-atlas-robot/.

[3] Business insider. Google's robot group struggles to fill leadership vacuum as it shoots for ambitious launch before 2020.2015[2016-05-25]. http://www.businessinsider.com/whats-going-on-with-google-robotics-2015-11.

[4] Darpa. Debut of Atlas Robot.2013[2016-05-25]. http://www.darpa.mil/about-us/timeline/debut-atlas-robot.

[5] Market business news. Android co-founder Andy Rubin leaves Google.2014[2016-05-25]. http://marketbusinessnews.com/android-co-founder-andy-rubin-leaves-google/37043.

[6] Bloomberg. Google Puts Boston Dynamics Up for Sale in Robotics Retreat.2016[2016-05-25]. http://www.bloomberg.com/news/articles/2016-03-17/google-is-said-to-put-boston-dynamics-robotics-unit-up-for-sale.

[7] Nytimes. Alphabet Shakes Up Its Robotics Division.2016[2016-05-25]. http://www.nytimes.com/2016/01/16/technology/alphabet-shakes-up-its-robotics-division.html ? ref=technology.

[8] Military. Marine Corps Shelves Futuristic Robo-Mule Due to Noise Concerns. 2015[2016-05-25]. http://www.military.com/daily-news/2015/12/22/marine-corps-shelves-futuristic-robo-mule-due-to-noise-concerns.html.

[9] Ieee spectrum. Boston Dynamics' Marc Raibert on Next-Gen ATLAS: "A Huge Amount of Work".2016[2016-05-25]. http://spectrum.ieee.org/automaton/robotics/humanoids/boston-dynamics-marc-raibert-on-nextgen-atlas.

[10] Toyota. Toyota Will Establish New Artificial Intelligence Research and Development Company.2015[2016-06-01]. http://corporatenews.pressroom.toyota.com/releases/toyota establish artificial intelligence research development company.htm.

[11] Tech insider. Toyota is closing in on a deal to buy Google's robotics company Boston Dynamics, and the 'ink is nearly dry'.2016[2016-05-25]. http://www.techinsider.io/toyota-in-talks-to-acquire-boston-dynamics-from-google-2016-5.

微型 3D 打印 (Microscale 3-D Printing)

[1] Harvard. Scaling up tissue engineering.2016[2016-05-25]. http://wyss.harvard.edu/viewpressrelease/250.

[2] Harvard. Jennifer Lewis named one of 2015's Most Creative People in Business. 2015[2016-05-25]. https://www.seas.harvard.edu/news/2015/05/jennifer-lewis-named-one-of-2015-s-most-creative-people-in-business.

[3] Fastcompany. Jennifer Lewis: For giving 3-D printing a jolt.2015[2016-05-25]. http://www.fastcompany.com/3043921/most-creative-people-2015/jennifer-lewis.

[4] Adam clark estes. Gizmodo: This $9K Machine Could Usher in the Era of 3D-Printed Electronics.2015[2016-05-25]. http://gizmodo.com/this-9k-machine-could-usher-in-the-era-of-3d-

printed-e-1677580682.

[5] Wired. (2015).The Internet of Anything: The 3-D Printer That Can Spit Out Custom Electronics.2015[2016-05-25]. http://www.wired.com/2015/01/internet-anything-3-d-printer-can-spit-quadcopter-parts/.

[6] Voxel8. Voxel8 Press Kit.2016[2016-05-25]. https://www.dropbox.com/sh/c1z9inp47o3f9bn/AABP_qjuJOvZeEtKAxMGdFd1a/Voxel8PressKit.docx？dl=0.

[7] Voxel8. News and Highlights.2015[2016-05-25]. http://www.voxel8.co/news/.

[8] Harvard. Jennifer Lewis awarded Department of Defense fellowship.2016[2016-05-25]. https://www.seas.harvard.edu/news/2016/03/jennifer-lewis-awarded-department-of-defense-fellowship.

[9] Harvard. Novel 4D printing method blossoms from botanical inspiration.2016[2016-05-25]. https://www.seas.harvard.edu/news/2016/01/novel-4d-printing-method-blossoms-from-botanical-inspiration.

[10] Betaboston. This Harvard lab is making 3-D-printing 'inks' from metals and living cells.2016[2016-05-25]. http://www.betaboston.com/news/2016/03/16/this-harvard-lab-is-making-3-d-printing-inks-from-metals-and-living-cells/.

移动协作 (Mobile Collaboration)

[1] Time. Top 10 Apps.2013[2016-05-25]. http://techland.time.com/2013/12/04/technology/.

[2] The guardian. The 50 best apps of 2013.2013[2016-05-25]. https://www.theguardian.com/technology/2013/dec/15/50-best-apps-2013-iphone-android-observer.

[3] The next web. 20 of the best productivity apps of 2013.2013[2016-05-25]. http://thenextweb.com/apps/2014/01/01/20-best-productivity-apps-2013/.

[4] Quip. Our Founders.2016[2016-05-25]. https://quip.com/about/.

[5] Quip. Our Timeline.2016[2016-05-25]. https://quip.com/about/.

[6] Tech crunch. Quip Gets $30M From Greylock And Benchmark To Grow Its Mobile-First Word Processing App.2015[2016-05-25].http://techcrunch.com/2015/10/15/quip-gets-30m-from-greylock-and-benchmark-to-grow-its-mobile-first-word-processing-app/.

[7] Business insider. The guy behind Facebook's 'Like' button is launching a new 'inbox' to kill email attachments.2016[2016-05-25]. http://www.businessinsider.com/quip-redesign-comes-with-an-inbox-2016-2.

[8] Quip. Pricing.2016[2016-05-25]. https://quip.com/about/pricing.

[9] Tech crunch. Quip，The Mobile-First Word Processing App，Adds A Desktop Version. 2015[2016-05-25]. http://techcrunch.com/2015/07/08/quip-the-mobile-first-word-proc essing-app-adds-a-desktop-version/.

[10] The effective engineer. What we learned from building Quip on 8 different platforms with only 14 engineers.2016[2016-05-25]. http://www.theeffectiveengineer.com/blog/how-to-successfully-build-great-products-with-small-teams.

智能风能和太阳能 (Smart Wind and Solar Power)

[1] AWEA. U.S. number one in the world in wind energy production.2016. http://www.awea.org/MediaCenter/pressrelease.aspx？ItemNumber=8463.

[2] Wikipedia. Renewable energy in the United States. https://en.wikipedia.org/wiki/Renewable_energy_in_the_United_States.

[3] Business Wire. Xcel Energy Delivering Clean Energy to Communities.2016. http://www.businesswire.com/news/home/20160524006179/en/.

[4] The Denver Post. Xcel Energy files for $1 billion Rush Creek Wind Project.2016. http://www.denverpost.com/2016/05/13/xcel-energy-files-for-1-billion-rush-creek-wind-project/.

[5] The Street. GE Uses Cloud Computing to Boost Wind-Energy Output 20%.2015. https://www.thestreet.com/story/13155559/1/ge-uses-cloud-computing-to-boost-wind-energy-output-20.html.

Oculus Rift

[1] Oculus. John Carmack Joins Oculus as CTO.2013[2016-05-25]. https://www.oculus.com/en-us/blog/john-carmack-joins-oculus-as-cto/.

[2] Digitaltrends. Spec Comparison: The Rift is less expensive than the Vive，but is it a better value？.2016[2016-05-25]. http://www.digitaltrends.com/virtual-reality/oculus-rift-vs-htc-vive/.

[3] Cnet. The Oculus Rift costs $599，and you can finally order one now.2016[2016-05-25]. http://www.cnet.com/news/oculus-rift-price-release-date-pre-orders/.

[4] Oculus. Oculus Rift Pre-Orders Now Open.2016[2016-05-25].https://www.oculus.com/en-us/blog/oculus-rift-pre-orders-now-open-first-shipments-march-28/.

[5] Roadtovr. Oculus Promises 100+ Rift Games by End of 2016.2016[2016-05-25]. http://www.roadtovr.com/oculus-promises-100-rift-games-end-2016/.

[6] 中关村在线.VR生态链逐渐成形HTC将重现辉煌？.2016[2016-05-25]. http://news.zol.com.cn/580/5804753.html.

[7] Jason evangelho. Forbes: In Defense of Exclusives: Oculus VR's Jason Rubin Explains Why They're A Reality For The Rift.2016[2016-05-25]. http://www.forbes.com/sites/jasonevangelho/2016/04/25/in-defense-of-exclusives-oculus-vrs-jason-rubin/.

[8] Variety. Oculus Launches Story Studio to Promote Virtual Reality Filmmaking.2015[2016-05-25]. http://variety.com/2015/digital/news/oculus-launches-story-studio-to-promote-virtual-reality-filmmaking-1201415826/.

[9] Pingwest. [SXSW 现场]Oculus 故事工作室: 打造 VR 界 的 皮 克 斯 .2016[2016-05-25].http://www.pingwest.com/oculus-story-studio-sxsw/.

[10] Engadget. 'Henry' is Oculus' first, emotional step to making AI characters.2015[2016-05-25].http://www.engadget.com/2015/07/29/henry-oculus-story-studio-vr/.

[11] Roadtovr. Oculus Story Studio University to Bring VR Film Workshops to NYU and USC.2016[2016-05-25].http://www.roadtovr.com/oculus-story-studio-university-to-bring-vr-film-workshops-to-nyu-and-usc/.

[12] Oculus. Oculus Story Studio Previews "Dear Angelica" at Sundance 2016.2016[2016-05-25]. https://storystudio.oculus.com/en-us/blog/oculus-story-studio-previews-dear-angelica-at-sundance-2016/.

[13] Jamieson cox. The Verge: The Martian VR Experience is out of this world.2016[2016-05-25]. http://www.theverge.com/2016/1/9/10739440/the-martian-virtual-reality-oculus-rift-htc-vive-gear-vr-ces-2016.

[14] New York Times. With 'The Martian,' Virtual Reality Has Liftoff From Fox Innovation Lab.2015[2016-05-25].http://www.nytimes.com/2015/10/26/business/media/virtual-reality-has-liftoff-from-fox-innovation-lab.html？_r=0.

[15] Adi robertson. The Verge: Watch the trailers for two Chernobyl VR interactive documentaries.2016[2016-05-25]. http://www.theverge.com/2016/4/26/11508838/chernobyl-vr-project-the-farm-51-trailer.

[16] Adi robertson. The Verge: The New York Times is sending out a second round of Google Cardboards.2016[2016-05-25]. http://www.theverge.com/2016/4/28/11504932/new-york-times-vr-google-cardboard-seeking-plutos-frigid-heart.

[17] The korea herald. Doctors widening use of VR devices to treat various mental disorders.2016[2016-05-25].http://www.koreaherald.com/view.php？ud=20160429000211

[18] The guardian. Cutting-edge theatre: world's first virtual reality operation goes live. 2016[2016-05-25]. https://www.theguardian.com/technology/2016/apr/14/cutting-edge-theatre-worlds-first-virtual-reality-operation-goes-live.

[19] The drum. Audi partners with Somo to create fan experiences using Google Glass and Oculus Rift at Goodwood Festival of Speed.2014[2016-05-25].http://www.thedrum.com/news/2014/06/26/audi-partners-somo-create-fan-experiences-using-google-glass-and-oculus-rift.

[20] Russell brandom. The Verge: The Norwegian Army is using the Oculus Rift to drive tanks.2014[2016-05-25]. http://www.theverge.com/2014/5/5/5682942/the-norwegian-army-is-using-the-oculus-rift-to-drive-tanks.

[21] Chris welch. The Verge: Lytro CEO admits competing with Canon，Nikon，and smartphones was a losing game.2016[2016-05-25]. http://www.theverge.com/2016/4/4/11363186/lytro-ceo-no-more-

consumer-cameras.

[22] Wired. Maybe VR Shouldn't Give You Heaven-Maybe You Need Hardship.2016[2016-05-25]. http://www.wired.com/2016/04/virtual-reality-beanotherlab/.

[23] The washington post. Scientists trick subjects into feeling invisible.2015[2016-05-25].https://www.washingtonpost.com/news/speaking-of-science/wp/2015/04/23/scientists-trick-subjects-into-feeling-invisible/.

[24] Danny lewis. Smithsonian: Could Virtual Reality Inspire Empathy for Others？.2016[2016-05-25]. http://www.smithsonianmag.com/smart-news/could-virtual-reality-inspire-empathy-others-180958703/？no-ist.

[25] Wired. The Best Oculus Experience Yet Is a Gray Room Full of Junk.2016[2016-05-25]. http://www.wired.com/2016/01/oculus-rift-toybox/.

[26] Business insider. Facebook's CTO just used a virtual reality selfie stick and people went nuts.2016[2016-05-25]. http://www.businessinsider.com/facebook-cto-mike-schroepfer-on-social-vr-2016-4.

[27] Sony. PlayStation®VR Launches October 2016 Available Globally At 44，980 Yen，$399 USD，€399 And £349.2016[2016-05-25].https://www.sony.com/en_us/SCA/company-news/press-releases/sony-computer-entertainment-america-inc/2016/playstationvr-launches-october-2016-available-glob.html.

[28] Fortune. Sony Sees eSports Potential for PlayStation VR.2016[2016-05-25]. http://fortune.com/2016/04/21/sony-virtual-reality-playstation/.

[29] Tech crunch. GoPro Built This Epic 16-Camera Array To Capture VR Content For Google.2015[2016-05-25]. http://techcrunch.com/2015/05/28/gopro-built-this-epic-16-camera-array-to-capture-vr-content-for-google/#.eijnkr:Lnwb.

[30] Singularity hub. How Virtual Reality Can Unleash the Greatest Wave of Creativity in Human History.2015[2016-05-25].http://singularityhub.com/2015/08/06/how-virtual-reality-can-unleash-the-greatest-wave-of-creativity-in-human-history/.

农用无人机（Agricultural Drones）

[1] Boston globe. Agricultural drones may change the way we farm.2015[2016-05-25].https://www.bostonglobe.com/ideas/2015/08/22/agricultural-drones-change-way-farm/WTpOWMV9j4C7kchvbmPr4J/story.html.

[2]Marketresearchreportsbiz. Global Agricultural Drones Market To Rise To US$ 369 Bn By 2022.2016[2016-05-25].http://www.marketresearchreports.biz/pressrelease/1481.

[3] 雷锋网."务农"一年，极飞无人机收获了什么?.2016[2016-05-25]. from http://www.leiphone.com/news/201604/1ux1C4CPaGFq2NTV.html.

[4] 腾讯科技.大疆推出农业植保无人机.2015[2016-05-25].http://tech.qq.com/a/20151127/019851.htm.

[5] Wsj. They're Using Drones to Herd Sheep.2015[2016-05-25].http://www.wsj.com/articles/theyre-using-drones-to-herd-sheep-1428441684.

[6] E&T. Agricultural drones: the new farmers' market.2015[2016-05-25].http://eandt.theiet.org/magazine/2015/07/farming-drones.cfm.

2013 年 10 大突破性技术

深度学习（Deep Learning）

[1] Geekpark. 微软小冰成为电视台主播，人工智能已经取代人类的工作了.2016[2016-05-25]. http://www.geekpark.net/topics/214258.

[2] Ieee spectrum. Deep Learning Makes Driverless Cars Better at Spotting Pedestrians.2016[2016-05-25]. http://spectrum.ieee.org/cars-that-think/transportation/advanced-cars/deep-learning-makes-driverless-cars-better-at-spotting-pedestrians.

[3] Ieee spectrum. Biggest Neural Network Ever Pushes AI Deep Learning.2016[2016-05-25]. http://spectrum.ieee.org/tech-talk/computing/software/biggest-neural-network-ever-pushes-ai-deep-learning.

[4] Venturebeat. Apple acquires deep learning startup VocalIQ to make Siri smarter.2015[2016-05-25]. http://venturebeat.com/2015/10/02/apple-acquires-deep-learning-startup-vocaliq-to-make-siri-smarter/.

[5] Venturebeat. Google says its speech recognition technology now has only an 8% word error rate.2015[2016-05-25]. http://venturebeat.com/2015/05/28/google-says-its-speech-recognition-technology-now-has-only-an-8-word-error-rate/.

[6] Forbes. What Is Deep Learning And How Is It Useful？.2016[2016-05-25]. http://www.forbes.com/forbes/welcome/.

[7] The globe and mail. Toronto startup has a faster way to discover effective medicines.2015[2016-05-25]. http://www.theglobeandmail.com/report-on-business/small-business/startups/toronto-startup-has-a-faster-way-to-discover-effective-medicines/article25660419/.

[8] The new yorker. Is "Deep Learning" a Revolution in Artificial Intelligence？.2012[2016-05-25].http://www.newyorker.com/news/news-desk/is-deep-learning-a-revolution-in-artificial-intelligence.

[9] Ieee spectrum. New Pedestrian Detector from Google Could Make Self-Driving Cars Cheaper.2015[2016-05-25]. http://spectrum.ieee.org/cars-that-think/transportation/self-driving/new-pedestrian-detector-from-google-could-make-selfdriving-cars-cheaper.

[10] International business times. Google Inc Says Self-Driving Car Will Be Ready By 2020.2015[2016-05-25]. http://www.ibtimes.com/google-inc-says-self-driving-car-will-be-ready-2020-1784150.

[11] The Wall Street Journal. New Study Seeks to Use Deep Learning to Detect Heart Disease.2016[2016-05-25]. http://www.wsj.com/articles/new-study-seeks-to-use-deep-learning-to-detect-heart-disease-1458240739.

[12] Wang, et al. Traffic Flow Prediction With Big Data: A Deep Learning Approach. IEEE Transactions on Intelligent Transportation Systems，2014:16（2）: 1-9 [2016-05-25] http://dx.doi.org/ 10.1109/TITS.2014.2345663.

[13] Martin Enserink, Glbert Chin（2015）. The end of privacy. Science，2015:（347）:490-491.

Baxter: 蓝领机器人（Baxter: The Blue-Collar Robot）

[1] Vanguard plastics. Experts in Producing Plastic Injection Molded Components.2016[2016-05-25]. http://vanguardplastics.com/custom-plastic-molding/.

[2] Fox 61. The Baxter Bot revolutionizes Southington plastics factory.2016[2016-05-25]. http://fox61.com/2016/01/11/the-baxter-bot-revolutionizes-southington-plastics-factory/.

[3] Youtube. Customer Success Story-Vanguard Plastics.2014[2016-05-25].https://www.youtube.com/watch？v=J8DVuppk3n0.

[4] Ieee spectrum. Sawyer: Rethink Robotics Unveils New Robot.2015[2016-05-25]. http://spectrum.ieee.org/automaton/robotics/industrial-robots/sawyer-rethink-robotics-new-robot.

[5] Time. Meet Sawyer，a New Robot That Wants to Revolutionize Manufacturing.2015[2016-05-25]. http://time.com/3749307/rethink-robotics-sawyer-robot/.

[6] 网易. 港媒: 珠三角斥资 9430 亿元推动"机器换人".2015[2016-05-25]. http://news.163.com/15/0408/10/AMM19V8C00014AEE.html.

产前 DNA 测序（Prenatal DNA Sequencing）

[1] Singularity hub. Fetal DNA Sequencing Experiencing Revolution With New Non-invasive Testing Goodbye Amnio？.2013[2016-05-25].http://singularityhub.com/2013/11/13/fetal-dna-sequencing-experiencing-revolution-with-new-non-invasive-testing-goodbye-amnio/.

[2] Scientific american. What Fetal Genome Screening Could Mean for Babies and Parents.2014[2016-05-25]. http://www.scientificamerican.com/article/what-fetal-genome/.

[3] 光明网.贝瑞和康国内首创: 无创产前检测 plus 版问世.2016[2016-05-25].http://health.gmw.cn/2016-02/29/content_19098216.htm.

[4] Illumina. Management Team.2016[2016-05-25].http://www.illumina.com/company/about-us/management-team/jay-flatley.html.

[5] 黄叙浩.东莞: 首个产前诊断中心已阻止 316 例唐氏症患儿出生.2016[2016-05-25]. http://kb.southcn.com/content/2016-03/21/content_144458681.htm.

[6] Steven salzberg. Forbes: A DNA Sequencing Breakthrough That Many Expectant Moms Will Want.2014[2016-05-25].http://www.forbes.com/sites/stevensalzberg/2014/03/09/a-dna-sequencing-breathrough-that-many-expectant-moms-will-want/.

[7] Jenni marsh, CNN. A blood test before birth could predict your medical destiny.2016[2016-05-25].http://www.cnn.com/2016/03/24/health/dennis-lo-dna-discovery/.

多频段超高效太阳能 (Ultra-Efficient Solar Power)

[1] Polman, A. & Atwater H. A. Photonic design principles for ultrahigh-efficiency photovoltaics. Nature Materials, 2012: 11 (3): 174-7.

[2] Ferry, V. E., Sweatlock, L. A., Pacifici, D., & Atwater, H. A. 2008. Plasmonic nanostructure design for efficient light coupling into solar cells. Nano Letters.2008: 8 (12): 4391-4397.

[3] Zhang, D., Gordon, M., Russo, J. M., Atwater, H., & Kostuk, R. K.2012. Reflection hologram solar spectrum-splitting filters. Proceedings of SPIE-The International Society for Optical Engineering, 2012: 8468 (23): 846807-846810.

[4] Atwater, H. A., & Polman, A. 2010. Plasmonics for improved photovoltaic devices.Nature Material,2010: 9(3): 205-213.

来自廉价手机的大数据 (Big Data from Cheap Phones)

[1] Gordon Mathews, Ghetto at the Center of the World: Chungking Mansions, HongKong. University of Chicago Press, 2011; 中译本: 麦高登, 香港重庆大厦: 世界中心的边缘地带.华东师范大学出版社, 2015.

[2] Harvard Magazine. Big Data Takes on Dengue Fever. 2015. http://www.harvardmagazine.com/2015/09/big-data-versus-dengue.

[3] A. Wesolowski, T. Qureshi, M. F. Boni, P. R. Sundsøy, M. A. Johansson, S. B. Rasheed, K. Engø-Monsen and C. O. Buckee, Impact of human mobility on the emergence of dengue epidemics in Pakistan. PNAS. 2015: (112): 11887-11892.

[4] 大数据文摘.案例: 用大数据预测登革热.2015. http://chuansong.me/n/1896874.

增材制造技术 (Additive Manufacturing)

[1] Ge reports. The FAA Cleared The First 3D Printed Part To Fly In A Commercial Jet Engine From GE.2015[2016-05-25].http://www.gereports.com/post/116402870270/the-faa-cleared-the-first-3d-printed-part-to-fly/.

[2] Ge global research. 3D Printing Creates New Parts for Aircraft Engines.2016[2016-05-25]. http://www.geglobalresearch.com/innovation/3d-printing-creates-new-parts-aircraft-engines.

[3] Fortune. GE's bestselling jet engine makes 3-D printing a core component.2015[2016-05-25].http://fortune.com/2015/03/05/ge-engine-3d-printing/.

[4] Fortune. GE's first 3D-printed parts take flight.2015[2016-05-25].http://fortune.com/2015/05/12/ge-3d-printed-jet-engine-parts/.

[5] GE Appliances. At a Rapid Pace: GE Changes the Way it Develops Appliances.2016[2016-05-25].http://pressroom.geappliances.com/news/at-a-rapid-pace:-ge-changes-the-way-it-develops-appliances.

[6] Ge reports. Honey, I Shrunk The Steam Turbine: We Could Drink From The Sea With This Miniaturized 3D Printed Machine.2015[2016-05-25]. http://www.gereports.com/honey-i-shrunk-the-steam-turbine-and-it-makes-clean-water/.

[7] 3ders. GE uses 3D printing to prototype desk-size carbon dioxide turbine that can power a small town.2016[2016-05-25]. http://www.3ders.org/articles/20160413-ge-uses-3d-printing-to-prototype-compact-carbon-dioxide-turbine-that-can-power-a-small-town.html.

[8] 3ders. GE opens additive manufacturing facility in Pittsburgh，creates 50 new jobs.2016[2016-05-25].http://www.3ders.org/articles/20160406-ge-opens-additive-manufacturing-facility-in-pittsburgh-creates-50-new-jobs.html.

[9] Optics. Pratt & Whitney uses 3D printing for aero engine parts.2015[2016-05-25].http://optics.org/news/6/4/7.

[10] Uconn today. Pratt & Whitney Additive Manufacturing Innovation Center Opens at UConn.2013[2016-05-25]. http://today.uconn.edu/2013/04/pratt-whitney-additive-manufacturing-innovation-center-opens-at-uconn/.

[11] Science in public. The world's first printed jet engine.2015[2016-05-25].http://www.scienceinpublic.com.au/media-releases/monash-avalonairshow-2015.

[12] Ge reports. These Engineers 3D Printed A Mini Jet Engine，Then Took It To 33,000 RPM.2015[2016-05-25]. http://www.gereports.com/post/118394013625/these-engineers-3d-printed-a-mini-jet-engine-then/.

[13] 3d printing industry. 3D Printing IndustryAirbus Is Ready for Industrialization of 3D Printing in 2016，Peter Sander Reveals.2016[2016-05-25]. http://3dprintingindustry.com/news/airbus-is-ready-for-3d-printing-industrialization-in-2016-peter-sander-reveals-63986/.

[14] 3ders. 'Airbus seeks to 3D print half of its future airplane fleet'.2016[2016-05-25]. http://www.3ders.org/articles/20160323-airbus-seeks-to-3d-print-half-of-its-future-airplane-fleet.html.

[15] SpaceX. SpaceX Launches 3D-Printed Part to Space, Creates Printed Engine Chamber. 2014[2016-05-25]. http://www.spacex.com/news/2014/07/31/spacex-launches-3d-printed-part-space-creates-printed-engine-chamber-crewed.

[16] NASA. Piece by Piece: NASA Team Moves Closer to Building a 3-D Printed Rocket Engine.2015[2016-05-25]. http://www.nasa.gov/centers/marshall/news/news/releases/2015/piece-by-piece-nasa-team-moves-closer-to-building-a-3-d-printed-rocket-engine.html.

[17] 3dprint. NASA 3D Prints the World's First Full-Scale Copper Rocket Engine Part.2015[2016-05-25]. https://3dprint.com/59881/nasa-3d-prints-copper-rocket/.

[18] Engineering. Atlas V Rocket Soars from Earth with 3D-Printed Plastic Parts.2016[2016-05-25]. http://www.engineering.com/3DPrinting/3DPrintingArticles/ArticleID/11847/Atlas-V-Rocket-Soars-from-Earth-with-3D-Printed-Plastic-Parts.aspx.

智能手表（Smart Watches）

[1] Seifert, D. Ready or not, smart watches are coming for the mainstream. The Verge. 2016.

[2] Moar, J. Smartwatches: Trends, Vendor Strategies & Forecasts 2016-2020. 2016. http://www.juniperresearch.com/researchstore/devices-wearables/smart-watches/trends-vendor-strategies-forecasts.

[3] Moar, J. Future Health & Fitness Wearables: Business Models, Forecasts & Vendor Share 2016-2020. 2016. http://www.juniperresearch.com/researchstore/devices-wearables/future-health-fitness-wearables/business-models-forecasts-vendor-share.

[4] Lidstone, R. Fitness Devices Continue to Be More Popular than Smartwatches [Web log post].2016 (2016-01-19). http://www.wearabletechworld.com/topics/wearable-tech/articles/416223-fitness-devices-continue-be-more-popular-than-smartwatches.htm.

移植记忆（Memory Implants）

[1] Opris, I., Hampson R. E. Gerhardt, G. A. Berger, T. W., & Deadwyler S. A. Columnar processing in primate pfc: evidence for executive control microcircuits. Journal of Cognitive Neuroscience, 2012: 24 (12) : 2334-2347.

[2] Berger, T. W., Alger, B., & Thompson, R. F. (1976). Neuronal substrate of classical conditioning in the hippocampus. Science, 1976: 192 (4238) : 483-485.

[3] Bouton, C. E., Shaikhouni, A., Annetta, N. V., Bockbrader, M. A., Friedenberg, D. A., & Nielson, D. M., et al. Restoring cortical control of functional movement in a human with quadriplegia. Nature. 2016.

2012 年 10 大突破性技术

卵原干细胞（Egg Stem Cells）

[1] Powell, K. Egg-making stem cells found in adult ovaries. Nature, 2012, 483（16）.

[2] Zou K., Yuan Z., Yang Z., et al. Production of offspring from a germline stem cell line derived from neonatal ovaries. Nature Cell Biology, 2009,（11）: 631-636.

[3] Northeasternedu. College of Science.2013[2016-05-21]. http://www.northeastern.edu/cos/2013/07/jonathan-tilly-named-chair-of-department-of-biology/.

[4] 王蕾.专访刘奎: 雌性生殖"干细胞"是否存在? .2012[2016-05-24]. http://www.ebiotrade.com/newsf/2012-7/201271694508779.htm.

[5] Gura, T. Reproductive biology: Fertile mind. Nature, 491[2012-11-15], 318–320.2012[2016-05-25]. http://dx.doi.org/10.1038/491318a.

[6] Couzin-frankel, J. Eggs unlimited. Science. 2015: 350（6261）: 620-624.

[7] Powell, K. Egg-making stem cells found in adult ovaries. Nature. 2012: 483（16）: 16-17.

[8] Livescience. Can You Really Freshen Up Women's 'Aging' Eggs? .2015[2016-05-25]. http://www.livescience.com/50199-can-you-rejuvenage-aging-eggs.html.

[9] Time. Meet the World's First Baby Born With an Assist from Stem Cells.2015[2016-05-25]. http://time.com/3849127/baby-stem-cells-augment-ivf/.

[10] Coghlan, A & Marchant, J. GM babies. New Scientist. 2001: 16（513）.

[11] Coghlan, A. (2015). UK parliament gives three-parent IVF the go-ahead. New Scientist. (2015-02-07) [2016-05-25]. https://www.newscientist.com/article/dn26906-uk-parliament-gives-three-parent-ivf-the-go-ahead/.

[12] Oktay et al. Oogonial Precursor Cell-Derived Autologous Mitochondria Injection to Improve Outcomes in Women With Multiple IVF Failures Due to Low Oocyte Quality: AClinical Translation. Reproductive Sciences. 2015: 22（12）: 1612-1617.

[13] Coghlan, A.. First baby born with IVF that uses stem cells to pep up old eggs, New Scientist. (2015-05-16) [2016-05-25]. https://www.newscientist.com/article/dn27491-first-baby-born-with-ivf-that-uses-stem-cells-to-pep-up-old-eggs/.

[14] Tzianabos, O. Experts in Egg Health: New Advances in Fertility.2015[2016-05-25]. http://www.ovascience.com/files/ASRM_2015_FINAL.pdf.

[15] Hayashi, et al. Offspring from Oocytes Derived from in Vitro Primordial Germ Cell–like Cells in Mice. Science. 2012: 338（6109）: 971-975. 2016[2016-05-25]. http://dx.doi.org/ 10.1126/science.1226889.

[16] Albertini, D & Gleicher A detour in the quest for oogonial stem cells: methods matter. Nature Medicine. 2015（21）: 1126–1127. 2016[2016-05-25]. http://dx.doi.org/10.1038/nm.3969.

[17] 生物帮. Cell 封面: 北大汤富酬实验室和北医三院乔杰实验室联合发表人类原始生殖细胞中基因表达网络的表观遗传调控机制 .2015[2016-05-25]. http://cell.bio1000.com/cell/201506/592.html.

超高效太阳能（Ultra-Efficient Solar）

[1] Groeseneken, G. & Heremans, P. Lecture notes for "Semiconductor Devices", K.U.Leuven. 2012.

[2] Cui, J., Yuan, H., Li, J., Xu, X., Shen, Y., & Lin, H., et al. Recent progress in efficient hybrid lead halide perovskite solar cells. Science & Technology of Advanced Materials. 2015: 16（3）.

光场摄影术（Light-Field Photography）

[1] Stasio, M. The notebooks of Leonardo da Vinci. The notebooks of Leonardo da Vini.George Braziller. 1956.

[2] Faraday, M. Liv. thoughts on ray-vibrations. Philosophical Magazine. 28（188）: 345-350.

[3] Gershun, A. The light field. Journal of Mathematics & Physics. 1939: 18（1）: 51–151.

[4] Ng, Ren. (2006). Digital light field photography. Dissertation Abstracts International, 2006: 67（05）: 2664.; Adviser: Patrick Hanra, 115（3）: 38-39.

太阳能微电网（Solar Microgrids）

[1] Monster power cut hits nation.2012[2012-07-30]. http://www.deccanherald.com/content/268237/power-crisis-now-trips-22.html.

[2] Denyer, S., &Lakshmi, R. Huge blackout fuels doubts about India's economic ambitions - The Washington Post.（2012-08-01）.

[3] MGP's Low Cost Prepaid Meter and System Monitoring Device.2016. http://meragaopower.com/news.html.

[4] Pearce, F. African Lights: Microgrids Are Bringing Power to Rural Kenya.2014[2014-10-27].

[5] O'Neill, MIT Energy Initiative, K. M. (2016, January 21). Going off grid: Tata researchers tackle rural electrification: MIT News.

3D 晶体管（3-D Transistors）

[1] Ieee spectrum. The Tunneling Transistor: Quantum tunneling is a limitation in today's transistors, but it could be the key to future devices.2013[2016-05-25]. http://spectrum.ieee.org/semiconductors/devices/the-tunneling-transistor.

[2] Ieee spectrum. Transistor Wars: Rival architectures face off in a bid to keep Moore's Law alive.2011[2016-05-25]. http://spectrum.ieee.org/semiconductors/devices/transist or-wars.

[3] Cnet. How Intel's 3D tech redefines the transistor（FAQ）.2011[2016-05-25]. from http://www.cnet.com/news/how-intels-3d-tech-redefines-the-transistor-faq/.

[4] Intel newsroom. Chip Shot: Intel's Tri-Gate Transistor Named "Semiconductor Innovation of the Year".2011[2016-05-25]. https://newsroom.intel.com/chip-shots/chip-shot-intels-tri-gate-transistor-named-semiconductor-innovation-of-the-year/.

[5] Ieee. 2016 IEEE MEDALS AND RECOGNITIONS RECIPIENTS AND CITATIONS.2016[2016-05-25]. http://www.ieee.org/about/awards/2016_ieee_medal_and_recognition_recipients_and_citations_list.pdf.

[6] Intel. Opening New Horizons: 14 nm Process Technology.2014[2016-05-25]. http://www.intel.com/content/www/us/en/architecture-and-technology/bohr-14nm-idf-2014-brief.html？wapkw=tri-gate.

[7] Ieee spectrum. Intel Finally Goes Fanless.2014[2016-05-25]. http://spectrum.ieee.org/tech-talk/semiconductors/processors/intel-finally-goes-fanless.

[8] Ieee spectrum. Moore's Law Milestones.2015[2016-05-25].http://spectrum.ieee.org/geek-life/history/moores-law-milestones In-text citation:（Ieee spectrum, 2015）.

[9] Arstechnica. Beyond silicon: IBM unveils world's first 7nm chip.2015[2016-05-25].http://arstechnica.com/gadgets/2015/07/ibm-unveils-industrys-first-7nm-chip-moving-beyond-silicon/.

[10] Ieee spectrum. Nanowire Transistors Could Let You Talk, Text, and Tweet Longer.2016[2016-05-25]. http://spectrum.ieee.org/semiconductors/devices/nanowire-transistor s-could-let-you-talk-text-and-tweet-longer.

更快的傅里叶变换（A Faster Fourier Transform）

[1] Heinric 知乎评论."如果看了此文你还不懂傅里叶变换,那就过来掐死我吧".2014[2014-06-06]. 知乎专栏：https://zhuanlan.zhihu.com/p/19759362.

[2] 曾海东, 韩峰, 刘瑶琳. 傅里叶分析的发展与现状. 现代电子技术（3）. 2014: 144-147.

[3] Cooley, J. W., Tukey, J. W. An algorithm for the machine calculation of compexfourier series. Mathematics of Computation. 2010: 19（19）：201-216.

[4] Hassanieh, H., Indyk, P., Katabi, D., et al. Simple and practical algorithm for sparse Fourier transform. Acm-Siam Symposium on Discrete Algorithms. SIAM. 2012: 1183-1194.

[5] Hassanieh, H., Adib, F., Katabi, D., &Indyk, P. (2012). Faster GPS via the sparse fourier transform. International Conference on Mobile Computing and NETWORKING. ACM. 2016（6）, 353-364.

纳米孔测序（Nanopore Sequencing）

[1] Bio techniques. Genome on a Stick.2012[2016-05-25]. http://www.biotechniques.com/news/Genome-on-a-Stick/biotechniques-327307.html.

[2] Wired. Your genes can now be sequenced using your USB port.2015[2016-05-25].http://www.wired.co.uk/magazine/archive/2015/04/features/usb-gene-sequence/viewall.

[3] Scienceblog. Apple vs Samsung like patent war in the genomics industry.2016[2016-05-25]. http://scienceblog.com/483281/apple-vs-samsung-like-patent-war-genomics-industry/.

[4] Matthew herper. Forbes.2016[2016-05-25]. http://www.forbes.com/sites/matthewherper/2012/02/18/who-doubts-the-usb-thumb-drive-sequencer-a-rival/.

[5] Nanoporetech. Products Specifications.2016[2016-05-25]. https://www.nanoporetech.com/community/specifications.

[6] 生物通. Nature: 掌上测序仪表现令人惊艳.2015

[2016-05-25]. http://www.ebiotrade.com/newsf/2015-5/201556110429491.htm.

[7] Ieee spectrum. To Respond to a Disease Outbreak，Bring in the Portable Genome Sequencers.2016[2016-05-25]. http://spectrum.ieee.org/tech-talk/biomedical/diagnostics/to-respond-to-disease-outbreak-bring-in-portable-genome-sequencers.

[8] David et al. Nanocall: An Open Source Basecaller for Oxford Nanopore Sequencing Data. BioRxiv.2016[2016-05-25]. http://dx.doi.org/10.1101/046086.

[9] Boza, V, Brejová B & Vinar, T. DeepNano: Deep Recurrent Neural Networks for Base Calling in MinION Nanopore Reads. ArXiv:160309195v1 [q-bioGN].2016[2016-03-30].

[10] Ieee spectrum. Portable DNA Sequencer MinION Helps Build the Internet of Living Things.2016[2016-05-25]. http://spectrum.ieee.org/the-human-os/biomedical/devices/portable-dna-sequencer-minion-help-build-the-internet-of-living-things.

[11] localprov. Nabsys-Back from the Dead Under Bready's Return.2016[2016-05-25]. http://www.golocalprov.com/business/nabsys-back-from-the-dead-under-breadys-return.

[12] 中国生物技术信息网．牛津纳米孔测序将全面升级，回避 Illumina 专利之战 .2016[2016-05-25] http://www.biotech.org.cn/information/140409.

众筹模式（Crowdfunding）

[1] Kickstarter. Pebble Time.2015[2016-05-25]. https://www.kickstarter.com/projects/597507018/pebble-time-awesome-smartwatch-no-compromises/description.

[2] Icopartners. Kickstarter in 2015-Review in numbers.2016[2016-05-25]. http://icopartners.com/2016/02/2015-in-review/.

[3] Kickstarter. Stats.2016[2016-05-25]. https://www.kickstarter.com/help/stats.

[4] Huffingtonpost. How Crowdfunding Can Help Save Silicon Valley From its Harebrained Investors.2016[2016-05-25]. http://www.huffingtonpost.com/vivek-wadhwa/how-crowd funding-can-help-save-silicon-valley-from-its-harebrained-investors_b_9950292.html.

[5] Fox news. Next Generation Crowd funding Starts May 16 Expect Opportunity and Growing Pains.2016[2016-05-25]. http://www.foxnews.com/us/2016/05/12/next-generation-crowdfunding-starts-may-16-expect-opportunity-and-growing-pains.html.

[6] Fastcompany. Equity Crowdfunding For Non-Rich People Is Coming.2016[2016-05-25]. http://www.fastcompany.com/3059707/equity-crowdfunding-for-non-rich-people-is-coming.

[7] Kickstarter. Our Rules.2016[2016-05-25]. https://www.kickstarter.com/rules？ref=footer.

[8] Kickstarter. Kickstarter is now a Benefit Corporation.2015[2016-05-25]. https://www.kickstarter.com/blog/kickstarter-is-now-a-benefit-corporation？ref=charter.

[9] World bank infodev 2013 report. Crowdfunding's Potential for the Developing World. 2013[2016-05-25].http://www.infodev.org/infodev-files/infodev_crowdfunding_study_ 0.pdf.

高速筛选电池材料（High-Speed Materials Discovery）

[1] Wildcat Discovery Technologies. High Throughput Workflow. http://www.wildcatdiscovery.com/technology/high-throughput-workflow/.

[2] Michalak, B., Sommer, H., Mannes, D., et al. Gas Evolution in Operating Lithium-Ion Batteries Studied In Situ by Neutron Imaging. Scientific Report. 2015（5）：15627.

[3] Jacobs，J. Wildcat Discovery Technologies Offers New In-Cell Gas Sensing Capabilities.2014[2014-06-24]. http://www.wildcatdiscovery.com/newsroom/detail-pages/24062014/.

[4] Wildcat Discovery Technologies DOE Vehicle Technologies Award Generates Promising Si Anode Electrolyte Leads.2016[2016-04-08].

[5] Heisler, Y. Professional chemist explains why iPhone battery life may never reach 2-3 days.2016[2016-03-28].

赞赏，
人人都能赞赏成书

感谢您，我的朋友，
因为您的赞赏，
本书才得以成书面世。

众筹支持者名单

A
angelie
爱新觉罗·川

B
白冰
白云峰
鲍陆文英

C
蔡贵民
蔡秀珍
蔡阳合
曹保锋
曹宏
曹杨
曹月曦
草原张
柴幕澶
常阳
常英浩
陈博
陈层顺
陈超
陈德环
陈刚
陈华
陈嘉颖
陈杰
陈津林
陈静
陈磊
陈李珏
陈力
陈铭志
陈鹏
陈沁连
陈熔蓉
陈世江
陈寿
陈双飞
陈涛
陈天公

陈廷炯
陈先新
陈小泽
陈晓明
陈艺文
陈宇
陈宇浩
陈昱誌
陈哲
陈珍华
陈竹
程炜
程永忠
程元
楚宇泰
褚海英
崔成儿
崔勇

D
戴莉
旦暮之遇
邓积微
邓熔
邓巍
丁功明
丁哲波
董春辉
董瑾
董理

F
樊昀
樊志宏
范佳成
范礼
范志强
方嵘
方向
方昕
丰文
冯光
冯广贵

冯亮
冯玲
冯骁
冯亚强
符尽超
符明

G
高林
高盟铫
高天宇
高伟锋
高小文
高燕
高志远
葛书晓
葛轶强
耿宇鹏
顾丹
顾绍琨
郭江伟
郭峻峰
郭伟基
郭卫
郭小灿

H
哈维
韩博文
韩来闯
韩露
杭明
郝国栋
郝向稳
郝小燕
郝奕舟
何棣
何告生
何建波
何美儿
何牧
何锐
何树东

何晓琳
何玄
何永
何智勇
侯轩
侯艳飞
胡朝峰
胡达敏
胡汉波
胡鸣
胡欣宇
胡早立
奂然
黄春雷
黄丰
黄福强
黄凯（长沙）
黄凯（杭州）
黄琳杰
黄龙
黄启洋
黄顺国
黄挺
黄蔚
黄骁
黄星
黄依林
霍冉

J
吉木装置艺术
工作室
纪兴龙
贾杰
贾新建
江舸
江晓丹
江晓玲
江雨珊
姜杰
姜庆强
姜学峰
蒋帆
蒋红毅
蒋辉
蒋琪
蒋斯明
蒋星
矫成文
金姜赟
金艳雯
靳行
荆烽
居磊

K
康博雅
蒯剑

L
赖登攀

兰恩龙
乐天
冷世侨
李柏弟
李宾
李冰谦
李广伟
李辉严
李洁莹
李京阳
李恺
李利明
李平
李瑞功
李睿
李帅
李思宏
李四林
李天宇
李炜
李稳
李毅强
李悦
李跃华
李越
李泽群
李中琪
梁靖彬
梁强
梁文辉
廖荣
廖兴
林晨
林纯迪
林丹明
林灏
林俊坤
林科
林瑞东
林云斌
蔺玉涛
刘博文
刘畅斯
刘刚
刘昊拓
刘靖
刘静芳
刘开春
刘堃
刘莉飞
刘良智
刘猛
刘庆大
刘韧
刘桑
刘顺琦
刘文举
刘先生
刘晓东
刘衍智
刘洋

刘义昆
刘颖
刘颖聪
刘羽炼
刘煜
刘园
刘长风
刘长利
刘哲秋
刘振辉
刘总
流沙
龙家嵘
龍行龘龘
楼承云
卢波臣
卢庆强
鲁四喜
吕明智
吕维
罗朝煦
罗蔓莉
罗少颖
罗逍
罗应琏
罗尤军

M
马欢欢
马俊杰
马强
马顺波
马翔
马哲浩
满朝辉
毛洪博
毛永丰
茅硕
梅冬敏
孟爽
闵磊
慕磊

N
倪艳弘
聂昕

O
欧航
欧阳佳丽

P
潘国忠
潘永
裴戌
裴宇彤
彭容豪

Q
齐洪毅
綦久竑

钱觐开
钱坤
钱琨浔
覃快
邱鑫
屈东辉
屈陆胜

R
任博冰
任超
任东雨
任杰骥

S
闪硕
商庆华
尚克军
尚楠
邵旭鹏
申耕伟
申阳
沈超
沈方家
沈家全
沈女士
沈知
施妙生
石桂祥
史国辉
史伟国
史彦军
史云
司彤阳
宋小林
宋新海
宋源文
宋征宇
苏钊颐
孙博宇
孙丹丹
孙洪涛
孙李淳
孙路
孙亚红
孙一峰
孙煜坤
孙振纲

T
谭创
谭佳唯
汤成
汤新舟
唐旗平
唐治
唐梓涵
陶璇
特里金
田丰
田亮（北京）

田亮（上海）
田兴业
田紫薇
童佳旎
涂志森

W
WenHsiao
woyan
万杰
万立人
万鹏程
汪黎敏
汪漪澜
汪熠
汪峥
王斌（北京）
王斌（广州）
王超
王大伟
王芳
王罡
王海凤
王海鹏
王海婷
王鹤
王画
王建
王剑
王京亚
王婧雯
王锴
王亮
王勉
王敏乐
王鹏
王琦
王棋钰
王赛
王树
王思豪
王遂民
王维成
王伟辰
王玮佳
王文坚
王晓娜
王昕瑞
王兴博
王学江
王学琰
王逸
王毅
王永东
王宇琦
王玉芬
王真
王振华
王铮
王正和
王政

王志远
王智
魏大为
魏冬
魏继兴
魏洁
魏旭
魏玉科
闻声远
吴昊
吴凯
吴旻瑜
吴森仁
吴文聪
吴文涛
吴依恬
吴原杰
吴云来
吴志鹏
吴子君
伍雄志
武斌
武鹏

X
夏雨
肖安惠
肖红
肖鹏坤
肖文平
肖骁
肖珍云
萧屺楠
小龙
笑熬糨糊
谢先生
谢佳
谢建平
谢宁馨
谢志洁
辛雷阳
辛小威
邢宏伟
邢乐
邢彤
邢亦端
熊祖军
徐安超
徐海云
徐虹熠
徐侃
徐坤
徐明山
徐伟军
徐晓龙
徐一昕
徐奕林
徐迎庆
徐治华
徐追梦
徐梓渊

许翠英
许枫
许桂鹏
许少峰
许旭英

Y
闫帅帅
严水祥
严硕
颜震杰
阳芳
杨帆
杨红义
杨华阳
杨金伟
杨金鑫
杨凯程
杨凯淳
杨鲲鹏
杨立山
杨林
杨平
杨溯冰
杨晓辰
杨晓雷
杨欣
杨雪松
杨亦曦
杨哲
杨正伟
姚娟
姚乐扬
姚立宏
姚屾
姚著
叶峰
叶落风尘
叶满仓
叶琬倩
叶炜
殷云浩
尹广宇
尹述峰
尹晓东
雍军
游龙
于邦佑
于奉高
于洁
余启武
余洲
俞峰
袁培博

Z
曾楷
曾思南
曾学明
曾原
翟向坤

詹家鳍语
张彬彬
张冰
张翀
张都
张帆
张凡
张刚
张国辉
张海濛
张恒
张辉（哈尔滨）
张辉（上海）
张吉先
张建发
张建平
张杰
张进路
张力民
张利华
张麟溪
张鹏飞
张鹏翔
张澎
张崎
张强祖
张巧遇
张弢
张腾
张巍峰
张伟
张文平
张闻莺
张贤鹏
张娴
张晓航
张晓黎
张晓林
张晓南
张晓寅
张欣伟
张星辰
张一帆
张屹
张莹莹
张莹莹
张永
张雨薇
张苑虹
张正锋
张志扬
张作如
章佳元
赵昶
赵春晖
赵红梅
赵慧
赵挺
赵晓岩
赵欣
赵艺文

赵喆
郑红
郑继翔
郑联欢
郑燕
郑舟
钟天赐
周春乙
周凡
周家骏
周龙
周平
周全
周容
周文生
周湘津
周详
周晓青
周新生
周音
朱炯
朱磊
朱力
朱丽原
朱平
朱思仰
朱天龙
朱祎舟
朱智乾
诸言明
庄巧玲
庄先生
庄昭鹏
宗诚
邹江龙
左妮锞